JN057029

目　　次

目　次

1. は じ め に

現在は世を挙げての資格万能時代である。大会社も中小企業も不況でリストラの最中にあるが，何かのライセンスを持っていることは大きな強みである。

ましてそれが国家試験の合格免状ともなればなおさらである。

皆さんが受験される「冷凍・空調」関係についてみると，その技術は益々進歩し，大気汚染防止のための集中設備（地域冷暖房）も普及し，一般家庭にいたるまで空気調和なしの生活は考えられなくなった。また冷凍関係も大型，低温冷蔵庫も増え，これらのための設備の生産部門や工事部門，運転部門とその技術者の需要は益々増大している。

一方，大気圏のオゾン層破壊という地球環境的な問題が発生し，従来安全・便利に使用されてきた各種のＲ系冷媒ガスが生産規制から使用廃止という事態にもなって来ている。

正に冷凍・空調関係の技術者の出番である。

本書は平成12年度以降に施行された第三種冷凍機械責任者免状にかかる試験の法令，保安管理技術および高圧ガス保安協会実施の保安管理技術検定試験問題について，各問題ごとにどうして正解が得られたかをわかりやすく解説したものである。

また，受験勉強のポイントの項にはそれぞれの出題傾向を示しておいた。法令，技術について，冷凍保安責任者がどうしても知っておかなければならない基本的な問題が，毎年のように繰りかえして出題されているので参考とされたい。

2. 受 験 の 手 引

2．1　第三種冷凍機械責任者免状にかかる試験について

高圧ガスの保安に関する法律は，従来の「取締」という性格が強いものであったが，平成８年３月「高圧ガス保安法」と改められ，内容もこれに添ったものに変ってきた。冷凍設備を運転・保守する技術者が知らなければならないこと，この資格を免状としたのが「冷凍保安責任者免状」である。これには第一種，第二種，第三種の３種類があり，それぞれ冷凍設備の能力の大・小によって責任者になることが出来る範囲が定められている。

高圧ガス保安法（以下「法」という)。第５条第１項第２号により，冷凍のためガスを圧縮し，又は液化して高圧ガスの製造をする設備で，その１日の冷凍能力が20トン（フルオロカーボンガス〔従来のフロンガス〕は50トン）以上の設備を使用して高圧ガスの製造をしようとする者は，事業所ごとに都道府県知事に申請し，「高圧ガスの製造許可を受けるとともに，特に定める事業所を除き，冷凍保安責任者（有資格者）を選任し，高圧ガスの製造にかかる保安に関する業務を管理させなければならない。」と定められている（法第27条の４)。

そして第三種冷凍機械責任者免状（以下三冷免状と略称する）の交付を受けた者であっ

て，高圧ガスの製造（冷凍機の運転）に関する所定の経験を有する場合は，１日の冷凍能力が100トン未満の事業所における保安に関する責任者となることができる。

2．2　受験に必要な資格および高圧ガス保安協会の行う講習（技術検定）について

受験資格は特に制限がなく，国籍，性別，年令，学歴を問わない。従って誰でも受験できる。第三種は，法令，技術の２種類であるが，高圧ガス保安協会が行う講習を法令は７時間以上，技術は14時間以上受講し，検定試験（法令を除く）に合格すると，講習終了者として，学識，技術について試験科目免除の制度がある。つまり講習終了者は，本番の試験のときは，法令のみ受験すればよいわけである。

なお，この科目免除の講習会は冷凍関係の団体（日本冷凍空調学会および各都道府県にある保安団体）が，高圧ガス保安協会の委託を受けて実施している。これを通常「検定試験」と呼んでいる。

この検定試験を受けるときは，講習の１カ月くらい前までに各都道府県にある保安団体に，講習及び技術検定の申込みを行うこと（申込用紙は各保安団体にある）。

なお本書では講習を受けない場合を「全科目受験」（通称国家試験），その時の技術問題を「保安管理技術」とし，講習を受けた場合を「技術検定」として問題，解答を整理してある。法令は一本なので特に区別はない。

試験は各種類ごとに毎年１回以上行われるが，近年は11月の前半の日曜日に全国一斉に実施されている。受験願書の受付はその３カ月位前から行われているので期限に遅れないように受験願書を提出することが肝要である。

試験に合格した場合は，免状交付申請書に写真及び手数料を添えて申請すると１カ月程で免状が交付される。

2．3　免状の種類による職務の範囲

冷凍機械責任者免状には次の３種類があり，免状の交付を受けている者がその職務を行うことが出来る範囲は，次のとおりである。

製造保安責任者免状の種類	職　務　の　範　囲
第一種冷凍機械責任者免状	製造施設における製造の作業に係る保安
第二種冷凍機械責任者免状	１日の冷凍能力300トン未満の製造施設における製造の作業に係る保安
第三種冷凍機械責任者免状	１日の冷凍能力が100トン未満の製造施設における製造の作業に係る保安

（注）　第一種冷凍機械責任者免状の交付を受け，所定の作業経験があれば，冷凍能力に関係なく総ての冷凍設備の「冷凍保安責任者」として選任されることができる。

2．4　出題形式

三種冷凍の出題形式は，択一式で，あらかじめ記入されている解答例から正しいものを選ぶようになっている。1問題に3～5の解答があり，それぞれの答を組み合せた5組の中から正しい答を見分けるのみで，説明する問題のように解答を記述する必要がないので，非常に楽であり，答が書けないということはない。

なお，最近はマークシート方式で採点を行うので，答案用紙に記入する際，正解が(3)の場合は，(1) ▭　(2) ▭　(3) ▬　(4) ▭　(5) ▭ のように正解を ▭ の枠いっぱいに，はみ出さないようにＨＢまたはＢの鉛筆で黒く塗りつぶすこと。

正しいかどうか不明である場合は，誤っているのを先ず消し，正しいものは○印をし，残っているものの中から選ぶのが早道である。例えば，イ，ロ，ハ，イロ，イハの5つの組合わせのうち，正しいものは解らないが，イは誤っているというような場合は，イのついているものを全部消せば，残るのはロ，ハだけということになり，従って，この二つの中から解答を選べば良いわけである。

また，保安管理技術では計算問題が出題されたこともある。この解答例も(1)～(5)と5つあるが，この場合，計算する能力がないと答が出せないので，各年度の出題の解法も理解しておかなければならない。

2．5　受験に必要な準備

(1)　勉強の方法　　総ての試験に共通することとして，第一に基礎をしっかりと覚えること。棒暗記でなく，理屈をのみ込んでおかないと応用問題が出たときに迷って間違いの原因となる。こんな初歩のことが解らなくて聞くのが恥かしいなどと思わず，納得するまで聞いたり調べること。

　次に基本的な数字，事項を覚えておくこと。冷凍に決って使用されるもの。温度，圧力，熱，仕事など，法令では目的，定義，許可，認可，届，技術上の基準などである。

(2)　受験に当っての注意　　試験場の確認，試験開始後，一定の時間（大体30分位）を経過すると試験場に入れないので，試験場不案内の場合は，あらかじめ，試験場まで行って確認し，交通機関の所要時間を調べ，遅刻しないようにすること。

　試験場に持参するものは，先ず受験票，筆記具としてＨＢ又はＢの鉛筆4，5本と消しゴム，計算用の電卓などを前日までに用意しておくこと。

　試験が始まったら監督者の説明をよく聞いてその指示に従うこと。通常時間は十分あるから，先ず深呼吸して落ついて始めることである。設問が正しいものを求めているのか，誤っているのを指摘するのか，判断を誤まると反対の解答になってしまう。又，問題は難しいものは後まわしとし，やさしいものから手をつけるのが時間の節約となる。

最後に体のコンディションを整えておき，試験当日は最良の状態で受験できるようにすることも合格のための大切な条件である。

3．受験勉強のポイント

3．1　法　令

法令という文字をみただけで，ああ，むずかしい字句を暗記しなければならないのか，という感じを持つ人も多いことと思われる。

確かに法令は「……すること」，「……してはならない」というような事が多く面白味のないものである。しかし，これから受験する高圧ガス保安法は技術法規なので，その内容をよく調べてみると，それを決められた理由（法の目的→高圧ガスによる災害防止，公共の安全確保にある）が解り，なる程と理解される点が多いと思われる。

高圧ガス保安法は，法律，政令，多くの各種規則，告示，関係基準および通牒など多種多様にあり，これらを全部知っておくことが望ましいのであるが，実際問題としては中々難かしいことである。そこで第三種冷凍機械責任者試験を受験する場合に限定してみると，法律，政令，冷凍保安規則と関係基準の一部，これに容器保安規則，一般高圧ガス保安規則，試験規則の各一部分にしぼられる。その他の保安規則等については，一応（冷凍関係の事業所に関連しているようなものは）目をとおしておく位でよいと思われる。

次に最近の出題傾向を法令別に列記してみる。特に◎をつけた箇所は重点的に見ること。

⑴　高圧ガス保安法（数字は条文を示す）

（例）　5－1－2は「第5条第1項第2号」を示す。◎は出題頻度の多いもの）

ア　総則　　◎法の目的（1），◎高圧ガスの定義（2），◎適用除外（3），◎製造の許可等（5）。

イ　事業　　◎製造の許可，届出（5－1－2，5－2－2，許可の基準，取消し，承継（8～10の2），◎製造のための施設及び製造の方法（11～13），◎製造のための施設等の変更（14），◎高圧ガスの貯蔵及び貯蔵所（15，16，17の2），貯蔵所の維持，変更など（18～19），◎完成検査（20～20の3），◎販売事業の届出（20の4），周知義務，販売の方法，変更など（20の5～20の7），◎製造等の廃止等の届出（21），◎高圧ガスの移動（23），◎消費及び廃棄（24の2，24の5，25）。

ウ　保安　　◎危害予防規程（26），◎保安教育（27），◎冷凍保安責任者（27の4），◎製造保安責任者免状など（29，30），◎製造保安責任者試験（31），◎冷凍保安責任者の職務など（32－6，10），◎冷凍保安責任者の代理者（33），◎保安検査（35），◎定期自主検査（35の2），◎危険時の措置及び届出（36），◎火気等の制限（37），◎緊急措置（39）。

エ　容器等　　◎容器検査（44），◎刻印，表示（45～47），◎充てん（48），◎容器再検査（49），◎附属品検査及び再検査（49の2～49～4），◎容器検査所の登録及び検査主任者（50－1，52），◎容器に充てんする高圧ガスの種類又は圧力の変更（54），◎くず化その他の処分（56），◎冷凍設備に用いる機器の製造（57）。

オ　高圧ガス保安協会　　◎目的（59の２），◎業務の範囲（59の28）。

カ　雑則　　◎帳簿（60－１），◎事故届（63），◎現状変更の禁止（64）。

⑵　高圧ガス保安法施行令（政令）

◎政令で定める液化ガス（１），◎適用除外（２－３－１～３），◎政令で定めるガスの種類等（４，５）。

⑶　冷凍保安規則（省令）

この規則は，冷凍関係の業務に従事している者にとっては全条文が大切なものであるから十分理解しておくことが肝要である。受験のためばかりでなく，将来冷凍保安責任者として選任された場合はなおさらである。

然しこの中から「三冷受験」のためにあえて挙げれば次の◎である。

ア　総則及び高圧ガスの製造（冷凍機の運転）に係る許可，届等

◎用語の定義（２），◎第一種製造者に係る製造の許可の申請（３），◎第二種製造者に係る製造の届出（４），◎冷凍能力の算定基準（５），◎第一種製造者に係る技術上の基準（定置式製造設備，移動式製造設備）（６～８），◎製造の方法に係る技術上の基準（９），◎第二種製造者に係る技術上の基準（11～14），◎第一種製造者及び第二種製造者に係る軽微な変更の工事等（17，19）。

イ　高圧ガスの販売，輸入・廃棄等

◎販売業者に係る技術上の基準（27），高圧ガスの製造，販売に係る届出，輸入高圧ガスに係る技術上の基準（29，32），◎高圧ガスの廃棄に係る技術上の基準等（33，34）。

ウ　自主保安のための措置

◎危害予防規程に定める事項（35），◎冷凍保安責任者の選任（36），◎冷凍保安責任者免状の交付を受けている者の職務の範囲（38），◎特定施設の範囲等（40，41－１，２，43）。

エ　定期自主検査，危険時の措置，指定設備

◎定期自主検査を行う製造施設等（44），◎危険時の措置（45），◎指定設備に係る技術上の基準（57）。

オ　冷凍設備に用いる機器の基準，雑則等

◎機器の製造に係る技術上の基準（64），◎帳簿（65），◎完成検査の方法，検査項目（別表第１），◎保安検査の方法，検査項目（別表第２）。

⑷　容器保安規則（省令）

ア　総則，容器の製造，容器検査等

◎用語の定義（１－１～６，11，20～26，29，30，32～34），◎容器の製造の方法の基準（３），◎容器検査における容器の規格（７－１），◎刻印等の方式（８－１－１～３，５～９，12，14），◎表示の方式（10），◎容器の附属品（13），◎附属品検査の刻印（18－１－１～７）。

イ　充てん

◎充てん容器に係る附属品（19），◎容器の加工の基準（21－１），◎液化ガスの質量の計算の方法（22）。

ウ　容器及び附属品の再検査，容器検査所等

◎容器再検査の期間及び容器の規格（24，26－１，２），◎附属品再検査の期間及び附属品の規格（27，29），◎容器及び附属品再検査に合格した刻印（37，38），◎帳簿（71）。

⑸　一般高圧ガス保安規則

ア　用語の定義，容器置場等の基準等

◎用語の定義（２），容器置場並びに充てん容器等の基準（６－１－42，２－８），◎貯蔵の方法の技術上の基準（18－２），◎貯蔵の規制を受けない容積（19），◎容器により貯蔵する場合基準（23）。

イ　高圧ガスの移動，消費，廃棄等の基準

◎充てん容器を車両に積載して移動する場合の基準（50），◎消費の基準（60－１），◎廃棄の基準（61，62）。

⑹　高圧ガス製造保安責任者試験等に関する規則

免状の交付に係る手続（２），高圧ガス保安協会が行う講習の方法，試験科目，受験手続等（４，８，９，10）。

⑺　その他

毎回必ず出題されるものとして，法律に加えて冷凍保安規則のうち，製造設備の基準（第７条，第８条），製造の方法の基準（第９条），危害予防規程の細目（第35条），危険時の措置（第45条），冷凍機器の製造の基準（第65条）等がある。

講習会の検定試験には法令がないので本番の試験の時は必ず受けなければならない。例え技術で100点をとっても法令が合格点に満たない場合は不合格となる。（この逆の場合も同じ），要するに法令の知識も技術の知識も一定のレベル以上あることが合格の条件である。

３．２　保安管理技術（技術検定を含む。）

⑴　まえがき

第三種冷凍機械責任者の試験問題は高圧ガス保安法によれば，「冷凍のための高圧ガスの製造に必要な基礎的な保安管理の技術」ということになっている。

学力でいえば高等学校卒業程度であれば十分解答できる。

冷凍保安責任者はただ自分にあてがわられた冷凍装置を安全に注意して運転することは，勿論であるが，管理的なこと，すなわち，いかに効率よく運転して経費（電力費など）を節減することも知らなければならない。

毎日の圧力計や電流計の読みなどから装置が効率よく運転されているか判断できなけ

ればならない。

冷凍の試験は難しいとよく聞く話しであるが，ただ講習会に出席していれば合格できるぐらいの心構えでは，どんな試験にも合格しない。

やはり，合格しなければの心構えで勉強しなければならない。安易な気持ちで受験することと，丸暗記は不合格確実といえる。

冷凍保安責任者は，取り扱い技術者であるから，設計技術者とは違う。

従って，常識上おぼえておくべき数値，例えば，1日本冷凍トン＝3,320kcal/h といったごく限られたもののほかは強いておぼえる必要はない。

しかし，圧縮機とか凝縮器とか自分の守備範囲の設備又は機器などは十分その構造，作動原理，取り扱いなどを熟知しておかなければならない。

又，簡単な運転上の設備変更などは，自分で工夫してみる位の知識は身につけておく必要がある。試験問題についていえば以前出題されたものがそのまま或は表現を変えて，出題されているので，類似の問題はないか探して，見つかればその解説を見るのも，本書の活用法の一つといえると思う。解説には出題の通りであるという文言があるが，もし何故○になるのか分らぬときは受験テキストには必ず述べられているからテキストを参照されたい。また解説は毎試験毎になっているのでその解説で出題年度が相前後しているものがあるが，ご承知おき願いたい。なお，計算問題にでてくる各量の記号単位は毎回同じものをのせてあるが，読者の便宜を図ったためである。

要は第三種の試験は，冷凍に関する基礎知識は勿論，機器の構造，取り扱いなどに関する基礎知識が問われると思って勉強していただきたい。

(2) 最近の出題傾向

① 冷凍の基礎

a．冷凍に使用する術語の意義

圧力，温度，比熱，仕事，動力，仕事の熱当量，比体積，顕熱，潜熱，熱ポンプ，各量の単位（SI 単位）

b．熱力学の基礎事項

熱力学の第一法則，第2法則，蒸気の圧縮法（等温圧縮，断熱圧縮，ポリトロープ圧縮），エンタルピー，絞り膨張

c．蒸気の性質

蒸発，凝縮，飽和圧力，飽和温度，過冷却，過熱度，過熱蒸気，湿り蒸気

d．冷凍能力

日本冷凍トン，基準冷凍サイクル

② 伝熱（冷却管を通じての熱の移動）

熱の移動，熱伝導率，熱伝達率，熱通過率，有効内外面積比，平均温度差，フィンの効果

③ $p-h$ 線図

縦軸に絶対圧力 p をとり，横軸にエンタルピー h をとって冷媒の状態値を表わす

線図で，冷凍サイクルにおいて冷媒への熱の出入り量，加えられる仕事量の計算などに有用な線図である。

勉強の内容としては，線図の見方と使い方，成績係数，冷凍能力・圧縮機の所要動力の計算・ヒートポンプ

④ 冷媒（R12，R22，R134a，R502，アンモニアなど）

冷媒と潤滑油の関係，冷媒と水分との関係，冷媒の一般的性質，同一条件にて運転する場合の冷凍能力・所要圧縮動力・吐出しガス温度などの比較，共沸混合冷媒，R12・R22の低温における油の溶解度，安全性，冷媒の漏れ検知，ブラインの性質

⑤ 圧縮機

容量制御法，圧縮機の効率と軸動力，インバータ，オイルフォーミング，高圧の上昇或いは低圧の低下による冷凍能力および所要圧縮動力の変化，潤滑法（油圧），半密閉形圧縮機

⑥ 凝縮器

凝縮負荷・蒸発式凝縮器における送風量および外気湿球温度の影響およびエリミネータの作用・空冷凝縮器における外気の乾球温度，湿球温度の影響，凝縮温度・水冷凝縮器のローフィン管の使用，水速，凝縮温度，水質管理・冷却塔の充てん物，外気湿球温度の影響，クーリングレンヂ，アプローチ・伝熱計算・高圧制御

⑦ 蒸発器

乾式・満液式・液循環式各種蒸発器の熱通過率の比較，空気冷却器のフィンとフィンピッチ，空気冷却器の空気と冷媒の流れの方向の比較，除霜，蒸発器の伝熱，バッフルプレート，ディストリビュータ，冷却能力の計算，液面制御

⑧ 配管

圧力損失，高圧液管のフラッシュガスの発生，冷媒液や蒸気の流速，二重立上がり管，蒸発器からの油戻し，吸入配管のトラップ，吸入配管の勾配のとり方，吸入配管の防熱，均圧管，フレキシブルチューブ

⑨ 附属機器

油分離器，高圧受液器，低圧受液器，ドライヤ，リキッドストレナ，液―ガス熱交換器，液分離器，空気排除器などの構造と機能および使用目的

⑩ 自動制御機器

温度自動膨張弁（内部均圧形，外部均圧形，感温筒のチャーヂ方式，取付け法，ガス洩れ，ハンチング），蒸発圧力調整弁，吸入圧力調整弁，凝縮圧力調整弁，電磁弁，節水弁，断水リレー，フロートスイッチなどの使用目的，構造，作動原理

⑪ 強度（冷凍保安規則関係基準23容器および配管の強度など参照。）

設計圧力，許容圧力，圧力容器の胴板及び鏡板に発生する応力・板厚，応力の集中，腐れしろ，溶接効率，鋼の応力―歪曲線（比例限界，弾性限界，降伏点，引張り強さ，許容引張り応力など）

⑫ 安全装置（冷凍保安規則関係基準8許容圧力以下にもどすことができる安全装置参

照。)

圧縮機の安全弁の吹始め圧力，吹出し圧力および最小口径の求め方・圧力容器の安全弁の最小口径の求め方，溶せん，高圧しゃ断装置，油圧保護スイッチの作動原理，圧縮機の安全弁と高圧しゃ断装置の設定圧力の決め方

⑬ 圧力試験（冷凍保安規則関係基準5耐圧試験，6気密試験参照。）

耐圧試験，気密試験の試験圧力および方法，気密試験に用いる気体の種類，耐圧試験を気密試験の前に実施するその理由

真空乾燥作業，真空放置試験の方法と目的（冷凍装置の施設基準参照。）

⑭ 運転

多気筒圧縮機の吐出し弁・吸入み弁からの冷媒の漏れ，高圧ガスの高くなる原因とその影響，低圧が低すぎる原因とその影響，吐出しガス温度の上昇の原因，油圧の低下，油戻し（フロン冷媒），油抜き，液バック，液圧縮，液封，冷媒の洩れ検知，水冷凝縮器への空気浸入発見法，圧縮機の据付け振動防止，運転の平衡式（$\Phi_0 = K \times A \times \Delta t$），冷凍装置の運転

大体，以上であるが，これらの各項目から1題ずつ，もう1題は第1項或いは第14項からいずれか1題或いは凝縮器の伝熱計算，又は第11項と第12項で1題とし，その他$p-h$線図や伝熱計算が各1題とか色々ある。

これ以外はどうでもよいというのではないことは勿論であるが，計算問題では単位を統一して解かないととんでもない答になってしまうことを頭に入れておいてもらいたい。

3．3 SI単位について

平成9年4月1日から高圧ガス取締法が改正されて高圧ガス保安法が施行された。

そして従来から使用されてきた工学単位からSI単位（国際単位）が取り入れられるようになった。

単位の決め方については何も制限はなかったが，そうかといってこの国際化した時代に各国が勝手に決めたり，替えたりしていては，商取り引きや，企画設計するなどに支障をきたすため，1960年（昭和35年）国際間で取りきめたSI単位すなわち国際単位に切り換えが行われてきた。

以下圧力，仕事，動力，熱量に分けて説明する。

圧　力

圧力は，単位面積に垂直に働く力によって表される。従来の工学単位では，(質量)×(重力の加速度)＝力としていたが，SI単位では質量1 kgの物体に1 m/s²の加速度が作用するときの力を1N（ニュートン）としている。

SI単位では圧力は，単位面積に1 m²をとりN/m²を採用して，これをPa（パスカル）と呼んでいる。重力による加速度gは，約9.8m/s²であるから，1 kgf ≒ 9.8Nとなる。したがって，$1\,\mathrm{kgf/cm^2} = 10^4\,\mathrm{kgf/m^2} \fallingdotseq 10^4 \times 9.8\,\mathrm{N/m^2} \fallingdotseq 98000\,\mathrm{Pa}$となる。ここで，$10^6$をSI単位に乗ぜられる10の整数倍数（接頭語という。）とすると，この名称をメガ，記号をMで

表すことになっているので，MPa $=10^6$Pa と表すことができる。したがって，1 kgf/cm^2 ≒98000/1000000＝0.098≒0.1MPa となる。

そこで，今まで使用されてきた 1 kgf/cm^{2}は，1 桁下げて0.1MPa としてよく，10kgf/cm^{2}であれば，1 MPa とみてよい。

高圧ガス保安法第 2 条（定義）の第 1 項で，旧取締法の10kgf/cm^{2}が 1 MPa となっているし，また，2 kgf/cm^{2}が0.2MPa となっている。

次の表 1 は，圧力の単位の換算率である。

表 1　圧力単位の換算率

	1 kgf/cm^2	Pa = N/m^2	atm	mmHg
1 kgf/cm^2	1	98000	0.96805	735.72
1 MPa＝10^6Pa	10.204	10^6	9.87803	7507.29
1 atm	1.033	101234	1	760.00
10^3mmHg	1.359	133203	1.31579	10^3

仕　事

SI 単位では，仕事は N・m で，これを J（ジュール）と呼んでいる。

したがって，1 kgf・m ≒9.8N・m ≒9.8J となる。

また，1 kcal ＝4186.8J となることが分かっている。したがって，1 kcal ≒4186.8/9.8 ≒427.22kgf・m となる。

次の表 2 は，エネルギー単位の換算率を示す。

表 2　エネルギー単位の換算率

	kgf・m	kcal	J
1 kgf・m	1	0.0023406	9.8
1 kcal	427.22	1	4186.8
1 J	0.102	0.0002388	1

動　力

動力は，単位時間当たりの仕事量である。

SI 単位では，1 秒間に 1 J の仕事をするとき，その動力が 1 W である。

すなわち，

$$1\,\mathrm{kW} = 1000\,\mathrm{J/s} \fallingdotseq \frac{1000/9.8}{\mathrm{s}} \fallingdotseq 102\,\mathrm{kgf \cdot m/s}$$

となる。

次の表 3 は，動力の換算率である。

表3　仕事率・動力の換算率

	kgf・m/s	kW	kcal/h
1 kgf・m/s	1	0.009804	8.427
1 kW	102	1	859.51
1 kcal/h	0.1187	0.001163	1

冷凍能力

冷凍能力は，単位時間当たりの熱量で工学単位では kcal/h であるが，SI 単位では kW となる。

熱量の単位は，カロリー（cal）からジュール（J）に変わった。1 cal ≒4.2J であるが，我が国ではこのカロリーの定義は熱工学の分野では従来から国際カロリーの定義を用いていたので，1 cal ＝4.1868J として換算する。

1 冷凍トン＝3320kcal/h ＝3320×4186.8J/h ≒13900kJ/h ＝13900kJ/3600＝3.861kJ/s ≒ 3.861kW，また，1 kcal/h ＝3.861/3320≒0.001163kW となる。

今回，改正された冷凍保安規則の第５条では，１日の冷凍能力（単位：トン）を 13,900kJ として，冷凍能力算定のＣ値を定めている。

なお，従来から用いられてきた冷凍トン（実用単位）の単位は，法令だけでなく実用の面でも従来通り使用してよいことになっている。

エンタルピー

冷媒の熱力学的性質表や $p-h$ 線図には我が国では従来から熱化学カロリーの定義にしたがっていたので，1 kcal ＝4.186kJ として換算する。冷媒の比エンタルピーの値の換算は，次のようにする。

h_K：従来単位での冷媒の比エンタルピー（kcal/kg）

h_{SI}：SI 単位での冷媒の比エンタルピー（kJ/kg）

とおき，単位の換算に際しては，0℃の飽和液の比エンタルピー値を，

従来単位では，$h_K=100.00$（kcal/kg）

SI 単位では，$h_{SI}=200.00$（kJ/kg）

を基準としている。

(a)　従来単位から SI 単位への換算の場合

$h_{SI}=(hk-100.00)\times 4.184+200.00$（kJ/kg）

(b)　SI 単位から従来単位への換算の場合

$h_K=(h_{SI}-200.00)\div 4.184+100.00$（kcal/kg）

によって換算する。

たとえば，エンタルピー 150kcal/kg の値を SI 単位で表すと

$(150-100)\times 4.184+200=409.2$kJ/kg となる。

逆に，409.2kJ/kg を従来の単位で表すと，

$(409.2-200) \div 4.184 + 100 = 150$kcal/kg となる。

エンタルピーの単位は，冷凍保安規則第５条でkJ/kgを使用している。

熱　流

熱流の単位は，冷凍能力，凝縮器の放熱量などを表すもので，

$1\ \text{kcal/h} \fallingdotseq 0.001163\text{kW}$

熱流密度は，単位面積当たり単位時間に流れる熱量で，

$1\ \text{kcal/m}^2 \cdot \text{h} = 0.001163\text{kW/m}^2$

また，熱伝導率λは，

$1\ \text{kcal/m} \cdot \text{h} \cdot ℃ = 0.001163\text{kW/m}^2 \cdot ℃$

熱伝達率α，熱通過率Kは，

$1\ \text{kcal/m}^2 \cdot \text{h} \cdot ℃ = 0.001163\text{kW/m}^2 \cdot ℃$と表される。

高圧ガス保安法では，SI化が既になされているが，冷凍保安規則及び同関係基準などは順次SI化が進められるとのことで，製造保安責任者試験（一・二・三冷の国家試験）では，平成８年度からSI単位併記で試験が実施されている。次に，平成８年11月10日実施の３冷の保安管理技術試験に出題された次の問題についての解法を示しておく。

問２　冷凍能力30冷凍トン［115.8kW］，半密閉圧縮機軸動力30kWの冷凍装置がある。この水冷凝縮器の冷却水温度と凝縮温度との平均温度差が５℃［５K］で熱通過率が750kcal/m²・h・℃［0.872kW/m²・K］とすれば，この凝縮器の伝熱面積は約m²か。

［　］内の数値は，SI単位によるものである。

下記の答のうちから最も近いものを選べ。

(1)　6.9m²　(2)　24.2m²　(3)　26.6m²　(4)　31.1m²　(5)　33.4m²

〔解〕

Φ_k	：凝縮負荷	kcal/h
Φ_0	：冷凍能力	kcal/h
P	：軸動力	kW
K	：凝縮器の熱通過率	$\text{kcal/m}^2 \cdot \text{h} \cdot ℃$
A	：凝縮器の伝熱面積	m^2
Δ_t	：凝縮温度と冷却水温度との平均温度差	℃

とすると，

$$\Phi_k = \Phi_0 + P \times 860 = K \times A \times \Delta_t$$

この式に問題に与えられた数値を入れると，$30 \times 3320 + 30 \times 860 = 750 \times A \times 5$より$A \fallingdotseq 33.4\text{m}^2$

答は(5)の33.4m²となる。

以上をSI単位を使用して解くと，

30冷凍トン$= 30 \times 3320 \times 0.001163 \fallingdotseq 115.8$kW

$K = 750\text{kcal/m}^2 \cdot \text{h} \cdot ℃$は$750 \times 0.001163/\text{m}^2 \cdot \text{K} \fallingdotseq 0.872\text{kW/m}^2 \cdot \text{K}$

温度は，SI単位では絶対温度K（ケルビン）を用いるが，温度差はKでも℃（セルシ

ウム温度）でも数値は同じになる。

以上から，115.8＋30＝0.872×A×5よりA≒33.4m^{2}となる。

また，同じ試験に出題されている溶接構造用圧延鋼材SM400B（旧SM41B）の許容引張応力は400N/mm^{2}であるという出題があった。

出題中の400という数字は最小引張強さを示す数字である。従来の単位を使用するとその最小引張強さは41kgf/mm^{2}であるからSI単位では41×9.8N/mm^2＝401.8≒400N/mm^{2}となる。許容引張応力は最小引張り強さの1/4にとるから400×1/4＝100N/mm^{2}となる。よってこの問題は×となる。

次に各量の記号とSI単位の一覧表をのせておく。

量記号及び単位一覧表

記号	量	SI単位	記号	量	SI単位
A	伝熱面積	m^2	α_ω	水側熱伝達率	W/m^2・K
K	熱通過率	W/m^2・K	η_c	圧縮効率	
P	圧縮機の軸動力	W	η_m	機械効率	
Pc	圧縮機の圧縮動力	W	η_v	体積効率	
P	圧力	Pa	λ	熱伝導率	W/m・K
Q	熱量	J	Φ	伝熱量	J/s，W
RT	日本冷凍トン		Φ_k	凝縮負荷	J/s，W
T	絶対温度	K（ケルビン）	Φ_0	冷凍能力	J/s，W
V	ピストン押しのけ量	m^3/h	Δ_t	温度差	℃，K
C	比熱	J/kg・K	Δ_{tm}	算術平均温度差	℃，K
f	汚れ係数	m^2・K/W	σ	応力	N/cm^2
h	エンタルピー	J/kg	σ_a	許容引張応力	N/mm^2
p	絶対圧力	Pa abs			
p	ゲージ圧力	Pa g			
q	冷媒循環量	kg/h			
t	温度	℃(セルシウム度)			
v	比体積	m^3/kg			
ω_a	冷凍効果	J/kg			
χ	乾き度				
α	熱伝達率	W/m^2・K			
α_r	冷媒側熱伝達率	W/m^2・K			

ギリシャ文字の読み方

α	アルファ
σ	シグマ
λ	ラムダ
Δ，δ	デルタ
Φ，ϕ	ファイ
η	イータ
π	パイ

今後SI単位に関係する出題があれば解説ではSI単位参照とするが，必要ならば補足説明することにする。

3．4　冷凍保安規則関係例示基準抜粋について

先に述べた3．2の⑪強度⑫安全装置⑬圧力試験その他において冷凍保安規則関係基準に関係する試験問題がよく出題されるが，平成13年3月26日付にて，その名称が冷凍保安規則関係例示基準（解説では以後単に例示基準という。）と改められ，その内容の一部が改正された。

しかし，三冷の試験についていえば従来通りといって差支えないが，次に関係例示基準の抜粋をのせておく。解説では例示基準の番号〔関係基準と同じ（一部違っている)〕をのせておくのでよく勉強しておくこと。ただし平成12年度までは従来通り関係基準とし，平成13年度から例示基準とする。

3．5　冷凍保安規則関係例示基準

平成22年５月24日　原院第６号
平　成　22　年　６　月　４　日

この冷凍保安規則関係例示基準は，冷凍保安規則に定める技術的要件を満たす技術的内容をできる限り具体的に例示したものである。

なお，冷凍保安規則に定める技術的要件を満たす技術的内容はこの例示基準に限定されるものではなく，冷凍保安規則に照らして十分な保安水準の確保ができる技術的根拠があれば，冷凍保安規則に適合するものと判断するものである。

5．耐　圧　試　験

規則関係条項　第７条第１項第６号，第７条第２項，第８条第２号，第12条第１項，第12条第２項，第13条，第57条第４号，第64条第２号

冷媒設備の配管以外の部分について行う耐圧試験は，次の各号による。

⑴　耐圧試験は，圧縮機，冷媒液ポンプ，吸収溶液ポンプ，潤滑油ポンプ，容器及びその他冷媒設備の配管以外の部分（以下「容器等」という。）の組立品又はそれらの部品ごとに行う液圧試験とする。

ただし，耐圧試験後に容器等の内部から液を除去することが困難な場合であって，次のイ又はロの条件を満足する場合に限り，空気，窒素，ヘリウム，フルオロカーボン（不活性のものに限る。）又は二酸化炭素（アンモニア冷凍設備の耐圧試験には使用しないこと。）を使用して耐圧試験を行うことができる。

この場合において，空気圧縮機を使用して圧縮空気を供給する場合は，空気の温度を140℃以下にすること。

以下略

⑵　耐圧試験圧力は，設計圧力又は許容圧力のいずれか低い圧力（以下この項において「設計圧力等」という。）の1.5倍以上（気体を使用する耐圧試験圧力は設計圧力等の1.25倍以上）の圧力とする。

⑶　試験手順及び合格基準

イ　耐圧試験を液圧によって行う場合

被試験品に液体を満たし，空気を完全に排除した後，液圧を徐々に加えて耐圧試験圧力まで上げ，その最高圧力を１分間以上保った後，圧力を耐圧試験圧力の８／10まで降下させ，被試験品の各部に漏れ，異常な変形，破壊等のないこと（特に溶接継手及びその他の継手について異常がないこと。）をもって合格とする。

ロ　耐圧試験を気体によって行う場合

当該作業の安全を確保するため，試験設備の周囲に適切な防護措置を設け加圧作業中であることを標示し，過昇圧のおそれのないことを確認した後，設計圧力等の１／２の圧力まで上げ，その後，段階的に圧力を上げて耐圧試験圧力に達した後，再び設計圧力等まで圧力を下げた場合に，被試験品の各部に漏れ，異常な変形，破壊等のないこと（特に溶接継手及びその他の継手について異常がないこと。）をもって合格とする。

⑷　耐圧試験に使用する圧力計は，文字板の大きさが75mm 以上（耐圧試験を気体によって行う場合にあっては，100mm 以上）で，その最高目盛は，耐圧試験圧力の1.25倍以上２倍以下であること。

圧力計は２個以上使用するものとし，加圧ポンプと被試験品との間に止め弁があるときは，少なくとも１個の圧力計は，止め弁と被試験品との間に取り付けること。

⑸　全密閉形圧縮機及び容器に内蔵されるポンプについては，当該外殻を構成するケーシングについて耐圧試験を行うものとする。

6．気　密　試　験

規則関係条項　第７条第１項第６号，第７条第２項，第８条第２号，第12条第１項，第12条第２項，第13条，第14条第１号，第15条，第57条第４号，第64条第２号

気密試験は，(５．耐圧試験の(1)ただし書の耐圧試験を気体によって行ったものを除く。)は次の各号による。

(1)　気密試験は，耐圧試験に合格した容器等の組立部品並びにこれらを用いた冷媒配管で連結した冷媒設備について行うガス圧試験とする。

(2)　気密試験圧力は設計圧力又は許容圧力のいずれか低い圧力以上の圧力とする。

(3)　気密試験に使用するガスは，空気，窒素，ヘリウム，フルオロカーボン（不活性のものに限る。）又は二酸化炭素（アンモニア冷凍設備の気密試験には使用しないこと。）を使用すること。この場合において，空気圧縮機を使用して圧縮空気を供給する場合は，空気の温度を140℃以下にすること。

(4)　気密試験は，被試験品内のガスを気密試験圧力に保った後，水中において，又は外部に発泡液を塗布し，泡の発生の有無により漏れを確かめ，漏れのないことをもって合格とする。ただし，フルオロカーボン（不活性のものに限る。）又はヘリウムガスを検知ガスとして使用して試験する場合には，ガス漏えい検知器によって試験することができる。

(5)　気密試験に使用する圧力計は，文字板の大きさは75mm 以上でその最高目盛は気密試験圧力の1.25倍以上２倍以下であること。圧力計は，原則としての２個以上使用するものとし，加圧計用空気圧縮機等と被試験品との間に止め弁があるときは，少なくとも１個の圧力計は，止め弁と被試験品との間に取り付けること。

(6)　全密閉形圧縮機及び容器に内蔵されるポンプについては，当該外殻を構成するケーシングについて気密試験を行うものとする。

7．圧　　力　　計

規則関係条項　第７条第１項第７号，第７条第２項，第８条第２号，第12条第２項，第57条第１号

(圧力計の取付け)

圧力計の取付けは，次の各号による。

7．1　冷凍能力20トン（冷媒ガスがフルオロカーボンである場合にあっては50トン）以上の冷凍設備の圧力計の取付けは，次の各号による。

(1)　冷媒設備には，圧縮機の吐出圧力及び吸入圧力を示す圧力計を見やすい位置に取り

付けること。

⑵　圧縮機が強制潤滑方式であって，潤滑油圧力に対する保護装置を有していない場合には，潤滑油圧力を示す圧力計を取り付けること。

⑶　発生器には，冷媒ガスの圧力を示す圧力計を取り付けること。

(圧力計の基準)

7．2　圧力計の基準は次の各号による。

⑴　圧力計は，JIS B7505 (1994) ブルドン管式圧力計又はこれと同等以上のひずみゲージ式圧力計（電子式）を使用し，冷媒ガス，吸収溶液及び潤滑油の化学作用に耐えるものであること。

⑵　圧力計の目盛板の最高目盛の数値は，当該圧力計の設置箇所に係る気密試験圧力以上であり，かつ，その2倍以下であること。また，真空部の目盛があるときは，その最低目盛は－0.1MPa とすること。

⑶　移動式冷凍設備に使用する圧力計は，振動に耐えるものであること。

⑷　圧力計は，著しい脈動，振動等により読みとりに支障を生じないように取り付けること。

8．許容圧力以下にもどすことができる安全装置

規則関係条項　第7条第1項第8号，第7条第2項，第8条第2号，第12条第1項，第12条第2項，第13条，第57条第1号・第10号

(許容圧力以下にもどすことができる安全装置)

8．1　許容圧力以下にもどすことができる安全装置とは，高圧遮断装置，安全弁（圧縮機内蔵型安全弁を含む。），破裂板，溶栓又は圧力逃がし装置（有効に直接圧力を逃がすことのできる装置をいう。）(以下「安全装置」という。）をいう。

(安全装置の取付け)

8．2　吸収式冷凍設備以外の冷凍装置に対する安全装置の取付けは，その設備の種類に応じ，次の各号による。この場合，冷媒ガスが可燃性ガス又は毒性ガスである冷凍設備の安全装置には，破裂板又は溶栓以外のものを用いること。

⑴　圧縮機（遠心式圧縮機を除く。以下8．において同じ。）には，その吐出し部で吐出し圧力を正しく検知できる位置に高圧遮断装置及び安全弁を取り付けること。

なお，圧縮機吐出し部以降に運転状態（冷房，暖房等）を切替えることによって許容圧力を低くしてもよい高圧部ができる場合には，その圧力を正しく検知できる位置にも高圧遮断装置及び安全弁を取り付けること。

ただし，冷凍能力が20トン未満の圧縮機においては，安全弁の取り付けを省略することができる。

⑵　シェル型凝縮器及び受液器には，安全弁を取り付けること。ただし，内容積が500L

未満のものには，溶栓をもって代えることができる。

(3) コイル型凝縮器（冷媒ガスに係る一つの循環系統の冷凍能力が20トン以上の冷凍設備に係るものに限る。）には安全弁又は溶栓を取り付けること。ただし，管寄せを含めて内径が160mm以下の配管で構成されるものであっては適用しない。

(4) 遠心式冷凍設備のシェル型蒸発器には，安全弁又は破裂板を取り付けること。ただし，内容積が500L未満のものにあっては，溶栓をもって代えることができる。

(5) 遠心式圧縮機を用いる冷凍装置で凝縮器に液冷媒が滞留することなく，かつ，蒸発器に安全弁又は破裂板が取り付けられ，これらにより凝縮器に，異常高圧が発生した場合でも高圧部（圧縮機又は発生器の作用による凝縮圧力を受ける部分（備考(1)から(5)までに掲げるものを除く。）をいう。以下８．及び19.において同じ。）の許容圧力を超えることとならない構造のものについては，凝縮器に取り付ける安全弁を省略することができる。

(6) 低圧部（高圧部以外の部分をいう。以下８．及び19.において同じ。）に用いる容器であって，当該容器本体に附属する止め弁によって封鎖される構造のものには，安全弁，破裂板，又は圧力逃がし装置を取り付けること。

(7) 液封により著しい圧力上昇のおそれのある部分（銅管及び外径26mm未満の配管の部分を除く。）には，安全弁，破裂板又は圧力逃がし装置を取り付けること。

（備考）

1) 遠心式圧縮機

2) 高圧部を内蔵した密閉形圧縮機であって低圧部の圧力を受ける部分

3) ブースタの吐出圧力を受ける部分

4) 多元冷凍装置で圧縮機又は発生器の作用による凝縮圧力を受ける部分であって凝縮温度が通常の運転状態において－15℃以下の部分

5) 自動膨張弁（膨張弁の二次側に高圧部圧力がかかるもの（ヒートポンプ用等）は，高圧部とする。）

（吸収式冷凍設備の安全装置の取付け）

８．３ 吸収式冷凍設備の安全装置の取付けは，次の各号による。この場合，冷媒ガスが可燃性ガス又は毒性ガスである冷凍設備の安全装置には，破裂板又は溶栓以外のものを用いること。

(1) 発生器の高圧部には，高圧遮断装置及び安全弁又は破裂板を取り付けること。ただし，冷凍能力20トン未満の発生器においては，安全弁又は破裂板の取付けを省略することができる。

(2) シェル型蒸発器，吸収器及び溶液熱交換器には安全弁又は破裂板を取り付けること。ただし，内容積が500L未満の場合には，溶栓をもって代えることができる。

(3) 発生器と他の容器を連絡する配管が通常の使用状態で閉鎖されることがなく，かつ，当該発生器に安全弁が取り付けられ，これにより当該容器の安全装置として作動すると認められる場合には，当該容器に取り付ける安全装置を省略することができる。

⑷　８．２⑵，⑶，⑹及び⑺の基準は，吸収式冷凍設備について準用する。

（圧縮機等の安全装置の省略等）

８．４　次の各号に定める条件を満足する圧縮機又は発生器に取付けるべき安全装置は，それぞれ当該各号に定める基準によることができる。

⑴　２台以上又は発生器の圧縮機の吐出管が共通である場合には，各圧縮機又は発生器に安全弁が取り付けてある場合に限り，各圧縮機又は発生器に取り付けるべき高圧遮断装置を共用することができる。

⑵　一つの架台上において，２台以上の圧縮機が設置され，かつ，運転時に各圧縮機の吐出側から安全装置までの間で，吐出管が止め弁又は自動制御弁（逆止め弁を除く。）により仕切られることがないもので，単一の圧縮機として作用すると認められるものにあっては，圧縮機に取り付ける安全装置を共有することができる。

⑶　冷凍能力20トン以上の圧縮機又は発生器を用いる冷凍設備の凝縮器に安全弁を取り付けた場合であって，圧縮機又は発生器と凝縮器との間の連絡管の止め弁が通常の使用状態で閉鎖することがなく，かつ，凝縮器に取り付ける安全弁又は破裂板の口径が圧縮機の吐出しガス量を十分に処理することができるときは，圧縮機又は発生器に取り付けるべき安全弁又は破裂板を省略することができる。

⑷　多段圧縮方式冷凍設備で２台以上の圧縮機が連動されているもので，相互の連絡管に止め弁のないときは，低圧側圧縮機の安全装置を省略することができる。

（容器の安全弁又は破裂板の省略）

８．５　次の各号の条件を満足する容器については，いずれかの一方の容器に取り付ける安全弁又は破裂板を省略することができる。

⑴　容器相互間の連絡管に止め弁がないこと。

⑵　容器相互間の連絡管の内径が内容積の大きい容器について８．８の算式により得られる安全弁又は破裂板の口径の値以上であること。

⑶　安全弁又は破裂板の口径が８．８の備考により計算した口径の値以上の値であること。

（圧縮機又は発生器の安全弁の口径）

８．６　圧縮機又は発生器の吐出圧力のかかわる部分に取り付けるべき安全弁の口径は，次の各号による。なお，複数の安全弁を用いる場合にあっては，それぞれの口径部の断面積の合計を一つの安全弁の口径部の断面積と見なして求めた口径が，次の各号による値以上であること。

８．６．１　圧縮機に取り付けるべき安全弁の口径は，次の算式により得られる値以上であること。

$$d_1 = C_1 \sqrt{V_1}$$

この式において　d_1：安全弁の最小口径（単位 mm）

V_1：標準回転速度における１時間のピストン押しのけ量（単位 m^3）

ただし，８．４⑵により安全弁を共用する場合は，各圧縮機のピストン押しのけ量の合計値とする。

C_1：次の表に掲げる定数

冷媒ガスの種類	C_1の値	冷媒ガスの種類	C_1の値	冷媒ガスの種類	C_1の値	冷媒ガスの種類	C_1の値
R 13	2.6	R 22	1.6	R 114	1.4	イソブタン	1.1
エチレン	2.0	エタン	1.6	プロパン	1.4	アンモニア	0.9
二酸化炭素	1.9	R 12	1.5	クロルメチル	1.2	ノルマルブタン	0.9
R 502	1.9	R 500	1.5	R 21	1.2		

以下略

（容器に取り付ける安全弁又は破裂板の口径）

8．8　容器に取り付ける安全弁又は破裂板の口径は，次の算式により得られる値以上の値とする。なお，複数の安全弁を用いる場合にあっては，それぞれの口径部の断面積の合計を一つの安全弁の口径部の断面積と見なして求めた口径が，次の算式により得られる値以上であること。

$$d_3 C_3 \sqrt{DL}$$

この式において　d_3：安全弁又は破裂板の最小口径（単位 mm）

D：容器の外径（単位 m）

L：容器の長さ（単位 m）

C_3：次の表に掲げる定数

冷媒ガスの種類	C_3の値		冷媒ガスの種類	C_3の値	
	高圧部	低圧部		高圧部	低圧部
R 114	19	19	アンモニア	8	11
R 21	16	20	R 22	8	11
ノルマルブタン	11	17	R 502	8	11
イソブタン	11	15	プロパン	8	11
クロルメチル	9	12	R 13	5	5
R 12	9	11	エタン	4	5
R 500	9	11	エチレン	4	5
			二酸化炭素	4	5

C_3の算式省略

（備考）２以上の容器が連結されている場合の共通の安全弁の口径は，上式のDLの値にそれぞれの容器のDLの合計値を代入して計算する。

（安全弁又は破裂板の口径の比率）

8．9　冷凍能力20トン以上の冷凍設備の容器に取り付ける安全弁又は破裂板の口径は，圧縮機又は発生器に取り付けるべき安全弁の最小口径の7/10以上で，かつ８．８の算式により得られる値以上にしなければならない。また，圧縮機又は発生器に安全弁を取り付けない場合には，安全弁又は破裂板の口径を８．６又は８．７の算式により得られる値以上にしなければならない。

（溶栓の口径）

８．10　溶栓の口径は，８．８の算式により得られる値の$\frac{1}{2}$以上の値でなければならない。

（安全弁及び高圧遮断装置の作動圧力等）

８．11　安全弁及び高圧遮断装置の作動圧力（吹始め圧力及び吹出し圧力をいう。以下同じ。）は次による。

(1)　圧縮機又は発生器に取り付ける安全弁の吹出し圧力は，当該圧縮機又は発生器の吐出し側の許容圧力の1.2倍又は当該圧縮機若しくは発生器の吐出しガスの圧力を直接受ける容器の耐圧試験圧力の0.8倍のうちいずれか低い圧力を超えてはならない。この場合において，安全弁の吹出し圧力は，吹始め圧力の1.15倍以下でなければならない。

(2)　容器に取り付ける安全弁の吹出し圧力は，高圧部にあっては当該冷媒設備の高圧部の許容圧力の1.15倍の圧力以下，低圧部にあっては当該冷媒設備の低圧部の許容圧力の1.1倍の圧力以下の圧力となるように設定しなければならない。

(3)　高圧遮断装置の作動圧力は，当該冷媒設備の高圧部に取り付けられた安全弁（内蔵形安全弁を除く。）の吹始め圧力の最低値以下の圧力であって，かつ，当該冷媒設備の高圧部の許容圧力以下の圧力になるように設定しなければならない。

ただし，高圧部に取り付けられたすべての安全弁の吹始め圧力が当該安全弁の取り付けられた冷媒設備の許容圧力の1.05倍を超える場合であって，かつ，当該冷媒設備の気密試験を６に規定する圧力の1.05倍以上で実施した場合にあっては，高圧遮断装置の実際の作動圧力を許容圧力の1.05倍以下とすることができる。

（注）　圧縮機内蔵形安全弁は，高圧部と低圧部の圧力差を考慮し，かつ，その吹出し圧力が(1)に規定するように当該圧縮機の吐出し側の許容圧力の1.2倍以下の圧力となるように決定すること。

（安全弁の構造）

８．12　安全弁の構造は次による。

(1)　安全弁は作動圧力を設定した後，封印できる構造であること。

(2)　安全弁の各部のガス通過面積（のど部及び吹出し部の面積を除く。）は安全弁の口径面積以上であること。

（安全弁の試験及び表示）

８．13　安全弁は，作動圧力を試験し，そのとき確認した吹始め圧力を容易に消えない方法で本体に表示してあるものであること。

（高圧遮断装置の構造）

８．14　高圧遮断装置の構造は次の各号による。

(1)　高圧遮断装置は，その設定圧力が目視により判別できるものであること。

⑵　高圧遮断装置の設定圧力の精度は，設定圧力の範囲に応じ，次の表による。

設定圧力の範囲	設定圧力の精度
2 MPa 以上	－10％以内
1 MPa 以上 2 MPa 未満	－12％以内
1 MPa 未満	－15％以内

（注）　上記の数値は，圧力設定値が固定の高圧遮断装置にあってはその設定圧力を基準とし，可変のものにあっては当該高圧遮断装置の圧力目盛板に設定用指針を合致させたときに示された圧力を設定圧力として適用するものとする。

⑶　高圧遮断装置は，原則として手動復帰方式とすること。ただし，可燃性ガス及び毒性ガス以外のガスを冷媒とする冷凍設備（冷媒ガスに係る一の循環系統の冷凍能力が10トン未満の冷媒設備に限る。）で運転及び停止が自動的に行われても危険の生ずるおそれのない構造のものは，自動復帰式とすることができる。

⑷　高圧遮断装置は冷媒設備の高圧部の圧力を正しく検知できるものであり，かつ，圧力計を取り付ける場合には，両者が検知する圧力との差圧を極力少なくするよう取り付けること。

（溶　栓）

8．15　溶栓は次の各号による。

⑴　溶栓（低圧部に用いるものを除く。）の溶融温度は，75℃以下とする。

ただし，75℃を超え100℃以下の一定の温度に相当する冷媒ガス飽和圧力の1.2倍以上の圧力で耐圧試験を実施した冷媒設備に用いるものにあっては，その温度をもって溶融温度とすることができる。

⑵　低圧部に用いる溶栓の溶融温度は，当該溶栓を取り付ける部分の耐圧試験圧力に対応する飽和温度以下の温度であること。

⑶　溶栓は当該溶栓の取り付けられる冷媒設備に係る冷媒ガスの温度を正確に検知でき，かつ，圧縮機又は発生器の高温吐出ガスに影響されない位置に取り付けること。

（破裂板）

8．16　破裂板は次の各号による。

⑴　破裂板は，冷媒設備内の冷媒ガスの圧力が異常に上昇したとき，板が破裂して冷媒ガスを放出する構造のものであること。

⑵　破裂板の破裂圧力は，耐圧試験圧力以下の圧力とすること。

⑶　冷媒設備に破裂板及び安全弁を取り付けた場合には，破裂板の破裂圧力は，安全弁の作動圧力以上とする。

⑷　破裂板は，当該破裂板に使用しようとする板と同一の材料，形状，寸法の他の板について，破裂圧力を確認したものを使用しなければならない。

9．安全弁，破裂板の放出管の開口部の位置

規則関係条項　第７条第１項第９号，第12条第１項

不活性ガス以外の冷媒ガスに係る冷媒設備に設けた安全弁又は破裂板に設ける放出管の開口部の位置は，次に掲げる基準によるものとする。

(1) 可燃性ガスを冷媒ガスとする冷媒設備に設けたもの
近接する建築物又は工作物の高さ以上の高さであって周囲に着火源等のない安全な位置

(2) 毒性ガスを冷媒ガスとする冷媒設備に設けたもの
当該毒性ガスの除害のための設備内

13. ガス漏えい検知警報設備とその設置場所

規則関係条項　第７条第１項第15号，第12条第１項

13. 1　ガス漏えい検知警報設備（以下単に「検知警報設備」という。）は，可燃性ガス又は毒性ガスの漏えいを検知した上，その濃度を指示するとともに警報を発するものとし，次の各号の性能を有するものとする。

(1) 略

(2) 警報設定値は，設置場所における周囲の雰囲気の温度において，可燃性ガスにあっては爆発下限界の$\frac{1}{4}$以下の値，毒性ガスにあっては許容濃度値以下とすること。
ただし，アンモニアを使用する場合にあっては，50ppm 以下とする。
以下略

13. 3. 2　検知警報設備の検出端部を設置する高さは，当該冷媒ガス比重，周囲の状況，冷媒設備の構造等の条件に応じて定めること。
以下略

19. 設　計　圧　力

規則関係条項　第53条第1号，第2号

設計圧力は，次のとおりとする。

設計圧力は，冷媒ガスの種類ごとに高圧部又は低圧部の別及び基準凝縮温度に応じて，表19.1に掲げる圧力とする。

表19. 1　設　計　圧　力

冷媒ガスの種類	高　圧　部（単位 MPa）					低圧部（単位 MPa）
	基準凝縮温度（単位℃）					
	43	50	55	60	65	
エ　チ　レ　ン	9.1	—	—	—	—	6.7
二　酸　化　炭　素	8.3	—	—	—	—	5.5
エ　タ　ン	6.7	—	—	—	—	4.0
R 13	4.0	—	—	—	—	4.0
R 502	1.7	2.0	2.3	2.6	2.9	1.4
ア　ン　モ　ニ　ア	1.6	2.0	2.3	2.6	-	1.26
R 22	1.6	1.9	2.2	2.5	2.8	1.3
プ　ロ　パ　ン	1.6	1.8	2.0	2.2	-	1.2
R 500	1.42	1.42	1.6	1.8	2.0	0.91
R 12	1.30	1.30	1.30	1.5	1.6	0.8
ク　ロ　ル　メ　チ　ル	1.2	—	—	—	—	0.71
イ　ソ　ブ　タ　ン	0.8	—	—	—	—	0.48
ノ　ル　マ　ル　ブ　タ　ン	0.8	—	—	—	—	0.40
R 21	0.4	0.4	0.4	0.43	0.5	0.24
R 114	0.28	0.4	0.48	0.54	0.61	0.28

（備考）1)　冷媒設備の凝縮温度が表に掲げる基準凝縮温度以外のときは，最も近い上位の温度に対応する圧力をもって，当該冷媒設備の高圧部の設計圧力とする。

この場合において，冷媒設備の設計温度（当該冷媒設備を使用することができる最高の温度として設計される温度をいう。）は，原則として，圧力値の記入のない欄の下位の温度の項において圧力値の記入のある欄に対応する基準凝縮温度以上の温度としなければならない。

2) 通常の運転状態における凝縮温度が65℃を超える冷凍設備にあっては，その凝縮温度に対する飽和蒸気圧力をもって当該冷凍設備の高圧部の設計圧力とする。

3) 冷媒設備の冷媒ガス量を制限して充てんすることによって，当該冷凍設備の停止中に，冷媒ガスが常温で蒸発を完了したとき冷媒設備内の圧力が一定値（以下このときの圧力を「制限充てん圧力」という。）以上に上昇しないようにした場合には，当該冷媒設備の低圧部の設計圧力は，表の値にかかわらず，制限充てん圧力以上の圧力とすることができる。

4) 冷凍設備を使用するとき，冷媒設備の周囲温度が常時40℃を超える冷媒設備（クレーンキャブクーラ）等の低圧部の設計圧力は，表の値にかかわらず，その周囲温度の最高温度における冷媒ガスの飽和圧力以上の圧力とする。

以下略

20. 冷媒設備に用いる材料

規則関係条項　第64条第１号，第４号

（材料一般）

20. 1　冷媒設備に用いる材料は，次の各号による。

(1) 材料は，表面に使用上有害な傷，打こん，腐食等の欠陥がないものであること。

(2) 材料は，冷媒ガス，吸収溶液，潤滑油又はこれらの混合物の作用によって劣化しないものであること。

(3) 冷媒ガス，吸収溶液及び被冷却物に接する部分の材料は，冷媒ガスの種類に応じ，次に示すものを使用してはならない。

(a) アンモニアに対しては銅及び銅合金。ただし，圧縮機の軸受又はこれらに類する部分であって，常時油膜に覆われ，液化アンモニアに直接接触することがない部分には，青銅類を使用することができる。

(b) クロルメチルに対してはアルミニウム及びアルミニウム合金

(c) フルオロカーボンに対しては２％を超えるマグネシウムを含有したアルミニウム合金

(4) 常時水に触れる部分には，純度が99.7％未満のアルミニウム（適切な耐食処理を施したものを除く）を使用してはならない

(5) 耐圧部分（内面又は外面に０Paを超える圧力を受ける部分をいう。以下同じ。）に使用する材料は，次に掲げる日本工業規格に適合するもの（以下「規格材料」という。），又はこれらと同等以上の化学的成分及び機械的性質を有するものでなければならない。

〔(炭素鋼鋼材及び低合金鋼鋼材)〕

〔棒・形・板・帯〕

JIS G 3101（1995）一般構造用圧延鋼材

JIS G 3103（1987）ボイラ及び圧力容器用炭素鋼及びモリブデン鋼鋼板

JIS G 3106（1995）溶接構造用圧延鋼材

JIS G 3115（1990）圧力容器用鋼板

JIS G 3126（1990）低温圧力容器用炭素鋼鋼板

JIS G 3131（1996）熱間圧延軟鋼板及び鋼帯

JIS G 3141（1996）冷間圧延鋼板及び鋼帯

JIS G 4051（1979）機械構造用炭素鋼鋼材

〔鍛造品〕

JIS G 3201（1988）炭素鋼鍛鋼品

JIS G 3202（1988）圧力容器用炭素鋼鍛鋼品

JIS G 3204（1988）圧力容器用調質型合金鋼鍛鋼品

〔管〕

JIS G 3452（1988）配管用炭素鋼鋼管

JIS G 3454（1988）圧力配管用炭素鋼鋼管

JIS G 3457（1988）配管用アーク溶接炭素鋼鋼管

JIS G 3460（1988）低温配管用鋼管

JIS G 3461（1988）ボイラ・熱交換器用炭素鋼鋼管

JIS G 3464（1988）低温熱交換器用鋼管

〔低合金鋼鋼材〕

JIS G 4104（1979）クロム鋼鋼材

JIS G 4107（1994）高温用合金鋼ボルト材

〔(高合金鋼鋼材)〕

〔棒・形・板・帯〕

JIS G 4303（1991）ステンレス鋼棒

JIS G 4304（1991）熱間圧延ステンレス鋼板及び鋼帯

〔管〕

JIS G 3459（1994）配管用ステンレス鋼管

JIS G 3463（1994）ボイラ・熱交換器用ステンレス鋼管

〔(鋳鋼品及び鋳鉄品)〕

〔鋳鋼品〕

JIS G 5101（1991）炭素鋼鋳鋼品

JIS G 5102（1991）溶接構造用鋳鋼品

JIS G 5121（1991）ステンレス鋼鋳鋼品

JIS G 5151（1991）高温高圧用鋳鋼品

JIS G 5152（1991）低温高圧用鋳鋼品

〔鋳鉄品〕

JIS G 5501（1995）ねずみ鋳鉄品

JIS G 5502（1995）球状黒鉛鋳鉄品

JIS G 5702（1998）黒心可鍛鋳鉄品

JIS G 5703（1998）白心可鍛鋳鉄品

JIS G 5704（1998）パーライト可鍛鋳鉄品

JIS B 8270（1993）圧力容器（基盤規格）附属書5に規定するダクタイル鉄鋳造品及びマレアブル鉄鋳造品

〔(銅又は銅合金)〕

〔展伸材〕

JIS H 3100（1992）銅及び銅合金の板及び条

JIS H 3250（1992）銅及び銅合金棒

JIS H 3300（1992）銅及び銅合金継目無管

JIS H 3320（1992）銅及び銅合金溶接管

〔鋳造品〕

JIS H 5111（1988）青銅鋳物

〔(アルミニウム及びアルミニウム合金)〕

〔展伸材〕

JIS H 4000（1988）アルミニウム及びアルミニウム合金の板及び条

JIS H 4080（1998）アルミニウム及びアルミニウム合金継目無管

〔鋳造品〕

JIS H 5202（1992）アルミニウム合金鋳物

(材料の使用範囲)

20. 2　冷媒設備のうち，容器，配管又は弁の耐圧部分に使用する材料の使用範囲は，次の各号による。

(1)　20. 1(5)に掲げる日本工業規格に適合する材料は，その種類に応じ，別表第1から別表第5に示す各温度における許容引張応力に対応する温度の範囲内で使用しなければならない。ただし，表20. 1の左欄に掲げる材料を同表中欄に掲げる厚さの範囲において使用する場合にあっては，同表右欄に掲げる温度まで使用することができる。

表20.1　耐圧部分に使用する材料の最低使用温度

材料の種類		厚さ（単位mm）	最低使用温度（単位℃）
JIS G 3101（1995）	一般構造用圧延鋼材（SS）	13以下	−20
JIS G 3106（1995）	溶接構造用圧延鋼材のうちA種（SM − A）	13以下 13を超え　26以下 26を超え　70以下	−40 −30 −20
JIS G 3106（1995）	溶接構造用圧延鋼材のうちB種（SM − B）	13以下 13を超え　26以下 26を超え　70以下	−50 −45 −35
JIS G 3106（1995）	溶接構造用圧延鋼材のうちB種（SM − C）	13以下 13を超え　26以下 26を超え　70以下	−55 −50 −40
JIS G 3126（1990）	低温圧力容器用炭素鋼鋼板のうちSLA 235B	13以下 13を超え　26以下 26を超え　50以下	−75 −70 −65
JIS G 3126（1990）	低温圧力容器用炭素鋼鋼板のうちSLA 325B	13以下 13を超え　26以下 26を超え　50以下	−90 −85 −80
JIS G 3131（1996）	熱間圧延軟鋼板及び鋼帯	13以下	−50
JIS G 3141（1996）	冷間圧延鋼板及び鋼帯のうちSPCD及びSPCE	3.2以下	−50
JIS G 3452（1988）	配管用炭素鋼鋼管		−25
JIS G 3454（1988）	圧力配管用炭素鋼鋼管		−50

以下略

表20．2(b)　炭素鋼及び鋳鉄品の使用制限（配管）

号	冷媒設備区分	使用してはならない材料
1	配管で溶接接合を行う部分	炭素の含有率が0.35％以上である鋼
2	設計圧力が1.6MPa を超える配管	JIS G 3101（1995）一般構造用圧延鋼材 JIS G 3106（1995）溶接構造用圧延鋼材のうちSM 400A JIS G 3457（1988）配管用アーク溶接炭素鋼鋼管
3	設計圧力が3MPa を超える配管	JIS G 3106（1995）溶接構造用圧延鋼材
4	①毒性ガスに係る配管	JIS G 3452（1988）配管用炭素鋼鋼管
	②設計圧力が1MPa を超える配管	
	③設計温度が100℃を超える配管 ただし，圧縮空気に係るものにあっては200℃，常用圧力が0.2MPa 未満のガスに係るものにあっては350℃を超えるものとすることができる。	

以下略

20．4　材料の許容引張応力は次の各号による。

(1)　規格材料のうち別表第1から別表第5までに掲げる材料を同表に掲げる許容引張応力に対応する温度の範囲内の温度を設計温度とする冷媒設備の材料として使用する場合における許容引張応力の値は，同表によるものとする。

別表第１　炭素鋼及び低合金鋼の許容引張応力

［棒・板・帯］

規格名称	種類の記号	製造方法等	各温度における許容引張応力（N/mm²）																																							
			温度 -269	-196	-100	-80	-60	-45	-30	-10	-5	0	40	75	100	125	150	175	200	225	250	275	300	325	350	375	400	425	450	475	500	525	550	575	600	625	650	675	700	725	750	775	800
一般構造用圧延鋼材 JIS G 3101 (1995)	SS330	—	—	—	—	—	—	—	—	—	—	82	82	82	82	82	82	82	82	82	82	82	82	82	82	—	—	—	—	—	—	—	—	—	—	—	—	—	—	—	—	—	—
	SS400	—	—	—	—	—	—	—	—	—	—	100	100	100	100	100	100	100	100	100	100	100	100	100	100	—	—	—	—	—	—	—	—	—	—	—	—	—	—	—	—	—	—
ボイラ及び圧力容器用炭素鋼及びモリブデン鋼鋼板 JIS G 3103 (1987)	SB410	—	—	—	—	—	—	—	—	—	—	102	102	102	102	102	102	102	102	102	102	102	102	102	102	97	88	76	57	—	—	—	—	—	—	—	—	—	—	—	—	—	—
	SB450	—	—	—	—	—	—	—	—	—	—	112	112	112	112	112	112	112	112	112	112	112	112	112	112	106	95	80	58	—	—	—	—	—	—	—	—	—	—	—	—	—	—
	SB480	—	—	—	—	—	—	—	—	—	—	120	120	120	120	120	120	120	120	120	120	120	120	120	120	113	101	84	58	—	—	—	—	—	—	—	—	—	—	—	—	—	—
	SB450M	—	—	—	—	—	—	—	—	—	—	112	112	112	112	112	112	112	112	112	112	112	112	112	112	112	112	108	101	89	76	44	33	—	—	—	—	—	—	—	—	—	—
	SB480M	—	—	—	—	—	—	—	—	—	—	120	120	120	120	120	120	120	120	120	120	120	120	120	120	120	120	115	106	91	76	44	33	—	—	—	—	—	—	—	—	—	—
溶接構造用圧延鋼材 JIS G 3106 (1995)	SM400A	—	—	—	—	—	—	—	—	—	—	100	100	100	100	100	100	100	100	100	100	100	100	100	100	—	—	—	—	—	—	—	—	—	—	—	—	—	—	—	—	—	—
	SM400B	—	—	—	—	—	—	—	—	—	100	100	100	100	100	100	100	100	100	100	100	100	100	100	100	—	—	—	—	—	—	—	—	—	—	—	—	—	—	—	—	—	—
	SM400C	—	—	—	—	—	—	—	—	100	100	100	100	100	100	100	100	100	100	100	100	100	100	100	100	—	—	—	—	—	—	—	—	—	—	—	—	—	—	—	—	—	—
	SM490A	—	—	—	—	—	—	—	—	—	—	122	122	122	122	122	122	122	122	122	122	122	122	122	122	—	—	—	—	—	—	—	—	—	—	—	—	—	—	—	—	—	—
	SM490B	—	—	—	—	—	—	—	—	—	122	122	122	122	122	122	122	122	122	122	122	122	122	122	122	—	—	—	—	—	—	—	—	—	—	—	—	—	—	—	—	—	—
	SM490C	—	—	—	—	—	—	—	—	122	122	122	122	122	122	122	122	122	122	122	122	122	122	122	122	—	—	—	—	—	—	—	—	—	—	—	—	—	—	—	—	—	—
	SM490YA	—	—	—	—	—	—	—	—	—	—	122	122	122	122	122	122	122	122	122	122	122	122	122	122	—	—	—	—	—	—	—	—	—	—	—	—	—	—	—	—	—	—
	SM490YB	—	—	—	—	—	—	—	—	—	122	122	122	122	122	122	122	122	122	122	122	122	122	122	122	—	—	—	—	—	—	—	—	—	—	—	—	—	—	—	—	—	—
	SM520B	—	—	—	—	—	—	—	—	—	—	130	130	130	130	130	130	130	130	130	130	130	130	130	130	—	—	—	—	—	—	—	—	—	—	—	—	—	—	—	—	—	—
	SM520C	—	—	—	—	—	—	—	—	130	130	130	130	130	130	130	130	130	130	130	130	130	130	130	130	—	—	—	—	—	—	—	—	—	—	—	—	—	—	—	—	—	—
	SM570	—	—	—	—	—	—	—	—	142	142	142	142	142	142	142	142	142	142	142	142	142	142	142	142	—	—	—	—	—	—	—	—	—	—	—	—	—	—	—	—	—	—

以下略

22. 溶 接 効 率

規則関係条項　第64条第１号，第４号

溶接継手の効率は，表22．１の左欄に掲げる溶接継手の種類（同表の第１号及び第２号に掲げる種類の溶接継手にあっては，溶接継手の種類及び同表の中欄に掲げる溶接部（溶着金属部分及び溶接による熱影響により材質に変化を受ける母材の部分をいう。以下同じ。）の全長に対する放射線透過試験を行った部分の割合）に応じて同表の右欄に掲げる値とする。

表22．１ 溶 接 継 手 の 効 率

号	溶 接 継 手 の 種 類	溶接部の全長に対する放射線透過試験を行った部分の長さの割合	溶接効率
1	突合せ両側溶接継手又はこれと同等以上とみなされる突合せ片側溶接継手	1	1.00
		１未満 0.2以上	0.95
		0.2未満	0.70
2	裏当て金を使用した突合せ片側溶接継手で，裏当て金を残すもの	1	0.90
		１未満 0.2以上	0.85
		0.2未満	0.65
3	突合せ片側溶接継手（前２号に掲げるものを除く。）		0.60
4	両側全厚すみ肉重ね溶接継手		0.55
5	プラグ溶接を行わない片側全厚すみ肉重ね溶接継手		0.45

以下略

23. 容器及び配管の強度

規則関係条項　第64条第１号，第４号

（容器各部の厚さ）

23. 1　容器各部の厚さ及び腐れしろは次の各号による。

23. 1. 1　容器各部の厚さ23. 2の各号の掲げる部分は，当該各号に定める最小厚さに腐れしろを加えた厚さ以上の厚さを有するものであること。この場合において，炭素鋼鋼板又は低合金鋼鋼板を使用する部分の厚さは2.5mm（使用する炭素鋼鋼又は低合金鋼鋼板が腐食し，又は磨耗するおそれがある場合にあっては3.5mm 又は23. 2の各号に定める最小厚さに腐れしろを加えた厚さのうちいずれか大なる値）以上，高合金鋼鋼板又は非鉄金属板を使用する部分の厚さは1.5mm（使用する高合金鋼鋼板又は非鉄金属板が腐食し，又は磨耗するおそれのある場合にあっては2.5mm）以上であること。

23. 1. 2　腐れしろ　容器（発生器を含む。）に係る腐れしろは，材料の種類に応じ，次の表の値とすること。ただし，容器各部の最小厚さの算式において，腐れしろを見込んである部分については，腐れしろを加える必要はない。

材料の種類		腐れしろ（単位 mm）
鋳鉄		1
鋼	直接風雨にさらされない部分で，耐食処理を施したもの	0.5
	被冷却液又は過熱熱媒に触れる部分	1
	その他の部分	1
銅，銅合金，ステンレス鋼，アルミニウム，アルミニウム合金，チタン		0.2

（発生器以外の容器の最小厚さ）

23. 2　発生器以外の容器の各部（管以外の部分に限る。）の最小厚さは次の各号による。

23. 2. 1　胴板（内面に圧力を受けるもの）次の(1)から(3)までに掲げる銅の形状に応じて，それぞれ定める算式により得られる厚さとする。

(1)　円筒胴の胴板

胴板の最小厚さが胴の内径より$\frac{1}{4}$以下とする場合の当該胴板の最小厚さ。

$$t=\frac{PD_{\mathrm{i}}}{200\sigma_{\mathrm{a}}\eta-1.2P}$$

この式において　t　：胴板の最小の厚さ（単位 mm）

P　：設計圧力（単位 MPa）

D_{i}：胴の内径（単位 mm）

σ_a：材料の許容引張応力20．4の規定により得られる許容引張応力をいう。以下同じ。）（単位 Nm^2）

η　：溶接継手の効率（22の規定による溶接継手の効率をいう。以下同じ。）

ただし，別表第1に掲げる管であって，その製造方法の欄に記載されている E（電気抵抗溶接管），B（鍛接管）及び W（溶接管）に該当する管にあっては1とする。以下同じ。

以下略

23．2．3　鏡板（中低面に圧力を受けるもので，23．2．7に掲げるものを除く。）

鏡板の形状に応じて，それぞれの次の算式により得られる厚さとする。

(1) さらに形鏡板又は全半球形鏡板

$$t = \frac{PRW}{2\sigma_a \eta - 0.2P}$$

この式において

t　：鏡板の最小の厚さ（単位 mm）

P　：設計圧力（単位 MPa）

R　：さらに形鏡板の中央部又は全半球形鏡板の内面の半径（単位 mm）

W　：さら形の形状に関する係数で，次の算式によって得られる数値（全半球形鏡板にあっては1）

$$W = \frac{1}{4}\left(3 + \sqrt{\frac{R}{r}}\right)$$

r　：さらに形鏡板のすみの丸みの内面の半径（単位 mm）

σ_a：材料の許容引張応力（単位 Nm^2）

η　：溶接継手（銅に取り付ける継手を除く。）の効率（継手がない場合は1）

以下略

（管）

23．6　容器に係る管の最小厚さは，次の各号に掲げる管の種類に応じ，それぞれ当該各号に掲げるところにより計算して得られる最小厚さに腐れしろを加えた厚さ以上の厚さとすること。この場合，腐れしろは管の種類に応じ，次の表の値とする。

表23．6　管の腐れしろ

<table>
<tr><th colspan="3">管の種類</th><th>腐れしろ（単位 mm）</th></tr>
<tr><td rowspan="2">ねじを切った鋼管</td><td colspan="2">呼び径　40A（$1\frac{1}{2}$B）以上</td><td>1.5</td></tr>
<tr><td colspan="2">呼び径　32A（$1\frac{1}{4}$B）以下</td><td>1.0</td></tr>
<tr><td rowspan="4">ねじのない管</td><td rowspan="2">鋼管</td><td>配管が直接風雨にさらされないもので，耐食塗装を施したもの</td><td>0.5</td></tr>
<tr><td>その他のもの</td><td>1.0</td></tr>
<tr><td colspan="2">アルミニウム又はアルミニウム合金管，銅合金管，ステンレス鋼管又は外径が15mm 以下の耐食材料によるクラッド管</td><td>0.2</td></tr>
<tr><td colspan="2">ひれによって補強されるものであって，腐食のおそれのない管</td><td>0.1</td></tr>
</table>

以下略

23．6．5　管の最小厚さの許容差23．6に規定する管の厚さに関する基準の適用に当たっては，実際の厚さが当該基準に定める厚さから当該管の日本工業規格に定める許容差を差し引いた値以上であるときは，当該基準に適合するものとする。

（配管，弁，継手等の最小厚さ等）

23．11　冷媒ガスの配管，熱交換器で管により構成されるもの，弁，継手等の最小厚さ等は次の各号による。

23．11．1　配管の厚さ　冷媒ガスの配管，熱交換器で管により構成されるものに係る管，胴の内径が160mm 以下の容器，その他冷媒ガスの圧力が加わる管（圧縮機及びポンプに係る部分を除き，以下これらを「配管」という。）の厚さは，(1)から(4)までに規定する最小厚さ（許容差は23．6．5の規定による）に(5)に規定する腐れしろを加えた厚さ以上の厚さとすること。

以下略

24. 溶　　　接

規則関係条項　第64条第１号

溶接は，次により行うものとする。

（溶接の方法の制限）

24．1　冷媒設備に使用できる継手は，次の表24．1の中欄に掲げる溶接の種類に応じ，それぞれ同表の右欄に掲げる継手とする。

表24．1　溶接の種類と継手

	溶接の種類	継手
(1)	両側突合せ溶接又はこれと同等以上とみなされる片側突合せ溶接	すべての継手
(2)	裏当て金を使用して行う片側突合せ溶接で，裏当て金を残すもの	すべての継手，ただし，毒性ガスの容器及び低温で使用する容器に係るA継手を除く
(3)	(1)又は(2)以外の片側突合せ溶接	毒性ガスの容器及び低温で使用する容器以外の容器であって，厚さが18mm以下であり，かつ，外形が610mm以下であるものに係るB継手
(4)	両側全厚すみ肉重ね溶接	厚さ18mm以下の容器に係るB継手，厚さ10mm以下の容器に係るA継手及びドーム管台，強め材等を取り付けるための継手
(5)	プラグ溶接を行わない片側全厚すみ肉重ね溶接	胴に厚さ18mm以下の中高面に圧力を受ける鏡板を取り付けるための継手及び内径610mm以下の胴に鏡板を取り付けるための継手（フランジの外側すみ肉部の脚長が６mm以下のものに限る。）その他これに類する継手
(6)	T形突合せ溶接（完全溶込み溶接に限る。）	ドーム，管台，強め材その他これらに類するものを取り付けるための継手
(7)	T形すみ肉溶接及び前号に規定するT形突合せ溶接以外のT形突合せ溶接	ドーム，管台，強め材その他これらに類するものを容器（毒性ガスのもの及び低温で使用するものを除く。）に取り付けるための継手

(備考)

(1) この表においてA継手とは，耐圧部分の長手継手，鏡板を作るための継手，角形容器の平板を作るための継手及び全半球形鏡板を胴に取り付けるための周継手をいう。

(2) この表においてB継手とは，耐圧部分の周継手及び管台を円すい体形鏡板の小径端に取り付けるための継手をいう。

(3) この表において，両側突合せ溶接と同等以上とみなされる片側突き合わせ溶接は，表22. 1の（備考）による。

(溶接部)

24. 2 溶接部の強度は，次の各号による。

(1) 溶接部は，母材の強度（母材の強度が異なる場合は最も強度の弱い母材の強度）と同等以上の強度を有するものでなければならない。

(2) 溶接部は，溶込みが十分であり，かつ，割れ，深さ0.4mm を超えるアンダーカット，長さ4mm を超えるオーバーラップ及びクレータ，スラグ巻込み，ブローホール等で有害なものがあってはならない。なお，治具跡についても同様とする。

(突合せ溶接)

24. 3 突合せ溶接は，次の各号に定めるところにより行わなければならない。

(1) 突合せ溶接における継手面の食違いは，次の表の左欄に掲げる継手の位置及び同表の中欄に掲げる板の厚さ（板の厚さが異なるときは薄い方の板の厚さ。以下この項において同じ。)の区分に応じ，同表の右欄の値のうちいずれか大きい値を超えないこと。

表24. 2 食違いの値

継手の位置	板の厚さの区分	食違いの値
長手継手，球形胴の周継手及び胴と鏡板とを取り付けるための周継手	50mm 以下のもの	板の厚さの $\frac{1}{4}$ 又は3.2mm
	50mm を超えるもの	板の厚さの $\frac{1}{16}$ 又は9mm
周継手（球形胴に係るもの及び胴と鏡板とを取り付けるためのものを除く。)	50mm 以下のもの	板の厚さの $\frac{1}{4}$ 又は5mm
	50mm を超えるもの	板の厚さの $\frac{1}{8}$ 又は19mm

(2) さの異なる板を突き合わせ溶接する場合は次の図24－1(a)又は(b)に示すようにこう配をつけること。

(3) 厚さの異なる板を突き合わせ溶接する場合は，厚い板の中心線と薄い板の中心線とを一致させること。ただし，当該容器の設計圧力が次に掲げる算式により得られる圧力以下であり，かつ，中心線の食違いが板の厚さの1/4又は3mm のうちいずれか小さい値以下である場合にあっては，この限りでない。

$$\mathrm{P} \leqq \frac{2\,\sigma_{\mathrm{a}}\,\eta\,t_1^{\,2}}{D(3\,\mathrm{a} + t_1)}$$

図24－1　厚さの異なる板の突合せ溶接

(a)　中心線が一致する場合　　　　　　(b)　中心線が不一致の場合

周 継 手　　　長手継手　　　　　周 継 手　　　長手継手

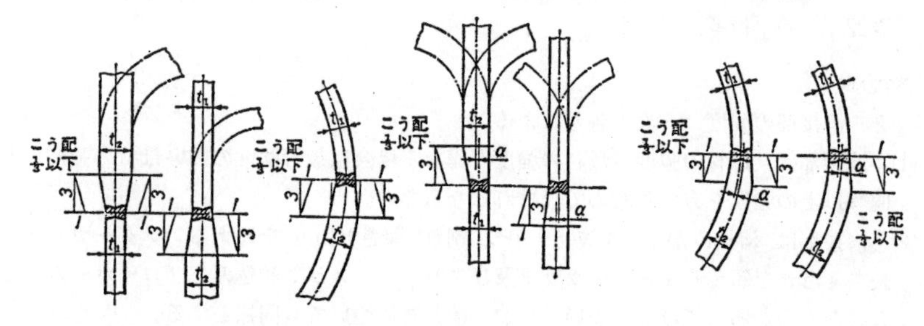

この式において

P：胴の設計圧力（単位 MPa）

σ_{a}：材料の許容引張応力（単位 N/m^2）

η：長手継手の効率

D：胴の内径（単位 mm）

t_1：薄いほうの板の厚さ（単位 mm）

a：中心線の食違い量（単位 mm）

(4)　両側溶接を行う場合は，一方からの溶接を行った後，他方からの溶接を行う前に開先の底部の欠陥を削りとらなければならない。ただし，自動溶接の場合等で，欠陥が生じないことが確認された場合はこの限りでない。

以下略

（鏡板と胴板との溶接）

24. 5　容器の鏡板と胴板とを取り付けるための溶接は，次の各号による。

⑴　鏡板のフランジ部の長さは，図24－２に示したフランジ部の長さ以上であること。

⑵　図24－２の⒡に示す形状の中間鏡板を胴板に取り付ける場合には，胴板の厚さが16mm 以下であること。

図24－２　鏡板と胴板との取付け

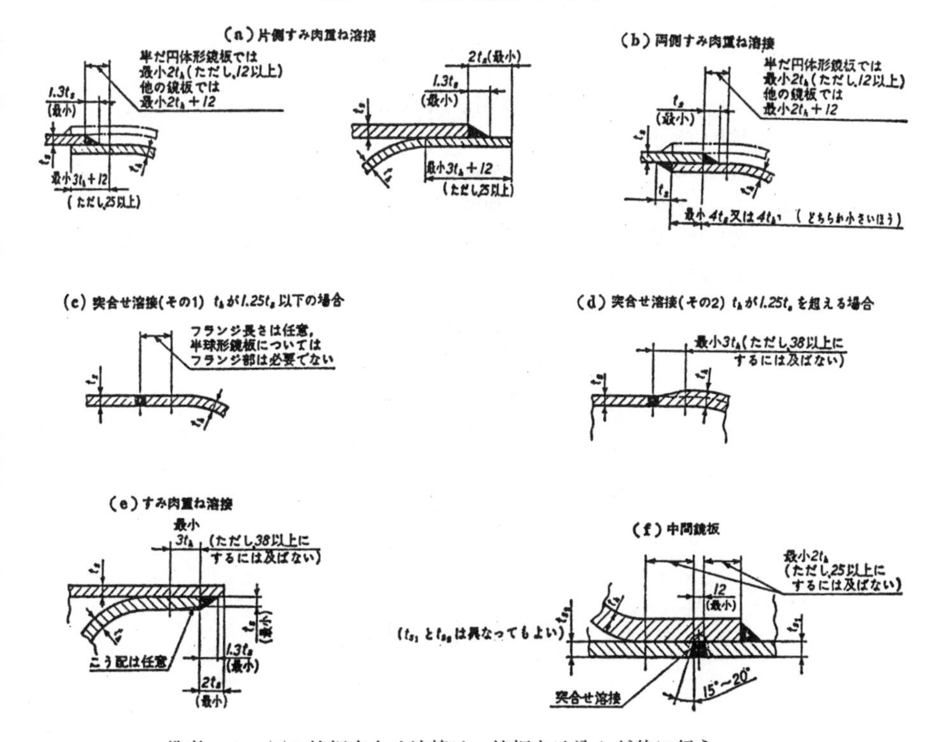

備考　1．⒡の鏡板突合せ溶接は，鏡板をはめ込んだ後に行う。

2．図中の記号は次による。

th：鏡板の実際厚さ（mm）　*ta*：胴板の実際厚さ（mm）

26. 容器の構造及び加工

規則関係条項　第64条第１号，第４号

（鏡板の構造）

26. 2　次の各号に掲げる鏡板（発生器に係るものを除く。）の構造は，鏡板の形状に応じ，それぞれ次の各号に定めるところによる。

(1)　さらに形鏡板〔図26－2(a)参照〕

$$r \geqq 3t \quad r \geqq 0.06D_0 \quad R \leqq 1.5D_0$$

この図において

r：鏡板のすみの丸みの内面の半径（単位 mm）

t：鏡板の最小厚さ（単位 mm）

D_0：鏡板のフランジ部の外径（単位 mm）

R：さらに形鏡板の中央部の内面の半径（単位 mm）

l：突合せ溶接継手の場合は鏡板のフランジの平行部を溶接線から測った長さで，24. 5の規定による。（単位 mm）

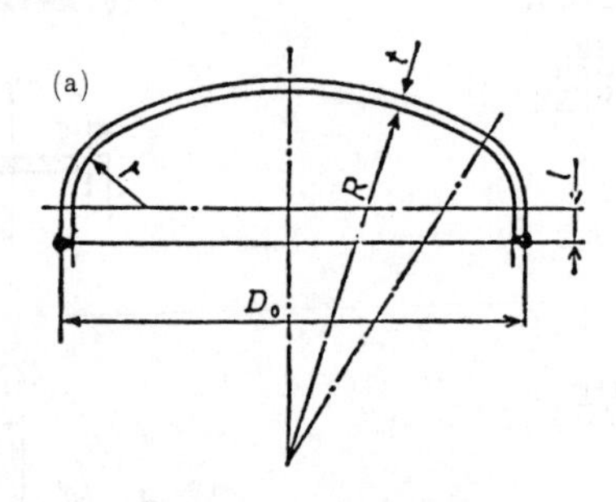

図26－２　鏡板の構造

以下略

問　題　編

法　　令

平成30年度

（平成30年11月11日実施）

次の各問について、高圧ガス保安法に係る法令上正しいと思われる最も適切な答えをその問の下に掲げてある(1)、(2)、(3)、(4)、(5)の選択肢の中から１個選びなさい。

なお、経済産業大臣が危険のおそれのないと認めた場合等における規定は適用しない。

(注) 試験問題中、「都道府県知事等」とは、都道府県知事又は高圧ガス保安法に関する事務を処理する指定都市の長をいう。

1．次のイ、ロ、ハの記述のうち、正しいものはどれか。

イ．高圧ガス保安法は、高圧ガスによる災害を防止して公共の安全を確保する目的のために、民間事業者による高圧ガスの保安に関する自主的な活動を促進することを定めているが、高圧ガス保安協会による高圧ガスの保安に関する自主的な活動を促進することは定めていない。

ロ．常用の温度35度において圧力が1メガパスカルとなる圧縮ガス（圧縮アセチレンガスを除く。）であって、現在の圧力が0.9メガパスカルのものは高圧ガスではない。

ハ．温度35度以下で圧力が0.2メガパスカルとなる液化ガスは、高圧ガスである。

(1) イ　(2) ハ　(3) イ、ロ　(4) ロ、ハ　(5) イ、ロ、ハ

2．次のイ、ロ、ハの記述のうち、正しいものはどれか。

イ．1日の冷凍能力が300トンである認定指定設備のみを使用して高圧ガスの製造を行おうとする者は、都道府県知事等の許可を受けなければならない。

ロ．1日の冷凍能力が3トン未満の冷凍設備内における高圧ガスは、そのガスの種類にかかわらず、高圧ガス保安法の適用を受けない。

ハ．もっぱら冷凍設備に用いる機器であって、定められたものの製造の事業を行う者（機器製造業者）は、所定の技術上の基準に従ってその機器を製造しなければならない。

(1) イ　(2) ロ　(3) イ、ハ　(4) ロ、ハ　(5) イ、ロ、ハ

3．次のイ、ロ、ハの記述のうち、正しいものはどれか。

イ．冷凍のための製造施設の冷媒設備内の高圧ガスであるアンモニアは、高圧ガスの廃棄に係る技術上の基準に従って廃棄しなければならないものに該当する。

ロ．第一種製造者は、高圧ガスの製造を開始したときは、遅滞なく、その旨を都道府県知事等に届け出なければならないが、高圧ガスの製造を廃止したときは、その旨を届け出る必要はない。

ハ．第一種製造者は、高圧ガスの製造施設の位置、構造又は設備の変更の工事をしようとするときは、その工事が定められた軽微なものである場合を除き、都道府県知事等の許可を受けなければならない。

(1) イ　(2) ロ　(3) イ、ハ　(4) ロ、ハ　(5) イ、ロ、ハ

4．次のイ、ロ、ハの記述のうち、冷凍に係る製造事業所における冷媒ガスの補充用としての容器による高圧ガス（質量が1.5キログラムを超えるもの）の貯蔵の方法に係る技術上の基準について一般高圧ガス保安規則上正しいものはどれか。

イ．液化フルオロカーボンを充塡した容器の貯蔵は、液化アンモニアの充塡容器の場合と同様に、特に定められた場合を除き、車両に積載したまま行ってはならない。

ロ．液化アンモニアの充塡容器及び残ガス容器は、それぞれ区分して容器置場に置かなければならないが、液化フルオロカーボンの充塡容器及び残ガス容器はそれぞれ区分して容器置場に置くべき定めはない。

ハ．液化アンモニアの容器を置く容器置場には、携帯電燈以外の燈火を携えて立ち入ってはならない。

(1) イ　(2) ロ　(3) イ、ハ　(4) ロ、ハ　(5) イ、ロ、ハ

5．次のイ、ロ、ハの記述のうち、車両に積載した容器（内容積が48リットルのもの）による冷凍設備の冷媒ガスの補充用の高圧ガスの移動に係る技術上の基準等について一般高圧ガス保安規則上正しいものはどれか。

イ．液化アンモニアを移動するときは、消火設備のほか防毒マスク、手袋その他の保護具並びに災害発生防止のための応急措置に必要な資材、薬剤及び工具等も携行しなければならない。

ロ．液化アンモニアを移動するときは、転落、転倒等による衝撃及びバルブの損傷を防止する措置を講じ、かつ、粗暴な取扱いをしてはならないが、液化フルオロカーボン（不活性のものに限る。）を移動するときはその定めはない。

ハ．高圧ガスを移動する車両の見やすい箇所に警戒標を掲げなければならない高圧ガスは、可燃性ガス及び毒性ガスの２種類に限られている。

(1) イ　(2) ロ　(3) イ、ハ　(4) ロ、ハ　(5) イ、ロ、ハ

6．次のイ、ロ、ハの記述のうち、冷凍設備の冷媒ガスの補充用の高圧ガスを充塡するための容器（再充塡禁止容器を除く。）について正しいものはどれか。

イ．容器検査に合格した容器に刻印すべき事項の一つに、その容器の内容積（記号　V、単位　リットル）がある。

ロ．液化アンモニアを充塡する容器に表示をすべき事項のうちには、「その容器の外面の見やすい箇所に、その表面積の２分の１以上について白色の塗色をすること。」がある。

ハ．溶接容器の容器再検査の期間は、その容器の製造後の経過年数に応じて定められている。

(1) イ　(2) ハ　(3) イ、ロ　(4) ロ、ハ　(5) イ、ロ、ハ

7．次のイ、ロ、ハの記述のうち、冷凍能力の算定基準について冷凍保安規則上正しいものはどれか。

イ．遠心式圧縮機を使用する製造設備の１日の冷凍能力の算定に必要な数値の一つに、その圧縮機の原動機の定格出力の数値がある。

ロ．往復動式圧縮機を使用する製造設備の１日の冷凍能力の算定に必要な数値の一つに、冷媒設備内の冷媒ガスの充塡量の数値がある。

ハ．遠心式圧縮機以外の圧縮機を使用する製造設備の１日の冷凍能力の算定に必要な数値の一つに、圧縮機の標準回転速度における１時間のピストン押しのけ量の数値がある。

(1) イ　(2) ロ　(3) イ、ハ　(4) ロ、ハ　(5) イ、ロ、ハ

8．次のイ、ロ、ハの記述のうち、冷凍のため高圧ガスの製造をする第二種製造者について正しいものはどれか。

イ．不活性のフルオロカーボンを冷媒とする１日の冷凍能力が 30 トンの設備のみを使用して高圧ガスの製造をしようとする者は、第二種製造者である。

ロ．製造設備の変更の工事を完成したときは、酸素以外のガスを使用する試運転又は所定の気密試験を行った後でなければ高圧ガスの製造をしてはならない。

ハ．第二種製造者であっても、冷凍保安責任者及びその代理者を選任する必要のない場合がある。

(1) イ　(2) ロ　(3) イ、ロ　(4) ロ、ハ　(5) イ、ロ、ハ

9．次のイ、ロ、ハの記述のうち、冷凍保安責任者を選任しなければならない事業所における冷凍保安責任者及びその代理者について正しいものはどれか。

イ．１日の冷凍能力が 80 トンの製造施設に冷凍保安責任者を選任するとき、その選任される者が交付を受けている製造保安責任者免状の種類は、第三種冷凍機械責任者免状でよい。

ロ．冷凍保安責任者に第一種冷凍機械責任者免状の交付を受けている者を選任した場合は、冷凍保安責任者の代理者を選任する必要はない。

ハ．冷凍保安責任者を選任又は解任したときは、遅滞なく、その旨を都道府県知事等に届け出なければならないが、その代理者の選任又は解任についても同様に届け出なければならない。

(1) イ　(2) ハ　(3) イ、ロ　(4) イ、ハ　(5) ロ、ハ

10. 次のイ、ロ、ハの記述のうち、冷凍のため高圧ガスの製造をする第一種製造者（認定保安検査実施者である者を除く。）が受ける保安検査について正しいものはどれか。

イ．第一種製造者の製造施設であっても、都道府県知事等又は高圧ガス保安協会若しくは指定保安検査機関が行う保安検査を受ける必要がない製造施設がある。

ロ．保安検査は、特定施設が製造施設の位置、構造及び設備に係る定められた技術上の基準に適合しているかどうかについて行われる。

ハ．都道府県知事等又は高圧ガス保安協会若しくは指定保安検査機関が行う保安検査は、３年以内に少なくとも１回以上行われる。

⑴ イ　⑵ イ、ロ　⑶ イ、ハ　⑷ ロ、ハ　⑸ イ、ロ、ハ

11. 次のイ、ロ、ハの記述のうち、冷凍のため高圧ガスの製造をする第一種製造者（冷凍保安責任者を選任しなければならない者に限る。）が行う定期自主検査について正しいものはどれか。

イ．定期自主検査は、製造施設の位置、構造及び設備が技術上の基準に適合しているかどうかについて行わなければならないが、その技術上の基準のうち耐圧試験に係るものは除かれている。

ロ．定期自主検査は、３年以内に少なくとも１回以上行うことと定められている。

ハ．定期自主検査を行うときは、選任している冷凍保安責任者にその定期自主検査の実施について監督を行わせなければならない。

⑴ イ　⑵ イ、ロ　⑶ イ、ハ　⑷ ロ、ハ　⑸ イ、ロ、ハ

12. 次のイ、ロ、ハの記述のうち、冷凍のため高圧ガスの製造をする第一種製造者が定めるべき危害予防規程について正しいものはどれか。

イ．所定の事項を記載した危害予防規程を定め、これを都道府県知事等に届け出なければならないが、これを変更した場合も同様に届け出る必要がある。

ロ．製造施設が危険な状態となったときの措置及びその訓練方法に関することは、危害予防規程に定めるべき事項の一つである。

ハ．従業者に対する危害予防規程の周知方法及びその危害予防規程に違反した者に対する措置に関することは、危害予防規程に定めるべき事項ではない。

⑴ イ　⑵ イ、ロ　⑶ イ、ハ　⑷ ロ、ハ　⑸ イ、ロ、ハ

13. 次のイ、ロ、ハの記述のうち、冷凍のため高圧ガスの製造をする第一種製造者について正しいものはどれか。

イ．その従業者に対する保安教育計画を定め、これを忠実に実行しなければならないが、その計画を都道府県知事等に届け出る必要はない。

ロ．その所有又は占有する製造施設が危険な状態となったときは、直ちに、応急の措置を行わなければならないが、その措置を講じることができないときは、従業者又は必要に

応じ付近の住民に退避するよう警告しなければならない。

ハ．その所有する高圧ガスについて災害が発生したときは、遅滞なく、その旨を都道府県知事等又は警察官に届け出なければならないが、占有する容器を盗まれたときは、その届出の必要はない。

(1) イ　(2) ロ　(3) イ、ロ　(4) ロ、ハ　(5) イ、ロ、ハ

14. 次のイ、ロ、ハの記述のうち、冷凍のため高圧ガスの製造をする第一種製造者（認定完成検査実施者である者を除く。）が行う製造施設の変更の工事について正しいものはどれか。

イ．定置式製造設備である製造施設に、その製造設備とブラインを共通に使用する認定指定設備を増設する工事は、軽微な変更の工事に該当する。

ロ．製造設備について定められた軽微な変更の工事をしたときは、その完成後遅滞なく、その旨を都道府県知事等に届け出なければならない。

ハ．製造施設の特定変更工事を完成し、都道府県知事等が行う完成検査を受けた場合、これが所定の技術上の基準に適合していると認められた後でなければこれを使用してはならない。

(1) ハ　(2) イ、ロ　(3) イ、ハ　(4) ロ、ハ　(5) イ、ロ、ハ

15. 次のイ、ロ、ハの記述のうち、製造設備がアンモニアを冷媒ガスとする定置式製造設備（吸収式アンモニア冷凍機であるものを除く。）である第一種製造者の製造施設に係る技術上の基準について冷凍保安規則上正しいものはどれか。

イ．冷媒設備の圧縮機を設置する室は、冷媒設備から冷媒ガスであるアンモニアが漏えいしたときに、滞留しないような構造としなければならないものに該当する。

ロ．製造設備が専用機械室に設置され、かつ、その室を運転中強制換気できる構造とした場合、冷媒設備の安全弁に設けた放出管の開口部の位置については、特に定められていない。

ハ．受液器に丸形ガラス管液面計以外のガラス管液面計を設ける場合には、その液面計の破損を防止するための措置を講じるか、又は受液器とガラス管液面計とを接続する配管にその液面計の破損による漏えいを防止するための措置のいずれかの措置を講じることと定められている。

(1) イ　(2) ロ　(3) ハ　(4) イ、ロ　(5) イ、ハ

16. 次のイ、ロ、ハの記述のうち、製造設備がアンモニアを冷媒ガスとする定置式製造設備（吸収式アンモニア冷凍機であるものを除く。）である第一種製造者の製造施設に係る技術上の基準について冷凍保安規則上正しいものはどれか。

イ．製造施設には、その規模に応じて、適切な消火設備を適切な箇所に設けなければならない。

ロ. 受液器には、その周囲に、冷媒ガスである液状のアンモニアが漏えいした場合にその流出を防止するための措置を講じなければならないものがあるが、その受液器の内容積が1万リットルであるものは、それに該当しない。

ハ. 製造施設には、その施設から漏えいするガスが滞留するおそれのある場所に、そのガスの漏えいを検知し、かつ、警報するための設備を設けなければならない。

(1) イ　(2) イ、ロ　(3) イ、ハ　(4) ロ、ハ　(5) イ、ロ、ハ

17. 次のイ、ロ、ハの記述のうち、製造設備が定置式製造設備である第一種製造者の製造施設に係る技術上の基準について冷凍保安規則上正しいものはどれか。

イ. 圧縮機、油分離器、凝縮器及び受液器並びにこれらの間の配管が火気（その製造設備内のものを除く。）の付近にあってはならない旨の定めは、不活性ガスを冷媒ガスとする製造施設にも適用される。

ロ. 内容積が5000リットル以上である受液器並びにその支持構造物及び基礎を所定の耐震設計の基準により地震の影響に対して安全な構造としなければならない旨の定めは、不活性ガスを冷媒ガスとする受液器にも適用される。

ハ. 冷媒設備が、所定の気密試験及び配管以外の部分について所定の耐圧試験又は経済産業大臣がこれらと同等以上のものと認めた高圧ガス保安協会が行う試験に合格するものでなければならない旨の定めは、不活性ガスを冷媒ガスとする製造施設にも適用される。

(1) イ　(2) ロ　(3) イ、ハ　(4) ロ、ハ　(5) イ、ロ、ハ

18. 次のイ、ロ、ハの記述のうち、製造設備が定置式製造設備である第一種製造者の製造施設に係る技術上の基準について冷凍保安規則上正しいものはどれか。

イ. 冷媒設備の圧縮機が強制潤滑方式であり、かつ、潤滑油圧力に対する保護装置を有するものであれば、その油圧系統を除く冷媒設備に圧力計を設ける必要はない。

ロ. 冷媒設備には、その設備内の冷媒ガスの圧力が許容圧力を超えた場合に直ちに許容圧力以下に戻すことができる安全装置を設けなければならない。

ハ. アンモニアを冷媒ガスとする製造設備に設けたバルブ（自動制御で開閉されるものを除く。）には、作業員が適切に操作できるような措置を講じなければならないが、不活性ガスを冷媒ガスとする製造設備についてもその措置を講じなければならない。

(1) イ　(2) ハ　(3) イ、ロ　(4) ロ、ハ　(5) イ、ロ、ハ

19. 次のイ、ロ、ハの記述のうち、第一種製造者の製造の方法に係る技術上の基準について冷凍保安規則上正しいものはどれか。

イ. 冷媒設備の修理が終了したときは、その冷媒設備が正常に作動することを確認した後でなければ高圧ガスの製造をしてはならない。

ロ. 冷媒設備の安全弁に付帯して設けた止め弁は、その安全弁の修理又は製造のため特に必要な場合を除き、常に全開しておかなければならない。

ハ．高圧ガスの製造は、１日に１回以上その製造設備が属する製造施設の異常の有無を点検して行わなければならないが、自動制御装置を設けて自動運転を行っている製造設備にあっては、１か月に１回の点検とすることができる。

(1) イ　(2) イ、ロ　(3) イ、ハ　(4) ロ、ハ　(5) イ、ロ、ハ

20. 次のイ、ロ、ハの記述のうち、認定指定設備について冷凍保安規則上正しいものはどれか。

イ．認定指定設備である条件の一つに、「冷媒設備は、その設備の製造業者の事業所において試運転を行い、使用場所に分割されずに搬入されるものであること。」がある。

ロ．認定指定設備の冷媒設備は、所定の気密試験及び耐圧試験に合格するものでなければならないが、その試験を行うべき場所については定められていない。

ハ．認定指定設備に変更の工事を施したとき又は認定指定設備を移設したときは、指定設備認定証を返納しなければならない場合がある。

(1) イ　(2) イ、ロ　(3) イ、ハ　(4) ロ、ハ　(5) イ、ロ、ハ

令和元年度

（令和元年11月10日実施）

次の各問について、高圧ガス保安法に係る法令上正しいと思われる最も適切な答えをその問の下に掲げてある(1)、(2)、(3)、(4)、(5)の選択肢の中から１個選びなさい。

なお、経済産業大臣が危険のおそれのないと認めた場合等における規定は適用しない。

(注) 試験問題中、「都道府県知事等」とは、都道府県知事又は高圧ガス保安法に関する事務を処理する指定都市の長をいう。

問1　次のイ、ロ、ハの記述のうち、正しいものはどれか。

イ．高圧ガス保安法は、高圧ガスによる災害を防止して公共の安全を確保する目的のために、高圧ガスの製造、貯蔵、販売、移動その他の取扱及び消費並びに容器の製造及び取扱について規制するとともに、民間事業者及び高圧ガス保安協会による高圧ガスの保安に関する自主的な活動を促進することを定めている。

ロ．温度35度において圧力が1メガパスカル以上となる圧縮ガス（圧縮アセチレンガスを除く。）は、常用の温度における圧力が1メガパスカル未満であっても高圧ガスである。

ハ．圧力が0.2メガパスカルとなる場合の温度が30度である液化ガスであって、常用の温度において圧力が0.1メガパスカルであるものは、高圧ガスではない。

(1) イ　(2) ロ　(3) イ、ロ　(4) イ、ハ　(5) イ、ロ、ハ

問2　次のイ、ロ、ハの記述のうち、正しいものはどれか。

イ．アンモニアを冷媒ガスとする1日の冷凍能力が50トンの一つの設備を使用して冷凍のため高圧ガスの製造をしようとする者は、都道府県知事等の許可を受けなければならない。

ロ．1日の冷凍能力が5トン未満の冷凍設備内におけるフルオロカーボン（不活性のものに限る。）は、高圧ガス保安法の適用を受けない。

ハ．専ら冷凍設備に用いる機器の製造の事業を行う者（機器製造業者）が所定の技術上の基準に従って製造しなければならない機器は、冷媒ガスの種類にかかわらず、1日の冷凍能力が20トン以上の冷凍機に用いられるものに限られている。

(1) イ　(2) イ、ロ　(3) イ、ハ　(4) ロ、ハ　(5) イ、ロ、ハ

問3　次のイ、ロ、ハの記述のうち、正しいものはどれか。

イ．第一種製造者は、その製造をする高圧ガスの種類を変更したときは、遅滞なく、その旨を都道府県知事等に届け出なければならない。

ロ．冷凍のための製造施設の冷媒設備内の高圧ガスであるアンモニアを廃棄するときには、冷凍保安規則で定める高圧ガスの廃棄に係る技術上の基準は適用されない。

ハ．第一種製造者の合併によりその地位を承継した者は、遅滞なく、その事実を証する書面を添えて、その旨を都道府県知事等に届け出なければならない。

(1) イ　(2) ロ　(3) ハ　(4) イ、ハ　(5) イ、ロ、ハ

問4　次のイ、ロ、ハの記述のうち、冷凍に係る製造事業所における冷媒ガスの補充用としての容器による高圧ガス（質量が1.5キログラムを超えるもの）の貯蔵の方法に係る技術上の基準について一般高圧ガス保安規則上正しいものはどれか。

イ．高圧ガスを充塡した容器は、不活性ガスのものであっても、充塡容器及び残ガス容器にそれぞれ区分して容器置場に置かなければならない。

ロ．アンモニアの充塡容器を車両に積載して貯蔵することは、特に定められた場合を除き禁じられているが、不活性ガスのフルオロカーボンの充塡容器を車両に積載して貯蔵することは、いかなる場合であっても禁じられていない。

ハ．液化アンモニアの充塡容器については、その温度を常に40度以下に保つべき定めがあるが、残ガス容器についてはその定めはない。

(1) イ　(2) イ、ロ　(3) イ、ハ　(4) ロ、ハ　(5) イ、ロ、ハ

問5　次のイ、ロ、ハの記述のうち、車両に積載した容器（内容積が48リットルのもの）による冷凍設備の冷媒ガスの補充用の高圧ガスの移動に係る技術上の基準等について一般高圧ガス保安規則上正しいものはどれか。

イ．フルオロカーボン134aを移動するときは、アンモニアを移動するときと同様に、その車両の見やすい箇所に警戒標を掲げなければならない。

ロ．アンモニアの充塡容器及び残ガス容器には、木枠又はパッキンを施さなければならない。

ハ．アンモニアを移動するときは、ガスの名称、性状及び移動中の災害防止のために必要な注意事項を記載した書面を運転者に交付し、移動中携帯させ、これを遵守させなければならない。

(1) イ　(2) イ、ロ　(3) イ、ハ　(4) ロ、ハ　(5) イ、ロ、ハ

問6　次のイ、ロ、ハの記述のうち、冷凍設備の冷媒ガスの補充用の高圧ガスを充塡するための容器（再充塡禁止容器を除く。）について正しいものはどれか。

イ．容器検査に合格した容器には、特に定めるものを除き、充塡すべき高圧ガスの種類として、高圧ガスの名称、略称又は分子式が刻印等されている。

ロ．容器の外面の塗色は高圧ガスの種類に応じて定められており、液化アンモニアの容器の場合は、白色である。

ハ．容器又は附属品の廃棄をする者は、その容器又は附属品をくず化し、その他容器又は附属品として使用することができないように処分しなければならない。

(1) イ (2) ハ (3) イ、ロ (4) ロ、ハ (5) イ、ロ、ハ

問７ 次のイ、ロ、ハの記述のうち、冷凍能力の算定基準について冷凍保安規則上正しいものはどれか。

イ．冷媒ガスの種類に応じて定められた数値（C）は、冷媒ガスの圧縮機（遠心式圧縮機以外のもの）を使用する製造設備の１日の冷凍能力の算定に必要な数値の一つである。

ロ．圧縮機の原動機の定格出力の数値は、遠心式圧縮機を使用する製造設備の１日の冷凍能力の算定に必要な数値の一つである。

ハ．発生器を加熱する１時間の入熱量の数値は、吸収式冷凍設備の１日の冷凍能力の算定に必要な数値の一つである。

(1) イ (2) ロ (3) イ、ハ (4) ロ、ハ (5) イ、ロ、ハ

問８ 次のイ、ロ、ハの記述のうち、冷凍のため高圧ガスの製造をする第二種製造者について正しいものはどれか。

イ．第二種製造者とは、その製造をする高圧ガスの種類に関係なく、１日の冷凍能力が３トン以上50トン未満である冷凍設備を使用して高圧ガスの製造をする者である。

ロ．不活性ガスのフルオロカーボンを冷媒ガスとする製造設備の設置又は変更の工事が完成したとき、酸素以外のガスを使用する試運転又は許容圧力以上の圧力で行う気密試験を行った後でなければ、高圧ガスの製造をしてはならない。

ハ．冷凍のため高圧ガスの製造をする全ての第二種製造者は、冷凍保安責任者を選任しなくてもよい。

(1) イ (2) ロ (3) ハ (4) イ、ロ (5) ロ、ハ

問９ 次のイ、ロ、ハの記述のうち、冷凍保安責任者を選任しなければならない事業所における冷凍保安責任者及びその代理者について正しいものはどれか。

イ．１日の冷凍能力が100トンである製造施設の冷凍保安責任者には、第三種冷凍機械責任者免状の交付を受け、かつ、高圧ガスの製造に関する所定の経験を有する者を選任することができる。

ロ．高圧ガスの製造に従事する者は、冷凍保安責任者が高圧ガス保安法若しくは高圧ガス保安法に基づく命令又は危害予防規程の実施を確保するためにする指示に従わなければならない。

ハ．冷凍保安責任者が旅行などのためその職務を行うことができない場合、あらかじめ選任した冷凍保安責任者の代理者にその職務を代行させなければならない。

(1) イ (2) ハ (3) イ、ロ (4) ロ、ハ (5) イ、ロ、ハ

問10 次のイ、ロ、ハの記述のうち、冷凍のため高圧ガスの製造をする第一種製造者（認定保安検査実施者である者を除く。）が受ける保安検査について正しいものはどれか。

イ．保安検査は、3年以内に少なくとも1回以上行われる。

ロ．特定施設について、高圧ガス保安協会が行う保安検査を受けた場合、高圧ガス保安協会が遅滞なくその結果を都道府県知事等に報告することとなっているので、第一種製造者がその保安検査を受けた旨を都道府県知事等に届け出るべき定めはない。

ハ．保安検査は、特定施設の位置、構造及び設備並びに高圧ガスの製造の方法が所定の技術上の基準に適合しているかどうかについて行われる。

(1) イ (2) ロ (3) イ、ハ (4) ロ、ハ (5) イ、ロ、ハ

問11 次のイ、ロ、ハの記述のうち、冷凍のため高圧ガスの製造をする第一種製造者（冷凍保安責任者を選任しなければならない者に限る。）が行う定期自主検査について正しいものはどれか。

イ．定期自主検査を行ったとき、その検査記録に記載すべき事項の一つに「検査の実施について監督を行った者の氏名」がある。

ロ．定期自主検査は、冷媒ガスが毒性ガス又は可燃性ガスである製造施設の場合は1年に1回以上、冷媒ガスが不活性ガスである製造施設の場合は3年に1回以上行うことと定められている。

ハ．定期自主検査を行ったときは、その検査記録を作成し、これを保存しなければならないが、これを都道府県知事等に届け出るべき定めはない。

(1) イ (2) ロ (3) イ、ハ (4) ロ、ハ (5) イ、ロ、ハ

問12 次のイ、ロ、ハの記述のうち、冷凍のため高圧ガスの製造をする第一種製造者が定めるべき危害予防規程及び保安教育計画について正しいものはどれか。

イ．危害予防規程を定め、災害の発生防止に努めなければならないが、その規程を都道府県知事等に届け出る必要はない。

ロ．危害予防規程には、協力会社の作業の管理に関することについても定めなければならない。

ハ．従業者に対する保安教育計画を定め、これを忠実に実行しなければならないが、その計画を都道府県知事等に届け出る必要はない。

(1) イ (2) ロ (3) イ、ハ (4) ロ、ハ (5) イ、ロ、ハ

問13 次のイ、ロ、ハの記述のうち、冷凍のため高圧ガスの製造をする第一種製造者について正しいものはどれか。

イ．高圧ガスの製造のための施設が危険な状態となっている事態を発見したときは、直ち

に、その旨を都道府県知事等又は警察官、消防吏員若しくは消防団員若しくは海上保安官に届け出なければならない。

ロ．事業所ごとに、製造施設に異常があった場合、その年月日及びそれに対してとった措置を記載した帳簿を備え、記載の日から10年間保存しなければならない。

ハ．その所有し、又は占有する容器を喪失し、又は盗まれたときは、遅滞なく、その旨を都道府県知事等又は警察官に届け出なければならない。

(1) イ (2) ハ (3) イ、ロ (4) ロ、ハ (5) イ、ロ、ハ

問14 次のイ、ロ、ハの記述のうち、冷凍のため高圧ガスの製造をする第一種製造者（認定完成検査実施者である者を除く。）が行う製造施設の変更の工事について正しいものはどれか。

イ．アンモニアを冷媒ガスとする圧縮機の取替えの工事は、冷媒設備に係る切断、溶接を伴わない工事であって、その設備の冷凍能力の変更を伴わないものであっても、定められた軽微な変更の工事には該当しない。

ロ．製造施設の特定変更工事の完成後、高圧ガス保安協会が行う完成検査を受け所定の技術上の基準に適合していると認められた場合は、完成検査を受けた旨を都道府県知事等に届け出ることなく、かつ、都道府県知事等が行う完成検査を受けることなく、その施設を使用することができる。

ハ．製造施設の位置、構造又は設備の変更の工事について、都道府県知事等の許可を受けた場合であっても、完成検査を受けることなく、その製造施設を使用することができる変更の工事があるが、アンモニアを冷媒ガスとする製造施設には適用されない。

(1) イ (2) ロ (3) イ、ハ (4) ロ、ハ (5) イ、ロ、ハ

問15 次のイ、ロ、ハの記述のうち、製造設備がアンモニアを冷媒ガスとする定置式製造設備（吸収式アンモニア冷凍機であるものを除く。）である第一種製造者の製造施設に係る技術上の基準について冷凍保安規則上正しいものはどれか。

イ．製造施設は、消火設備を設けなければならない施設に該当しない。

ロ．製造設備には、冷媒ガスが漏えいしたときに安全に、かつ、速やかに除害するための措置を講じなければならない。

ハ．冷媒設備に設けた安全弁（大気に冷媒ガスを放出することのないものを除く。）には、放出管を設けなければならない。

(1) イ (2) ロ (3) イ、ロ (4) ロ、ハ (5) イ、ロ、ハ

問16 次のイ、ロ、ハの記述のうち、製造設備がアンモニアを冷媒ガスとする定置式製造設備（吸収式アンモニア冷凍機であるものを除く。）である第一種製造者の製造施設に係る技術上の基準について冷凍保安規則上正しいものはどれか。

イ．製造施設には、その施設から漏えいするガスが滞留するおそれのある場所に、そのガ

スの漏えいを検知し、かつ、警報するための設備を設けなければならない。

ロ．受液器に設ける液面計には、丸形ガラス管液面計を使用してはならない。

ハ．受液器には、その周囲に、冷媒ガスである液状のアンモニアが漏えいした場合にその流出を防止するための措置を講じなければならないものがあるが、その受液器の内容積が1万リットルであるものは、それに該当しない。

(1) イ (2) ロ (3) イ、ロ (4) イ、ハ (5) イ、ロ、ハ

問17 次のイ、ロ、ハの記述のうち、製造設備が定置式製造設備である第一種製造者の製造施設に係る技術上の基準について冷凍保安規則上正しいものはどれか。

イ．冷媒設備に設けなければならない安全装置は、冷媒ガスの圧力が耐圧試験圧力を超えた場合に直ちに、その設備の運転を停止するものでなければならない。

ロ．冷媒設備の圧縮機は火気（その製造設備内のものを除く。）の付近に設置してはならないが、その火気に対して安全な措置を講じた場合はこの限りでない。

ハ．冷媒設備の配管の変更の工事の完成検査における気密試験は、安全装置が作動しないように許容圧力未満の圧力で行うことができる。

(1) イ (2) ロ (3) イ、ハ (4) ロ、ハ (5) イ、ロ、ハ

問18 次のイ、ロ、ハの記述のうち、製造設備が定置式製造設備である第一種製造者の製造施設に係る技術上の基準について冷凍保安規則上正しいものはどれか。

イ．冷媒設備の圧縮機が強制潤滑方式であって、潤滑油圧力に対する保護装置を有している場合であっても、その圧縮機の油圧系統を除く冷媒設備には圧力計を設けなければならない。

ロ．配管以外の冷媒設備について行う耐圧試験は、「水その他の安全な液体を使用することが困難であると認められるときは、空気、窒素等の気体を使用して許容圧力以上の圧力で行うことができる。」と定められている。

ハ．凝縮器には所定の耐震に関する性能を有しなければならないものがあるが、縦置円筒形であって、かつ、胴部の長さが5メートルの凝縮器は、その必要はない。

(1) イ (2) ハ (3) イ、ロ (4) ロ、ハ (5) イ、ロ、ハ

問19 次のイ、ロ、ハの記述のうち、冷凍保安規則で定める第一種製造者の製造の方法に係る技術上の基準に適合しているものはどれか。

イ．冷媒設備に設けた安全弁の修理及び清掃が終了した後、製造設備の運転を数日間停止するので、その間安全弁に付帯して設けた止め弁を閉止することとした。

ロ．冷媒設備の修理は、あらかじめ定めた修理の作業計画に従って行ったが、あらかじめ定めた作業の責任者の監視の下で行うことができなかったので、異常があったときに直ちにその旨をその責任者に通報するための措置を講じて行った。

ハ．高圧ガスの製造は、1日に1回以上その製造設備が属する製造施設の異常の有無を点

検して行い、異常のあるときはその設備の補修その他の危険を防止する措置を講じて行っている。

(1) イ　(2) ハ　(3) イ、ロ　(4) ロ、ハ　(5) イ、ロ、ハ

問 20　次のイ、ロ、ハの記述のうち、認定指定設備について冷凍保安規則上正しいものはどれか。

イ．認定指定設備である条件の一つに、自動制御装置が設けられていなければならないことがある。

ロ．認定指定設備である条件の一つに、日常の運転操作に必要となる冷媒ガスの止め弁には手動式のものを使用しないことがある。

ハ．認定指定設備に変更の工事を施すと、指定設備認定証が無効になる場合がある。

(1) イ　(2) ハ　(3) イ、ロ　(4) ロ、ハ　(5) イ、ロ、ハ

令和2年度

(令和2年11月8日実施)

次の各問について、高圧ガス保安法に係る法令上正しいと思われる最も適切な答えをその問の下に掲げてある(1)、(2)、(3)、(4)、(5)の選択肢の中から1個選びなさい。

なお、経済産業大臣が危険のおそれのないと認めた場合等における規定は適用しない。

(注) 試験問題中、「都道府県知事等」とは、都道府県知事又は高圧ガス保安法に関する事務を処理する指定都市の長をいう。

問1　次のイ、ロ、ハの記述のうち、正しいものはどれか。

イ．常用の温度において圧力が1メガパスカル以上となる圧縮ガス（圧縮アセチレンガスを除く。）であって、現にその圧力が1メガパスカル以上であるものは高圧ガスである。

ロ．温度35度以下で圧力が0.2メガパスカルとなる液化ガスは、高圧ガスである。

ハ．高圧ガス保安法は、高圧ガスによる災害を防止して公共の安全を確保する目的のために、民間事業者による高圧ガスの保安に関する自主的な活動を促進することを定めているが、高圧ガス保安協会による高圧ガスの保安に関する自主的な活動を促進することは定めていない。

(1) イ　(2) ロ　(3) イ、ロ　(4) イ、ハ　(5) イ、ロ、ハ

問2　次のイ、ロ、ハの記述のうち、正しいものはどれか。

イ．冷凍のための設備を使用して高圧ガスの製造をしようとする者が、都道府県知事等の許可を受けなければならない場合の1日の冷凍能力の最小の値は、冷媒ガスである高圧ガスの種類に関係なく同じである。

ロ．1日の冷凍能力が3トン未満の冷凍設備内における高圧ガスは、そのガスの種類にかかわらず、高圧ガス保安法の適用を受けない。

ハ．専ら冷凍設備に用いる機器の製造の事業を行う者（機器製造業者）が、1日の冷凍能力が10トンの冷凍機を製造するときは、所定の技術上の基準に従ってその機器の製造をしなければならない。

(1) ロ　(2) ハ　(3) イ、ハ　(4) ロ、ハ　(5) イ、ロ、ハ

問3　次のイ、ロ、ハの記述のうち、正しいものはどれか。

イ．第一種製造者は、高圧ガスの製造施設の位置、構造又は設備の変更の工事をしようとするときは、その工事が定められた軽微なものである場合を除き、都道府県知事等の許可を受けなければならない。

ロ．冷凍のための製造施設の冷媒設備内の高圧ガスであるアンモニアは、冷凍保安規則で定める高圧ガスの廃棄に係る技術上の基準に従って廃棄しなければならないものに該当する。

ハ．冷媒ガスの補充用の高圧ガスの販売の事業を営もうとする者は、特に定められた場合を除き、販売所ごとに、事業開始の日の20日前までに、その旨を都道府県知事等に届け出なければならない。

(1) イ　(2) ロ　(3) イ、ハ　(4) ロ、ハ　(5) イ、ロ、ハ

問4　次のイ、ロ、ハの記述のうち、冷凍に係る製造事業所における冷媒ガスの補充用としての容器による高圧ガス（質量が1.5キログラムを超えるもの）の貯蔵の方法に係る技術上の基準について一般高圧ガス保安規則上正しいものはどれか。

イ．アンモニアの充填容器及び残ガス容器を貯蔵する場合は、通風の良い場所で行わなければならないが、不活性ガスのフルオロカーボンについては、その定めはない。

ロ．充填容器を車両に積載した状態で貯蔵することは、特に定められた場合を除き、禁じられている。

ハ．液化アンモニアを充填した容器を貯蔵する場合は、その容器を常に温度40度以下に保たなければならないが、液化フルオロカーボン134 a を充填した容器については、いかなる場合であっても、その定めはない。

(1) ロ　(2) イ、ロ　(3) イ、ハ　(4) ロ、ハ　(5) イ、ロ、ハ

問5　次のイ、ロ、ハの記述のうち、車両に積載した容器（内容積が48リットルのもの）による冷凍設備の冷媒ガスの補充用の高圧ガスの移動に係る技術上の基準等について一般高圧ガス保安規則上正しいものはどれか。

イ．液化フルオロカーボン134aを移動するときは、液化アンモニアを移動するときと同様に、その車両の見やすい箇所に警戒標を掲げなければならない。

ロ．液化アンモニアを移動するときは、その容器に転倒等による衝撃を防止する措置を講じなければならない。

ハ．液化アンモニアを移動するときは、消火設備のほか防毒マスク、手袋その他の保護具並びに災害発生防止のための応急措置に必要な資材、薬剤及び工具等も携行しなければならない。

(1) イ　(2) ロ　(3) イ、ハ　(4) ロ、ハ　(5) イ、ロ、ハ

問6　次のイ、ロ、ハの記述のうち、冷凍設備の冷媒ガスの補充用の高圧ガスを充填するための容器（再充填禁止容器を除く。）及びその附属品について正しいものはどれか。

イ．液化アンモニアを充塡する容器に表示をすべき事項の一つに、「その高圧ガスの性質を示す文字を明示すること。」がある。

ロ．液化フルオロカーボンを充塡する容器に表示をすべき事項の一つに、「その容器の外面の見やすい箇所に、その表面積の２分の１以上について白色の塗色をすること。」がある。

ハ．容器の廃棄をする者は、その容器をくず化し、その他容器として使用することができないように処分しなければならないが、容器の附属品の廃棄については、その定めはない。

⑴　イ　⑵　ロ　⑶　ハ　⑷　イ、ロ　⑸　イ、ハ

問７　次のイ、ロ、ハの記述のうち、冷凍能力の算定基準について冷凍保安規則上正しいものはどれか。

イ．冷媒ガスの種類に応じて定められた数値又は所定の算式で得られた数値（C）は、回転ピストン型圧縮機を使用する製造設備の１日の冷凍能力の算定に必要な数値の一つである。

ロ．圧縮機の標準回転速度における１時間のピストン押しのけ量の数値（V）は、遠心式圧縮機を使用する製造設備の１日の冷凍能力の算定に必要な数値の一つである。

ハ．冷媒設備内の冷媒ガスの充塡量の数値（W）は、往復動式圧縮機を使用する製造設備の１日の冷凍能力の算定に必要な数値の一つである。

⑴　イ　⑵　イ、ロ　⑶　イ、ハ　⑷　ロ、ハ　⑸　イ、ロ、ハ

問８　次のイ、ロ、ハの記述のうち、冷凍のため高圧ガスの製造をする第二種製造者について正しいものはどれか。

イ．全ての第二種製造者は、製造施設について定期自主検査を行う必要はない。

ロ．第二種製造者は、製造のための施設を、その位置、構造及び設備が所定の技術上の基準に適合するように維持しなければならない。

ハ．第二種製造者は、事業所ごとに、高圧ガスの製造開始の日の20日前までに、その旨を都道府県知事等に届け出なければならない。

⑴　イ　⑵　ロ　⑶　イ、ロ　⑷　ロ、ハ　⑸　イ、ロ、ハ

問９　次のイ、ロ、ハの記述のうち、冷凍保安責任者を選任しなければならない事業所における冷凍保安責任者及びその代理者について正しいものはどれか。

イ．１日の冷凍能力が90トンである製造施設の冷凍保安責任者には、第三種冷凍機械責任者免状の交付を受け、かつ、高圧ガスの製造に関する所定の経験を有する者を選任することができる。

ロ．冷凍保安責任者の代理者は、冷凍保安責任者の職務を代行する場合は、高圧ガス保安法の規定の適用については、冷凍保安責任者とみなされる。

ハ. 選任している冷凍保安責任者を解任し、新たな者を選任したときは、遅滞なく、その旨を都道府県知事等に届け出なければならないが、冷凍保安責任者の代理者を解任及び選任したときには届け出る必要はない。

(1) ロ (2) ハ (3) イ、ロ (4) イ、ハ (5) イ、ロ、ハ

問10 次のイ、ロ、ハの記述のうち、冷凍のため高圧ガスの製造をする第一種製造者（認定保安検査実施者である者を除く。）が受ける保安検査について正しいものはどれか。

イ. 保安検査を冷凍保安責任者に行わせなければならない。

ロ. 保安検査は、特定施設についてその位置、構造及び設備が所定の技術上の基準に適合しているかどうかについて行われる。

ハ. 特定施設について、高圧ガス保安協会が行う保安検査を受け、その旨を都道府県知事等に届け出た場合は、都道府県知事等が行う保安検査を受けなくてよい。

(1) イ (2) ロ (3) イ、ハ (4) ロ、ハ (5) イ、ロ、ハ

問11 次のイ、ロ、ハの記述のうち、冷凍のため高圧ガスの製造をする第一種製造者が行う定期自主検査について正しいものはどれか。

イ. 定期自主検査は、冷媒ガスが不活性ガスである製造施設の場合は行わなくてよいと定められている。

ロ. 定期自主検査は、製造施設の位置、構造及び設備が所定の技術上の基準に適合しているかどうかについて行わなければならないが、その技術上の基準のうち耐圧試験に係るものについては行わなくてよい。

ハ. 定期自主検査を実施したときは、所定の検査記録を作成し、これを保存しなければならない。

(1) イ (2) ハ (3) イ、ロ (4) ロ、ハ (5) イ、ロ、ハ

問12 次のイ、ロ、ハの記述のうち、冷凍のため高圧ガスの製造をする第一種製造者が定めるべき危害予防規程及び保安教育計画について正しいものはどれか。

イ. 危害予防規程を守るべき者は、その第一種製造者及びその従業者である。

ロ. 危害予防規程には、製造設備の安全な運転及び操作に関することを定めなければならないが、危害予防規程の変更の手続に関することは定める必要がない。

ハ. 従業者に対する保安教育計画を定め、その計画を都道府県知事等に届け出なければならない。

(1) イ (2) ロ (3) イ、ハ (4) ロ、ハ (5) イ、ロ、ハ

問13 次のイ、ロ、ハの記述のうち、冷凍のため高圧ガスの製造をする第一種製造者について正しいものはどれか。

イ. 高圧ガスの製造施設が危険な状態となったときは、直ちに、応急の措置を講じなけれ

ばならない。また、この第一種製造者に限らずこの事態を発見した者は、直ちに、その旨を都道府県知事等又は警察官、消防吏員若しくは消防団員若しくは海上保安官に届け出なければならない。

ロ. 事業所ごとに帳簿を備え、その製造施設に異常があった場合、異常があった年月日及びそれに対してとった措置をその帳簿に記載し、製造開始の日から10年間保存しなければならない。

ハ. その占有する液化アンモニアの充塡容器を盗まれたときは、遅滞なく、その旨を都道府県知事等又は警察官に届け出なければならないが、残ガス容器を喪失したときは、その必要はない。

(1) イ (2) ロ (3) イ、ロ (4) ロ、ハ (5) イ、ロ、ハ

問14 次のイ、ロ、ハの記述のうち、冷凍のため高圧ガスの製造をする第一種製造者（認定完成検査実施者である者を除く。）が行う製造施設の変更の工事について正しいものはどれか。

イ. 不活性ガスを冷媒ガスとする製造設備の圧縮機の取替えの工事を行う場合、切断、溶接を伴わない工事であって、冷凍能力の変更を伴わないものであれば、その完成後遅滞なく、都道府県知事等にその旨を届け出ればよい。

ロ. 製造施設の特定変更工事を完成したときに受ける完成検査は、都道府県知事等又は高圧ガス保安協会若しくは指定完成検査機関のいずれかが行うものでなければならない。

ハ. 製造施設の変更の工事について都道府県知事等の許可を受けた場合であっても、完成検査を受けることなくその施設を使用することができる変更の工事がある。

(1) ロ (2) イ、ロ (3) イ、ハ (4) ロ、ハ (5) イ、ロ、ハ

問15 次のイ、ロ、ハの記述のうち、製造設備がアンモニアを冷媒ガスとする定置式製造設備（吸収式アンモニア冷凍機であるものを除く。）である第一種製造者の製造施設に係る技術上の基準について冷凍保安規則上正しいものはどれか。

イ. 圧縮機、油分離器、受液器又はこれらの間の配管を設置する室は、冷媒ガスであるアンモニアが漏えいしたとき滞留しないような構造としなければならないが、凝縮器を設置する室については定められていない。

ロ. 製造設備が専用機械室に設置され、かつ、その室に運転中常時強制換気できる装置を設けている場合であっても、製造施設から漏えいしたガスが滞留するおそれのある場所には、そのガスの漏えいを検知し、かつ、警報するための設備を設けなければならない。

ハ. 受液器にガラス管液面計を設ける場合には、丸形ガラス管液面計以外のものとし、その液面計に破損を防止するための措置か、受液器とその液面計とを接続する配管にその液面計の破損による漏えいを防止するための措置のいずれか一方の措置を講じることと定められている。

(1) イ (2) ロ (3) ハ (4) イ、ロ (5) ロ、ハ

問 16　次のイ、ロ、ハの記述のうち、製造設備がアンモニアを冷媒ガスとする定置式製造設備（吸収式アンモニア冷凍機であるものを除く。）である第一種製造者の製造施設に係る技術上の基準について冷凍保安規則上正しいものはどれか。

イ．受液器には、その周囲に、冷媒ガスである液状のアンモニアが漏えいした場合にその流出を防止するための措置を講じなければならないものがあるが、その受液器の内容積が 5000 リットルであるものは、それに該当しない。

ロ．この製造施設は、消火設備を設けなければならない施設に該当しない。

ハ．この製造設備は、冷媒ガスが漏えいしたときに安全に、かつ、速やかに除害するための措置を講じるべき設備に該当する。

⑴　イ　⑵　ハ　⑶　イ、ロ　⑷　イ、ハ　⑸　イ、ロ、ハ

問 17　次のイ、ロ、ハの記述のうち、製造設備が定置式製造設備である第一種製造者の製造施設に係る技術上の基準について冷凍保安規則上正しいものはどれか。

イ．製造設備に設けたバルブ（特に定められたバルブを除く。）には、作業員が適切に操作することができるような措置を講じなければならない。

ロ．圧縮機、凝縮器等が引火性又は発火性の物（作業に必要なものを除く。）をたい積した場所の付近にあってはならない旨の定めは、不活性ガスを冷媒ガスとする製造施設には適用されない。

ハ．冷媒設備の配管の変更の工事後の完成検査における気密試験は、許容圧力以上の圧力で行えばよい。

⑴　イ　⑵　ロ　⑶　イ、ハ　⑷　ロ、ハ　⑸　イ、ロ、ハ

問 18　次のイ、ロ、ハの記述のうち、製造設備が定置式製造設備である第一種製造者の製造施設に係る技術上の基準について冷凍保安規則上正しいものはどれか。

イ．冷媒設備の圧縮機が強制潤滑方式であり、かつ、潤滑油圧力に対する保護装置を有しているものである場合は、その冷媒設備には、圧力計を設けなくてよい。

ロ．配管以外の冷媒設備について行う耐圧試験は、水その他の安全な液体を使用することが困難であると認められるときは、空気、窒素等の気体を使用して許容圧力の 1.25 倍以上の圧力で行うことができる。

ハ．内容積が 5000 リットル以上の受液器並びにその支持構造物及び基礎は、所定の耐震に関する性能を有するものとしなければならない。

⑴　イ　⑵　ハ　⑶　イ、ロ　⑷　ロ、ハ　⑸　イ、ロ、ハ

問 19　次のイ、ロ、ハの記述のうち、冷凍保安規則に定める第一種製造者の製造の方法に係る技術上の基準に適合しているものはどれか。

イ．製造設備の運転を長期に停止したが、その間も冷媒設備の安全弁に付帯して設けた止め弁は、全開しておいた。

ロ．冷媒設備の修理を行うときは、あらかじめ、その作業計画及び作業の責任者を定めることとしているが、冷媒設備を開放して清掃のみを行うときは、その作業計画及び作業の責任者を定めないこととしている。

ハ．製造設備とブラインを共通にする認定指定設備による高圧ガスの製造は、認定指定設備に自動制御装置が設けられているため、その認定指定設備の部分については1か月に1回、異常の有無を点検して行っている。

(1) イ (2) ロ (3) イ、ハ (4) ロ、ハ (5) イ、ロ、ハ

問20 次のイ、ロ、ハの記述のうち、認定指定設備について冷凍保安規則上正しいものはどれか。

イ．認定指定設備の日常の運転操作に必要となる冷媒ガスの止め弁には、手動式のものを使用しなければならない。

ロ．認定指定設備の冷媒設備は、その認定指定設備の製造業者の事業所において試運転を行い、使用場所に分割して搬入されるものでなければならない。

ハ．認定指定設備に変更の工事を施したとき又は認定指定設備を移設したときは、指定設備認定証を返納しなければならない場合がある。

(1) イ (2) ハ (3) イ、ロ (4) ロ、ハ (5) イ、ロ、ハ

法　令

令和3年度

（令和3年11月14日実施）

次の各問について、高圧ガス保安法に係る法令上正しいと思われる最も適切な答えをその問の下に掲げてある(1)、(2)、(3)、(4)、(5)の選択肢の中から1個選びなさい。

なお、経済産業大臣が危険のおそれのないと認めた場合等における規定は適用しない。

（注）試験問題中、「都道府県知事等」とは、都道府県知事又は高圧ガス保安法に関する事務を処理する指定都市の長をいう。

問1　次のイ、ロ、ハの記述のうち、正しいものはどれか。

イ．高圧ガス保安法は、高圧ガスによる災害を防止して公共の安全を確保する目的のため、民間事業者及び高圧ガス保安協会による高圧ガスの保安に関する自主的な活動を促進することも定めている。

ロ．常用の温度において圧力が0.9メガパスカルの圧縮ガス（圧縮アセチレンガスを除く。）であっても、温度35度において圧力が1メガパスカル以上となるものは高圧ガスである。

ハ．圧力が0.2メガパスカルとなる場合の温度が32度である液化ガスは、現在の圧力が0.1メガパスカルであっても高圧ガスである。

(1)　イ　(2)　ハ　(3)　イ、ロ　(4)　イ、ハ　(5)　イ、ロ、ハ

問2　次のイ、ロ、ハの記述のうち、正しいものはどれか。

イ．冷凍のための設備を使用して高圧ガスの製造をしようとする者が、都道府県知事等の許可を受けなければならない場合の1日の冷凍能力の最小の値は、冷媒ガスである高圧ガスの種類に関係なく同じである。

ロ．1日の冷凍能力が5トン未満の冷凍設備内におけるフルオロカーボン（不活性のものに限る。）は、高圧ガス保安法の適用を受けない。

ハ．専ら冷凍設備に用いる機器の製造の事業を行う者（機器製造業者）が所定の技術上の基準に従って製造しなければならない機器は、冷媒ガスの種類にかかわらず、1日の冷凍能力が20トン以上の冷凍機に用いられるものに限られている。

(1)　イ　(2)　ロ　(3)　イ、ロ　(4)　イ、ハ　(5)　ロ、ハ

問3　次のイ、ロ、ハの記述のうち、正しいものはどれか。

イ．第一種製造者は、製造設備の冷媒ガスの種類を変更しようとするときは、その製造設備の変更の工事を伴わない場合であっても、都道府県知事等の許可を受けなければならない。

ロ．第一種製造者は、高圧ガスの製造を開始したときは、遅滞なく、その旨を都道府県知事等に届け出なければならないが、高圧ガスの製造を廃止したときは、その旨を届け出る必要はない。

ハ．冷媒ガスの補充用の高圧ガスの販売の事業を営もうとする者は、特に定められた場合を除き、販売所ごとに、事業の開始後遅滞なく、その旨を都道府県知事等に届け出なければならない。

(1) イ (2) ロ (3) ハ (4) イ、ロ (5) イ、ハ

問4 次のイ、ロ、ハの記述のうち、冷凍に係る製造事業所における冷媒ガスの補充用としての容器による高圧ガス（質量が1.5キログラムを超えるもの）の貯蔵の方法に係る技術上の基準について一般高圧ガス保安規則上正しいものはどれか。

イ．一般高圧ガス保安規則に定められている高圧ガスの貯蔵の方法に係る技術上の基準に従うべき高圧ガスは、可燃性ガス及び毒性ガスの2種類に限られている。

ロ．液化アンモニアの充塡容器及び残ガス容器の貯蔵は、通風の良い場所で行わなければならない。

ハ．内容積が5リットルを超える充塡容器及び残ガス容器には、転落、転倒等による衝撃及びバルブの損傷を防止する措置を講じ、かつ、粗暴な取扱いをしてはならない。

(1) イ (2) ハ (3) イ、ロ (4) ロ、ハ (5) イ、ロ、ハ

問5 次のイ、ロ、ハの記述のうち、車両に積載した容器（内容積が48リットルのもの）による冷凍設備の冷媒ガスの補充用の高圧ガスの移動に係る技術上の基準等について一般高圧ガス保安規則上正しいものはどれか。

イ．不活性ガスである液化フルオロカーボンを移動するときは、移動に係る技術上の基準等の適用を受けない。

ロ．液化アンモニアを移動するときは、そのガスの名称、性状及び移動中の災害防止のために必要な注意事項を記載した書面を運転者に交付し、移動中携帯させ、これを遵守させなければならない。

ハ．液化アンモニアを移動するときは、充塡容器及び残ガス容器には、転落、転倒等による衝撃及びバルブの損傷を防止する措置を講じ、かつ、粗暴な取扱いをしてはならない。

(1) ロ (2) ハ (3) イ、ハ (4) ロ、ハ (5) イ、ロ、ハ

問6 次のイ、ロ、ハの記述のうち、冷凍設備の冷媒ガスの補充用の高圧ガスを充塡するための容器（再充塡禁止容器を除く。）について正しいものはどれか。

イ．容器検査に合格した容器に刻印等すべき事項の一つに、充塡すべき高圧ガスの種類が

ある。

ロ．容器の外面の塗色は高圧ガスの種類に応じて定められており、液化アンモニアの容器の場合は、ねずみ色である。

ハ．液化アンモニアを充塡する容器にすべき表示の一つに、その容器の外面にそのガスの性質を示す文字の明示があるが、その文字として「毒」のみの明示が定められている。

(1) イ (2) ロ (3) ハ (4) イ、ロ (5) イ、ハ

問7 次のイ、ロ、ハの記述のうち、冷凍能力の算定基準について冷凍保安規則上正しいものはどれか。

イ．吸収式冷凍設備の1日の冷凍能力は、発生器を加熱する1時間の入熱量をもって算定する。

ロ．圧縮機の原動機の定格出力の数値は、冷媒設備の往復動式圧縮機を使用する製造設備の1日の冷凍能力の算定に必要な数値の一つである。

ハ．蒸発器の冷媒ガスに接する側の表面積の数値は、回転ピストン型圧縮機を使用する製造設備の1日の冷凍能力の算定に必要な数値の一つである。

(1) イ (2) ロ (3) イ、ロ (4) イ、ハ (5) ロ、ハ

問8 次のイ、ロ、ハの記述のうち、冷凍のため高圧ガスの製造をする第二種製造者について正しいものはどれか。

イ．第二種製造者は、事業所ごとに、高圧ガスの製造開始の日の20日前までに、その旨を都道府県知事等に届け出なければならない。

ロ．第二種製造者は、製造設備の変更の工事を完成したとき、許容圧力以上の圧力で行う所定の気密試験を行った後に高圧ガスの製造をすることができる。

ハ．全ての第二種製造者は、冷凍保安責任者を選任しなくてよい。

(1) イ (2) ロ (3) イ、ロ (4) ロ、ハ (5) イ、ロ、ハ

問9 次のイ、ロ、ハの記述のうち、第一種製造者が冷凍保安責任者を選任しなければならない事業所における冷凍保安責任者及びその代理者について正しいものはどれか。

イ．1日の冷凍能力が90トンの製造施設を有する事業所には、第三種冷凍機械責任者免状の交付を受けている者であって、かつ、所定の経験を有する者のうちから冷凍保安責任者を選任することができる。

ロ．定期自主検査において、冷凍保安責任者が旅行、疾病その他の事故によってその検査の実施について監督を行うことができない場合、あらかじめ選任したその代理者にその職務を行わせなければならない。

ハ．選任している冷凍保安責任者及びその代理者を解任し、新たな者を選任したときは、遅滞なく、その冷凍保安責任者の解任及び選任について都道府県知事等に届け出なければならないが、冷凍保安責任者の代理者の解任及び選任については届け出なくてよい。

(1) イ (2) ロ (3) イ、ロ (4) ロ、ハ (5) イ、ロ、ハ

問10 次のイ、ロ、ハの記述のうち、冷凍のため高圧ガスの製造をする第一種製造者（認定保安検査実施者である者を除く。）が受ける保安検査について正しいものはどれか。

イ．保安検査の実施を監督することは、冷凍保安責任者の職務の一つとして定められている。

ロ．製造施設のうち認定指定設備である部分は、保安検査を受けなくてよい。

ハ．特定施設について、定期に、都道府県知事等、高圧ガス保安協会又は指定保安検査機関が行う保安検査を受けなければならない。

(1) ハ (2) イ、ロ (3) イ、ハ (4) ロ、ハ (5) イ、ロ、ハ

問11 次のイ、ロ、ハの記述のうち、冷凍のため高圧ガスの製造をする第一種製造者が行う定期自主検査について正しいものはどれか。

イ．定期自主検査を行ったときは、所定の検査記録を作成し、遅滞なく、これを都道府県知事等に届け出なければならない。

ロ．定期自主検査は、3年以内に少なくとも1回以上行うことと定められている。

ハ．定期自主検査は、製造施設の位置、構造及び設備が所定の技術上の基準に適合しているかどうかについて行わなければならないが、その技術上の基準のうち耐圧試験に係るものは除かれている。

(1) イ (2) ハ (3) イ、ロ (4) イ、ハ (5) ロ、ハ

問12 次のイ、ロ、ハの記述のうち、冷凍のため高圧ガスの製造をする第一種製造者が定めるべき危害予防規程及び保安教育計画について正しいものはどれか。

イ．危害予防規程に記載しなければならない事項の一つに、製造施設の保安に係る巡視及び点検に関することがある。

ロ．保安教育計画は、その計画及びその実行の結果を都道府県知事等に届け出なければならない。

ハ．危害予防規程は、公共の安全の維持又は災害の発生の防止のため必要があると認められるときは、都道府県知事等からその規程の変更を命じられることがある。

(1) イ (2) ロ (3) イ、ハ (4) ロ、ハ (5) イ、ロ、ハ

問13 次のイ、ロ、ハの記述のうち、冷凍のため高圧ガスの製造をする第一種製造者について正しいものはどれか。

イ．その所有し、又は占有する高圧ガス又は容器を喪失し、又は盗まれたときは、遅滞なく、その旨を都道府県知事等又は警察官に届け出なければならない。

ロ．事業所ごとに帳簿を備え、製造施設に異常があった場合、異常があった年月日及びそれに対してとった措置をその帳簿に記載しなければならない。また、その帳簿は製造開

始の日から10年間保存しなければならない。

ハ．高圧ガスの製造のための施設が危険な状態となっている事態を発見したときは、直ちに、応急の措置を講じれば、その旨を都道府県知事等又は警察官、消防吏員若しくは消防団員若しくは海上保安官に届け出る必要はない。

(1) イ　(2) ロ　(3) イ、ロ　(4) イ、ハ　(5) ロ、ハ

問14　次のイ、ロ、ハの記述のうち、冷凍のため高圧ガスの製造をする第一種製造者（認定完成検査実施者である者を除く。）が行う製造施設の変更の工事について正しいものはどれか。

イ．特定不活性ガスであるフルオロカーボン32を冷媒ガスとする冷媒設備の圧縮機の取替えの工事は、冷媒設備に係る切断、溶接を伴わない工事であって、その設備の冷凍能力の変更を伴わないものであっても、定められた軽微な変更の工事には該当しない。

ロ．製造施設の特定変更工事が完成した後、高圧ガス保安協会が行う完成検査を受け、これが所定の技術上の基準に適合していると認められ、その旨を都道府県知事等に届け出た場合は、都道府県知事等が行う完成検査を受けなくてよい。

ハ．冷媒設備に係る切断、溶接を伴う凝縮器の取替えの工事を行うときは、あらかじめ、都道府県知事等の許可を受け、その完成後は、所定の完成検査を受け、これが技術上の基準に適合していると認められた後でなければその施設を使用してはならない。

(1) ハ　(2) イ、ロ　(3) イ、ハ　(4) ロ、ハ　(5) イ、ロ、ハ

問15　次のイ、ロ、ハの記述のうち、製造設備がアンモニアを冷媒ガスとする定置式製造設備（吸収式アンモニア冷凍機であるものを除く。）である第一種製造者の製造施設に係る技術上の基準について冷凍保安規則上正しいものはどれか。

イ．製造施設の冷媒設備に設けた安全弁の放出管の開口部の位置は、冷媒ガスであるアンモニアの性質に応じた適切な位置でなければならない。

ロ．製造施設には、その施設の規模に応じて、適切な消火設備を適切な箇所に設けなければならない。

ハ．製造設備が専用機械室に設置されている場合は、冷媒ガスであるアンモニアが漏えいしたときに安全に、かつ、速やかに除害するための措置を講じなくてよい。

(1) イ　(2) ハ　(3) イ、ロ　(4) ロ、ハ　(5) イ、ロ、ハ

問16　次のイ、ロ、ハの記述のうち、製造設備がアンモニアを冷媒ガスとする定置式製造設備（吸収式アンモニア冷凍機であるものを除く。）である第一種製造者の製造施設に係る技術上の基準について冷凍保安規則上正しいものはどれか。

イ．冷媒設備の受液器には、その周囲に、冷媒ガスである液状のアンモニアが漏えいした場合にその流出を防止するための措置を講じなければならないものがあるが、その受液器の内容積が1万リットルであるものは、それに該当する。

ロ．冷媒設備の圧縮機を設置する室は、冷媒設備から冷媒ガスであるアンモニアが漏えいしたときに、滞留しないような構造としなければならない。

ハ．冷媒設備の受液器にガラス管液面計を設ける場合には、丸形ガラス管液面計以外のものとし、その液面計の破損を防止するための措置のほか、受液器とその液面計とを接続する配管にその液面計の破損による漏えいを防止するための措置を講じなければならない。

(1) イ　(2) ハ　(3) イ、ロ　(4) ロ、ハ　(5) イ、ロ、ハ

問 17　次のイ、ロ、ハの記述のうち、冷凍保安規則に定める第一種製造者の定置式製造設備である製造施設に係る技術上の基準に適合しているものはどれか。

イ．冷媒設備の配管の完成検査における気密試験を、許容圧力の 1.1 倍の圧力で行った。

ロ．製造設備に設けたバルブ又はコックが操作ボタン等により開閉されるものであっても、作業員がその操作ボタン等を適切に操作することができるような措置を講じなかった。

ハ．配管以外の冷媒設備の完成検査において行う耐圧試験を、水その他の安全な液体を使用することが困難であると認められたので、窒素ガスを使用して許容圧力の 1.25 倍の圧力で行うこととした。

(1) イ　(2) ロ　(3) イ、ハ　(4) ロ、ハ　(5) イ、ロ、ハ

問 18　次のイ、ロ、ハの記述のうち、製造設備が定置式製造設備である第一種製造者の製造施設に係る技術上の基準について冷凍保安規則上正しいものはどれか。

イ．冷媒設備には、その冷媒ガスの圧力が許容圧力の 1.5 倍を超えた場合に直ちにその圧力を許容圧力以下に戻すことができる安全装置を設けなければならない。

ロ．冷媒設備の圧縮機が強制潤滑方式であり、かつ、潤滑油圧力に対する保護装置を有している場合であっても、その圧縮機の油圧系統を除く冷媒設備には圧力計を設けなければならない。

ハ．凝縮器には、その構造、形状等により耐震に関する性能を有しなければならないものがあるが、横置円筒形の凝縮器は、その胴部の長さにかかわらず、耐震に関する性能を有すべき定めはない。

(1) イ　(2) ロ　(3) イ、ハ　(4) ロ、ハ　(5) イ、ロ、ハ

問 19　次のイ、ロ、ハの記述のうち、第一種製造者の製造の方法に係る技術上の基準について冷凍保安規則上正しいものはどれか。

イ．冷媒設備の安全弁に付帯して設けた止め弁は、その安全弁の修理又は清掃のため特に必要な場合を除き、常に全開しておかなければならない。

ロ．冷媒設備の修理又は清掃を行うときは、あらかじめ、その作業計画及びその作業の責任者を定め、修理又は清掃はその作業計画に従うとともに、その作業の責任者の監視の下で行うか、又は異常があったときに直ちにその旨をその責任者に通報するための措置

を講じて行わなければならない。

ハ．高圧ガスの製造は、製造する高圧ガスの種類及び製造設備の態様に応じ、1日に1回以上その製造設備の属する製造施設の異常の有無を点検し、異常のあるときは、その設備の補修その他の危険を防止する措置を講じて行わなければならない。

(1) イ　(2) ロ　(3) イ、ハ　(4) ロ、ハ　(5) イ、ロ、ハ

問20　次のイ、ロ、ハの記述のうち、指定設備の認定に係る技術上の基準について冷凍保安規則上正しいものはどれか。

イ．製造設備の日常の運転操作に必要となる冷媒ガスの止め弁には、手動式のものを使用しなければならない。

ロ．製造設備の冷媒設備は、この設備の製造業者の事業所で行う所定の気密試験及び配管以外の部分について所定の耐圧試験に合格するものでなければならない。

ハ．製造設備の冷媒設備は、この設備の製造業者の事業所において、脚上又は一つの架台上に組み立てられていなければならない。

(1) イ　(2) ハ　(3) イ、ロ　(4) ロ、ハ　(5) イ、ロ、ハ

法　　令

令 和 4 年 度

（令和4年11月13日実施）

次の各問について、高圧ガス保安法に係る法令上正しいと思われる最も適切な答えをその問の下に掲げてある(1)、(2)、(3)、(4)、(5)の選択肢の中から1個選びなさい。

なお、高圧ガス保安法は令和4年6月22日付けで改正され公布されたが、現在、この改正法は施行されておらず、本年度のこの試験は、現在施行されている高圧ガス保安法令に基づき出題している。

また、経済産業大臣が危険のおそれのないと認めた場合等における規定は適用しない。

(注) 試験問題中、「都道府県知事等」とは、都道府県知事又は高圧ガス保安法に関する事務を処理する指定都市の長をいう。

問1　次のイ、ロ、ハの記述のうち、正しいものはどれか。

イ．高圧ガス保安法は、高圧ガスによる災害を防止して公共の安全を確保する目的のために、高圧ガスの製造、貯蔵、販売、移動その他の取扱及び消費並びに容器の製造及び取扱について規制するとともに、民間事業者及び高圧ガス保安協会による高圧ガスの保安に関する自主的な活動を促進することを定めている。

ロ．温度35度において圧力が1メガパスカルとなる圧縮ガス(圧縮アセチレンガスを除く。)であって、現にその圧力が0.9メガパスカルのものは高圧ガスではない。

ハ．温度35度以下で圧力が0.2メガパスカルとなる液化ガスは、高圧ガスである。

(1) イ　(2) ロ　(3) イ、ロ　(4) イ、ハ　(5) ロ、ハ

問2　次のイ、ロ、ハの記述のうち、正しいものはどれか。

イ．アンモニアを冷媒ガスとする1日の冷凍能力が100トンである製造設備のみを使用して高圧ガスの製造を行う者は、事業所ごとに、都道府県知事等の許可を受けなければならない者に該当する。

ロ．冷凍のため高圧ガスの製造をする第一種製造者の合併によりその地位を承継した者は、遅滞なく、その事実を証する書面を添えて、その旨を都道府県知事等に届け出なければならない。

ハ．冷凍のための製造施設の冷媒設備内の高圧ガスであるアンモニアは、冷凍保安規則で定める高圧ガスの廃棄に係る技術上の基準に従って廃棄しなければならないものに該当

する。

(1) イ　(2) イ、ロ　(3) イ、ハ　(4) ロ、ハ　(5) イ、ロ、ハ

問3　次のイ、ロ、ハの記述のうち、正しいものはどれか。

イ．容器に充塡された冷媒ガス用の高圧ガスの販売の事業を営もうとする者（特に定められたものを除く。）は、販売所ごとに、事業開始の日の20日前までに、その旨を都道府県知事等に届け出なければならない。

ロ．冷凍のため高圧ガスの製造をする第一種製造者は、冷媒設備である圧縮機の取替えの工事であって、その工事を行うことにより冷凍能力が増加するときは、その冷凍能力の変更の範囲にかかわらず、都道府県知事等の許可を受けなければならない。

ハ．1日の冷凍能力が5トンの専ら冷凍設備に用いる機器の製造の事業を行う者（機器製造業者）は、所定の技術上の基準に従ってその機器の製造をしなければならない。

(1) イ　(2) イ、ロ　(3) イ、ハ　(4) ロ、ハ　(5) イ、ロ、ハ

問4　次のイ、ロ、ハの記述のうち、冷凍に係る製造事業所における冷媒ガスの補充用としての容器による高圧ガス（質量が20キログラムのもの）の貯蔵の方法に係る技術上の基準について一般高圧ガス保安規則上正しいものはどれか。

イ．液化ガスを貯蔵するとき、貯蔵の方法に係る技術上の基準に従って貯蔵しなければならないのは、その質量が1.5キログラムを超えるものである。

ロ．アンモニアの充塡容器及び残ガス容器を貯蔵する場合は、通風の良い場所で行わなければならないが、不活性ガスのフルオロカーボンについては、その定めはない。

ハ．アンモニアの充塡容器を車両に積載して貯蔵することは、特に定められた場合を除き禁じられているが、不活性ガスのフルオロカーボンの充塡容器を車両に積載して貯蔵することは、いかなる場合であっても禁じられていない。

(1) イ　(2) ロ　(3) イ、ロ　(4) イ、ハ　(5) ロ、ハ

問5　次のイ、ロ、ハの記述のうち、車両に積載した容器（内容積が48リットルのもの）による冷凍設備の冷媒ガスの補充用の高圧ガスの移動に係る技術上の基準等について一般高圧ガス保安規則上正しいものはどれか。

イ．高圧ガスを移動するとき、車両の見やすい箇所に警戒標を掲げなければならない高圧ガスは、可燃性ガス及び毒性ガスの2種類に限られている。

ロ．アンモニアを移動するときは、転落、転倒等による衝撃及びバルブの損傷を防止する措置を講じ、かつ、粗暴な取扱いをしてはならないが、フルオロカーボン（不活性ガスであるものに限る。）を移動するときはその定めはない。

ハ．アンモニアを移動するときは、その充塡容器及び残ガス容器には、木枠又はパッキンを施さなければならない。

(1) イ　(2) ロ　(3) ハ　(4) イ、ハ　(5) イ、ロ、ハ

問6　次のイ、ロ、ハの記述のうち、冷凍設備の冷媒ガスの補充用の高圧ガスを充塡するための容器（再充塡禁止容器を除く。）について正しいものはどれか。

イ．高圧ガスである冷媒ガスを容器に充塡するとき、その充塡する液化ガスは、刻印等又は自主検査刻印等で示された容器の内容積に応じて計算した質量以下のものでなければならない。

ロ．容器検査に合格した容器には、特に定めるものを除き、充塡すべき高圧ガスの種類として、高圧ガスの名称、略称又は分子式が刻印等されている。

ハ．液化アンモニアを充塡する容器に表示をすべき事項の一つに、「その高圧ガスの性質を示す文字を明示すること。」がある。

(1)　イ　(2)　イ、ロ　(3)　イ、ハ　(4)　ロ、ハ　(5)　イ、ロ、ハ

問7　次のイ、ロ、ハの記述のうち、冷凍能力の算定基準について冷凍保安規則上正しいものはどれか。

イ．冷媒ガスの種類に応じて定められた数値又は所定の算式により得られた数値（C）は、容積圧縮式（往復動式）圧縮機を使用する製造設備の1日の冷凍能力の算定に必要な数値の一つである。

ロ．蒸発器の1時間当たりの入熱量の値は、遠心式圧縮機を使用する冷凍設備の1日の冷凍能力の算定に必要な数値である。

ハ．容積圧縮式（往復動式）圧縮機を使用する製造設備の1日の冷凍能力の算定に必要な数値の一つに、冷媒設備内の冷媒ガスの充塡量の数値がある。

(1)　イ　(2)　ハ　(3)　イ、ロ　(4)　イ、ハ　(5)　ロ、ハ

問8　次のイ、ロ、ハの記述のうち、冷凍のため高圧ガスの製造をする第二種製造者について正しいものはどれか。

イ．第二種製造者のうちには、冷凍保安責任者を選任しなければならない者がある。

ロ．第二種製造者のうちには、製造施設について定期自主検査を行わなければならない者がある。

ハ．第二種製造者が製造をする高圧ガスの種類又は製造の方法を変更しようとするとき、その旨を都道府県知事等に届け出るべき定めはない。

(1)　イ　(2)　イ、ロ　(3)　イ、ハ　(4)　ロ、ハ　(5)　イ、ロ、ハ

問9　次のイ、ロ、ハの記述のうち、冷凍保安責任者を選任しなければならない事業所における冷凍保安責任者及びその代理者について正しいものはどれか。

イ．1日の冷凍能力が80トンの製造施設に冷凍保安責任者を選任するとき、その選任される者が交付を受けている製造保安責任者免状の種類は、第三種冷凍機械責任者免状でよい。

ロ．冷凍保安責任者が旅行、疾病その他の事故によってその職務を行うことができないと

きは、直ちに、高圧ガスに関する知識を有する者のうちから代理者を選任しなければならない。

ハ．冷凍保安責任者及びその代理者の選任又は解任をしたとき、冷凍保安責任者については、遅滞なく、その旨を都道府県知事等に届け出なければならないが、冷凍保安責任者の代理者については、その届出は不要である。

(1) イ　(2) イ、ロ　(3) イ、ハ　(4) ロ、ハ　(5) イ、ロ、ハ

問10　次のイ、ロ、ハの記述のうち、冷凍のため高圧ガスの製造をする第一種製造者（認定保安検査実施者である者を除く。）が受ける保安検査について正しいものはどれか。

イ．特定施設について、高圧ガス保安協会が行う保安検査を受け、その旨を都道府県知事等に届け出た場合は、都道府県知事等が行う保安検査を受けなくてよい。

ロ．保安検査は、特定施設が製造施設の位置、構造及び設備に係る所定の技術上の基準に適合しているかどうかについて行われる。

ハ．保安検査は、選任している冷凍保安責任者に行わせなければならない。

(1) イ　(2) イ、ロ　(3) イ、ハ　(4) ロ、ハ　(5) イ、ロ、ハ

問11　次のイ、ロ、ハの記述のうち、冷凍のため高圧ガスの製造をする第一種製造者（冷凍保安責任者を選任しなければならない者に限る。）が行う定期自主検査について正しいものはどれか。

イ．定期自主検査を行うときは、選任している冷凍保安責任者にその定期自主検査の実施について監督を行わせなければならない。

ロ．定期自主検査は、認定指定設備に係る部分についても実施しなければならない。

ハ．定期自主検査は、製造施設の位置、構造及び設備が所定の技術上の基準（耐圧試験に係るものを除く。）に適合しているかどうかについて行わなければならない。

(1) イ　(2) イ、ロ　(3) イ、ハ　(4) ロ、ハ　(5) イ、ロ、ハ

問12　次のイ、ロ、ハの記述のうち、冷凍のため高圧ガスの製造をする第一種製造者が定めるべき危害予防規程及び保安教育計画について正しいものはどれか。

イ．危害予防規程を定め、その従業者とともに、これを忠実に守らなければならないが、その危害予防規程を都道府県知事等に届け出るべき定めはない。

ロ．大規模な地震に係る防災及び減災対策に関することは、危害予防規程に定めるべき事項の一つである。

ハ．その従業者に対する保安教育計画を定め、これを忠実に実行しなければならないが、その保安教育計画を都道府県知事等に届け出る必要はない。

(1) ロ　(2) イ、ロ　(3) イ、ハ　(4) ロ、ハ　(5) イ、ロ、ハ

問13　次のイ、ロ、ハの記述のうち、冷凍のため高圧ガスの製造をする第一種製造者につ

いて正しいものはどれか。

イ．高圧ガスの製造施設が危険な状態になったときは、直ちに、特に定める災害の発生の防止のための応急の措置を講じなければならない。また、この事業者に限らずこの事態を発見した者は、直ちに、その旨を都道府県知事等又は警察官、消防吏員若しくは消防団員若しくは海上保安官に届け出なければならない。

ロ．事業所ごとに、製造施設に異常があった場合、その年月日及びそれに対してとった措置を記載した帳簿を備え、記載の日から10年間保存しなければならない。

ハ．その所有し、又は占有する高圧ガスについて災害が発生したときは、遅滞なく、その旨を都道府県知事等又は警察官に届け出なければならない。

(1) ハ　(2) イ、ロ　(3) イ、ハ　(4) ロ、ハ　(5) イ、ロ、ハ

問14　次のイ、ロ、ハの記述のうち、冷凍のため高圧ガスの製造をする第一種製造者（認定完成検査実施者である者を除く。）が行う製造施設の変更の工事について正しいものはどれか。

イ．不活性ガスを冷媒ガスとする製造設備の凝縮器（耐震設計構造物であるものを除く。）の取替えの工事を行う場合、切断、溶接を伴わない工事であれば、その完成後遅滞なく、都道府県知事等にその旨を届け出ればよい。

ロ．特定変更工事が完成した後、高圧ガス保安協会が行う完成検査を受けた場合、これが技術上の基準に適合していると認められたときは、高圧ガス保安協会がその結果を都道府県知事等に報告するので、この事業者は、完成検査を受けた旨を都道府県知事等に届け出る必要はない。

ハ．冷媒設備に係る切断、溶接を伴う凝縮器の取替えの工事を行うときは、あらかじめ、都道府県知事等の許可を受け、その工事が完成し、高圧ガスの製造を再開した後遅滞なく、所定の完成検査を受けなければならない。

(1) イ　(2) ロ　(3) イ、ハ　(4) ロ、ハ　(5) イ、ロ、ハ

問15　次のイ、ロ、ハの記述のうち、製造設備がアンモニアを冷媒ガスとする定置式製造設備（吸収式アンモニア冷凍機であるものを除く。）である第一種製造者の製造施設に係る技術上の基準について冷凍保安規則上正しいものはどれか。

イ．内容積が1万リットル以上の受液器の周囲には、液状の冷媒ガスが漏えいした場合にその流出を防止するための措置を講じなければならない。

ロ．製造設備が専用機械室に設置され、かつ、その室を運転中強制換気できる構造とした場合、冷媒設備に設けた安全弁の放出管の開口部の位置については、特に定められていない。

ハ．製造設備を設置する室のうち、冷媒ガスであるアンモニアが漏えいしたとき滞留しないような構造としなければならない室は、圧縮機と油分離器を設置する室に限られている。

(1) イ (2) ロ (3) ハ (4) イ、ロ (5) イ、ハ

問16　次のイ、ロ、ハの記述のうち、製造設備がアンモニアを冷媒ガスとする定置式製造設備（吸収式アンモニア冷凍機であるものを除く。）である第一種製造者の製造施設に係る技術上の基準について冷凍保安規則上正しいものはどれか。

イ．受液器にガラス管液面計を設ける場合には、その液面計の破損を防止するための措置を講じるか、又は受液器とガラス管液面計とを接続する配管にその液面計の破損による漏えいを防止するための措置のいずれかの措置を講じることと定められている。

ロ．製造設備が専用機械室に設置されている場合は、製造施設から漏えいしたガスが滞留するおそれのある場所であっても、そのガスの漏えいを検知し、かつ、警報するための設備を設ける必要はない。

ハ．製造設備が専用機械室に設置されている場合であっても、冷媒ガスであるアンモニアが漏えいしたときに安全に、かつ、速やかに除害するための措置を講じなければならない。

(1) イ (2) ロ (3) ハ (4) イ、ハ (5) ロ、ハ

問17　次のイ、ロ、ハの記述のうち、製造設備が定置式製造設備である第一種製造者の製造施設に係る技術上の基準について冷凍保安規則上正しいものはどれか。

イ．製造設備に設けたバルブ又はコックを操作ボタン等により開閉する場合には、作業員がその操作ボタン等を適切に操作することができるような措置を講じることと定められている。

ロ．配管以外の冷媒設備について耐圧試験を行うときは、水その他の安全な液体を使用する場合、許容圧力の1.25倍の圧力で行わなければならない。

ハ．圧縮機、油分離器、凝縮器及び受液器並びにこれらの間の配管は、火気に対して安全な措置を講じた場合を除き、引火性又は発火性の物（作業に必要なものを除く。）をたい積した場所及び火気（その製造設備内のものを除く。）の付近にあってはならない。

(1) ハ (2) イ、ロ (3) イ、ハ (4) ロ、ハ (5) イ、ロ、ハ

問18　次のイ、ロ、ハの記述のうち、製造設備が定置式製造設備である第一種製造者の製造施設に係る技術上の基準について冷凍保安規則上正しいものはどれか。

イ．製造設備の冷媒設備に冷媒ガスの圧力に対する安全装置を設けた場合、その冷媒設備には、圧力計を設ける必要はない。

ロ．冷媒設備に自動制御装置を設ければ、その冷媒設備にはその設備内の冷媒ガスの圧力が許容圧力を超えた場合に直ちに許容圧力以下に戻すことができる安全装置を設ける必要はない。

ハ．凝縮器には所定の耐震に関する性能を有するものとしなければならないものがあるが、縦置円筒形であって、かつ、胴部の長さが4メートルの凝縮器は、その性能を有するも

のとしなくてよい。

(1) イ (2) ロ (3) ハ (4) イ、ハ (5) ロ、ハ

問19 次のイ、ロ、ハの記述のうち、冷凍保安規則に定める第一種製造者の製造の方法に係る技術上の基準に適合しているものはどれか。

イ. 高圧ガスの製造は、製造設備に自動制御装置を設けて自動連続運転を行っているので、2日に1回その製造設備の属する製造施設の異常の有無を点検して行っている。

ロ. 冷媒設備を開放して修理をするとき、あらかじめ定めたその修理の作業計画に従い、かつ、あらかじめ定めたその作業の責任者の監視の下に行っている。

ハ. 冷媒設備に設けた安全弁に付帯して設けた止め弁は、その冷凍設備の運転停止中は常に閉止している。

(1) イ (2) ロ (3) ハ (4) イ、ロ (5) ロ、ハ

問20 次のイ、ロ、ハの記述のうち、認定指定設備について冷凍保安規則上正しいものはどれか。

イ. 製造設備に変更の工事を施したとき、又は製造設備を移設したときは、指定設備認定証を返納しなければならない場合がある。

ロ. 製造設備には、自動制御装置を設けなければならない。

ハ. 製造設備の冷媒設備は、使用場所である事業所において、一つの架台上に組み立てられたものでなければならない。

(1) イ (2) ハ (3) イ、ロ (4) ロ、ハ (5) イ、ロ、ハ

令和5年度

（令和5年11月12日実施）

次の各問について、高圧ガス保安法に係る法令上正しいと思われる最も適切な答えをその問の下に掲げてある(1)、(2)、(3)、(4)、(5)の選択肢の中から1個選びなさい。

なお、この試験は、次による。

(1)　令和5年4月1日現在施行されている高圧ガス保安法に係る法令に基づき出題している。

(2)　経済産業大臣が危険のおそれのないと認めた場合等における規定は適用しない。

(3)　試験問題中、「都道府県知事等」とは、都道府県知事又は高圧ガス保安法に関する事務を処理する指定都市の長をいう。

問1　次のイ、ロ、ハの記述のうち、正しいものはどれか。

イ．高圧ガス保安法は、高圧ガスによる災害を防止して公共の安全を確保する目的のために、高圧ガスの製造、貯蔵、販売、移動その他の取扱及び消費の規制をすることのみを定めている。

ロ．圧力が0.2メガパスカルとなる場合の温度が30度である液化ガスであって、常用の温度において圧力が0.1メガパスカルであるものは、高圧ガスではない。

ハ．温度35度において圧力が1メガパスカル以上となる圧縮ガス（圧縮アセチレンガスを除く。）は、常用の温度における圧力が1メガパスカル未満であっても高圧ガスである。

(1) イ　(2) ハ　(3) イ、ロ　(4) ロ、ハ　(5) イ、ロ、ハ

問2　次のイ、ロ、ハの記述のうち、正しいものはどれか。

イ．冷凍のため高圧ガスの製造をする第一種製造者は、高圧ガスの製造を開始し、又は廃止したときは、遅滞なく、その旨を都道府県知事等に届け出なければならない。

ロ．冷媒ガスの補充用の高圧ガスの販売の事業を営もうとする者は、特に定められた場合を除き、販売所ごとに、事業の開始後遅滞なく、その旨を都道府県知事等に届け出なければならない。

ハ．冷凍保安規則に定められている高圧ガスの廃棄に係る技術上の基準に従うべき高圧ガスは、可燃性ガス、毒性ガス及び特定不活性ガスに限られる。

(1) イ　(2) イ、ロ　(3) イ、ハ　(4) ロ、ハ　(5) イ、ロ、ハ

問3　次のイ、ロ、ハの記述のうち、正しいものはどれか。

イ．1日の冷凍能力が3トン未満の冷凍設備内における高圧ガスは、そのガスの種類にかかわらず、高圧ガス保安法の適用を受けない。

ロ．冷凍のため高圧ガスの製造をする第一種製造者がその高圧ガスの製造の事業の全部を譲り渡したときは、その事業の全部を譲り受けた者はその第一種製造者の地位を承継する。

ハ．機器製造業者が所定の技術上の基準に従って製造すべき機器は、冷媒ガスの種類にかかわらず、1日の冷凍能力が20トン以上の冷凍機に用いられるものに限られる。

(1)　イ　(2)　イ、ロ　(3)　イ、ハ　(4)　ロ、ハ　(5)　イ、ロ、ハ

問4　次のイ、ロ、ハの記述のうち、冷凍に係る製造事業所における冷媒ガスの補充用としての容器による高圧ガス（質量が1.5キログラムを超えるもの）の貯蔵の方法に係る技術上の基準等について一般高圧ガス保安規則上正しいものはどれか。

イ．液化フルオロカーボン134aの充塡容器を貯蔵するとき、そのガスの質量が5キログラム以下の場合は、貯蔵の方法に係る技術上の基準に従って貯蔵する必要はない。

ロ．液化アンモニアを車両に積載した容器により貯蔵することは、特に定められている場合を除き、禁じられている。

ハ．液化アンモニアの貯蔵は、充塡容器及び残ガス容器にそれぞれ区分して容器置場に置かなければならないが、液化フルオロカーボン134aの場合は、充塡容器及び残ガス容器に区分する必要はない。

(1)　イ　(2)　ロ　(3)　ハ　(4)　イ、ロ　(5)　ロ、ハ

問5　次のイ、ロ、ハの記述のうち、車両に積載した容器（内容積が48リットルのもの）による冷凍設備の冷媒ガスの補充用の高圧ガスの移動に係る技術上の基準等について一般高圧ガス保安規則上正しいものはどれか。

イ．液化アンモニアを移動するときは、その車両の見やすい箇所に警戒標を掲げなければならない。

ロ．液化アンモニアを移動するときは、消火設備並びに災害発生防止のための応急の措置に必要な資材及び工具等を携行するほかに、防毒マスク、手袋その他の保護具並びに災害発生防止のための応急措置に必要な資材、薬剤及び工具等も携行しなければならない。

ハ．液化アンモニアを移動するときは、そのガスの名称、性状及び移動中の災害防止のために必要な注意事項を記載した書面を運転者に交付し、移動中携帯させ、これを遵守させなければならない。

(1)　イ　(2)　イ、ロ　(3)　イ、ハ　(4)　ロ、ハ　(5)　イ、ロ、ハ

問6　次のイ、ロ、ハの記述のうち、冷凍設備の冷媒ガスの補充用の高圧ガスを充塡するための容器（再充塡禁止容器を除く。）について正しいものはどれか。

イ．容器に充塡する高圧ガスの種類に応じた塗色を行わなければならない場合、その容器の外面の見やすい箇所に、その表面積の２分の１以上について行わなければならない。

ロ．容器に高圧ガスを充塡することができる条件の一つに、「その容器が容器検査又は容器再検査に合格し、所定の刻印がされた後、所定の期間を経過していないこと。」があるが、その期間は溶接容器にあっては製造後の経過年数に応じて定められている。

ハ．容器の所有者は、容器再検査に合格しなかった容器について、所定の期間内に所定の刻印等がされなかったときは、遅滞なく、この容器を容器として使用することができないように処分すること又はその外面に「使用禁止」である旨の表示をすることと定められている。

(1) イ　(2) イ、ロ　(3) イ、ハ　(4) ロ、ハ　(5) イ、ロ、ハ

問７　次のイ、ロ、ハの記述のうち、冷凍能力の算定基準について冷凍保安規則上正しいものはどれか。

イ．遠心式圧縮機を使用する製造設備の１日の冷凍能力の算定に必要な数値の一つに、その圧縮機の原動機の定格出力の数値がある。

ロ．吸収式冷凍設備の１日の冷凍能力の算定に必要な数値の一つに、蒸発器の冷媒ガスに接する側の表面積の数値がある。

ハ．遠心式圧縮機を使用する製造設備以外の製造設備及び吸収式冷凍設備以外の製造設備の１日の冷凍能力の算定に必要な数値の一つに、蒸発器の１時間当たりの入熱量の数値がある。

(1) イ　(2) ハ　(3) イ、ロ　(4) ロ、ハ　(5) イ、ロ、ハ

問８　次のイ、ロ、ハの記述のうち、冷凍のため高圧ガスの製造をする第二種製造者について正しいものはどれか。

イ．製造をする高圧ガスの種類に関係なく、１日の冷凍能力が３トン以上50トン未満である冷凍設備を使用して高圧ガスの製造をする者は、第二種製造者である。

ロ．冷凍のための第二種製造者には、製造のための施設を、その位置、構造及び設備が技術上の基準に適合するように維持すべき定めはない。

ハ．第二種製造者の製造施設であっても、定期に、保安のための自主検査を行うべきものがある。

(1) イ　(2) ロ　(3) ハ　(4) イ、ハ　(5) ロ、ハ

問９　次のイ、ロ、ハの記述のうち、冷凍保安責任者を選任すべき事業所における冷凍保安責任者及びその代理者について正しいものはどれか。

イ．１日の冷凍能力が100トンである製造施設の冷凍保安責任者には、第三種冷凍機械責任者免状の交付を受け、かつ、高圧ガスの製造に関する所定の経験を有する者を選任することができる。

ロ．冷凍保安責任者の代理者を選任したときは、遅滞なく、その旨を都道府県知事等に届け出なければならないが、これを解任したときは、その旨を都道府県知事等に届け出る必要はない。

ハ．冷凍保安責任者の代理者は、冷凍保安責任者の職務を代行する場合は、高圧ガス保安法の規定の適用については、冷凍保安責任者とみなされる。

(1) ハ　(2) イ、ロ　(3) イ、ハ　(4) ロ、ハ　(5) イ、ロ、ハ

問 10　次のイ、ロ、ハの記述のうち、冷凍のため高圧ガスの製造をする第一種製造者（認定保安検査実施者である者を除く。）の製造施設（認定指定設備を除く。）に係る保安検査について正しいものはどれか。

イ．フルオロカーボン 134a を冷媒ガスとする製造施設は、保安検査を受ける必要はない。

ロ．保安検査は、特定施設についてその位置、構造及び設備が所定の技術上の基準に適合しているかどうかについて行われる。

ハ．保安検査は、3 年に 1 回受けなければならない。ただし、災害その他やむを得ない事由によりその回数で保安検査を受けることが困難であるときは、その事由を勘案して経済産業大臣が定める期間に 1 回受けなければならない。

(1) ロ　(2) イ、ロ　(3) イ、ハ　(4) ロ、ハ　(5) イ、ロ、ハ

問 11　次のイ、ロ、ハの記述のうち、冷凍のため高圧ガスの製造をする第一種製造者（冷凍保安責任者を選任すべき者に限る。）が行う定期自主検査について正しいものはどれか。

イ．定期自主検査は、製造施設のうち認定指定設備に係る部分については実施する必要はない。

ロ．定期自主検査を行うときは、選任している冷凍保安責任者にその定期自主検査の実施について監督を行わせなければならない。

ハ．定期自主検査は、1 年に 1 回以上行わなければならない。ただし、災害その他やむを得ない事由によりその回数で自主検査を行うことが困難であるときは、その事由を勘案して経済産業大臣が定める期間に 1 回以上行わなければならない。

(1) ロ　(2) イ、ロ　(3) イ、ハ　(4) ロ、ハ　(5) イ、ロ、ハ

問 12　次のイ、ロ、ハの記述のうち、冷凍のため高圧ガスの製造をする第一種製造者が定めるべき危害予防規程及び保安教育計画について正しいものはどれか。

イ．危害予防規程を守るべき者は、その第一種製造者及びその従業者であると定められている。

ロ．従業者に対する危害予防規程の周知方法及びその危害予防規程に違反した者に対する措置に関することは、危害予防規程に定めるべき事項ではない。

ハ．第一種製造者は、従業者に対する保安教育計画を定め、これを忠実に実行しなければならない。また、その実行結果を都道府県知事等に届け出なければならない。

(1) イ (2) ロ (3) ハ (4) イ、ロ (5) イ、ハ

問 13 次のイ、ロ、ハの記述のうち、冷凍のため高圧ガスの製造をする第一種製造者について正しいものはどれか。

イ. 第一種製造者は、事業所ごとに帳簿を備え、その製造施設に異常があった場合、異常があった年月日及びそれに対してとった措置をその帳簿に記載し、記載の日から5年間保存しなければならない。

ロ. 第一種製造者は、その所有する高圧ガスについて災害が発生したときは、遅滞なく、その旨を都道府県知事等又は警察官に届け出なければならないが、占有する容器を盗まれたときは、その届出の必要はない。

ハ. 第一種製造者は、その所有又は占有する製造施設が危険な状態になったときは、直ちに、応急の措置を行わなければならないが、その措置を講じることができないときは、従業者又は必要に応じ付近の住民に退避するよう警告しなければならない。

(1) イ (2) ロ (3) ハ (4) イ、ハ (5) ロ、ハ

問 14 次のイ、ロ、ハの記述のうち、冷凍のため高圧ガスの製造をする第一種製造者(認定完成検査実施者である者を除く。)の製造施設について正しいものはどれか。

イ. アンモニアを冷媒ガスとする圧縮機の取替えの工事は、冷媒設備に係る切断、溶接を伴わない工事であって、冷凍能力の変更を伴わないものであっても、定められた軽微な変更の工事には該当しない。

ロ. 第一種製造者からその高圧ガスの製造施設の全部の引渡しを受け都道府県知事等の高圧ガスの製造に係る許可を受けた者は、その第一種製造者がその施設について既に完成検査を受け、所定の技術上の基準に適合していると認められている場合にあっては、所定の完成検査を受けることなくその施設を使用することができる。

ハ. 第一種製造者は、特定変更工事を完成しその工事に係る施設について都道府県知事等が行う完成検査を受けた場合は、その都道府県知事等に技術上の基準に適合していると認められた後でなければその施設を使用してはならない。

(1) イ (2) ハ (3) イ、ロ (4) ロ、ハ (5) イ、ロ、ハ

問 15 次のイ、ロ、ハの記述のうち、製造設備がアンモニアを冷媒ガスとする定置式製造設備(吸収式アンモニア冷凍機であるものを除く。)である第一種製造者の製造施設に係る技術上の基準について冷凍保安規則上正しいものはどれか。

イ. 圧縮機、油分離器、凝縮器若しくは受液器又はこれらの間の配管を設置する室は、冷媒ガスが漏えいしたとき滞留しないような構造としなければならない。

ロ. 冷媒設備に設けた安全弁に放出管を設けた場合は、製造設備には冷媒ガスが漏えいしたときに安全に、かつ、速やかに除害するための措置を講じる必要はない。

ハ. 製造施設には、その施設から漏えいする冷媒ガスが滞留するおそれのある場所に、そ

の冷媒ガスの漏えいを検知し、かつ、警報するための設備を設けなければならない。

(1) イ (2) ロ (3) イ、ハ (4) ロ、ハ (5) イ、ロ、ハ

問16 次のイ、ロ、ハの記述のうち、製造設備がアンモニアを冷媒ガスとする定置式製造設備（吸収式アンモニア冷凍機であるものを除く。）である第一種製造者の製造施設に係る技術上の基準について冷凍保安規則上正しいものはどれか。

イ．製造施設には、その施設の規模に応じて、適切な消火設備を適切な箇所に設けなければならない。

ロ．冷媒設備に係る電気設備は、その設置場所及び冷媒ガスの種類に応じた防爆性能を有する構造のものとすべきものに該当しない。

ハ．内容積が4000リットルの受液器は、その周囲に液状の冷媒ガスが漏えいした場合にその流出を防止するための措置を講じるべきものに該当する。

(1) イ (2) ロ (3) イ、ロ (4) イ、ハ (5) イ、ロ、ハ

問17 次のイ、ロ、ハの記述のうち、製造設備が定置式製造設備である第一種製造者の製造施設に係る技術上の基準について冷凍保安規則上正しいものはどれか。

イ．圧縮機、油分離器、凝縮器及び受液器並びにこれらの間の配管は、火気に対して安全な措置を講じた場合を除き、引火性又は発火性の物（作業に必要なものを除く。）をたい積した場所及び火気（その製造設備内のものを除く。）の付近にあってはならない。

ロ．冷媒設備の配管の変更の工事の完成検査において気密試験を行うときは、許容圧力以上の圧力で行わなければならない。

ハ．製造設備に設けたバルブ又はコックを操作ボタン等により開閉する場合にあっては、その操作ボタン等には、作業員がその操作ボタン等を適切に操作することができるような措置を講じなければならない。

(1) ハ (2) イ、ロ (3) イ、ハ (4) ロ、ハ (5) イ、ロ、ハ

問18 次のイ、ロ、ハの記述のうち、製造設備が定置式製造設備である第一種製造者の製造施設に係る技術上の基準について冷凍保安規則上正しいものはどれか。

イ．凝縮器には、所定の耐震に関する性能を有すべきものがあるが、凝縮器が横置円筒形で胴部の長さが5メートルのものは、それに該当しない。

ロ．配管以外の冷媒設備について耐圧試験を行うときは、水その他の安全な液体を使用する場合、許容圧力の1.5倍以上の圧力で行わなければならない。

ハ．冷媒設備の圧縮機が強制潤滑方式であり、かつ、潤滑油圧力に対する保護装置を有しているものである場合は、その圧縮機の油圧系統には圧力計を設けなくてもよいが、その油圧系統を除く冷媒設備には圧力計を設けなければならない。

(1) イ (2) ロ (3) ハ (4) イ、ロ (5) イ、ロ、ハ

問19　次のイ、ロ、ハの記述のうち、冷凍保安規則に定める第一種製造者の製造の方法に係る技術上の基準に適合しているものはどれか。

イ．冷媒設備の安全弁に付帯して設けた止め弁を、その製造設備の運転終了時から運転開始時までの間、閉止している。

ロ．製造設備とブラインを共通にする認定指定設備による高圧ガスの製造は、認定指定設備に自動制御装置が設けられているため、その認定指定設備の部分については1か月に1回、異常の有無を点検して行っている。

ハ．冷媒設備の修理は、あらかじめ修理の作業計画及び作業の責任者を定め、その計画に従って、異常があったときに直ちにその旨をその責任者に通報するための措置を講じて行うこととした。

(1) イ　(2) ロ　(3) ハ　(4) ロ、ハ　(5) イ、ロ、ハ

問20　次のイ、ロ、ハの記述のうち、認定指定設備について冷凍保安規則上正しいものはどれか。

イ．認定指定設備である条件の一つに、「冷媒設備は、その設備の製造業者の事業所において試運転を行い、使用場所に分割されずに搬入されるものであること。」がある。

ロ．製造設備の日常の運転操作に必要となる冷媒ガスの止め弁には、手動式のものを使用することができる。

ハ．製造設備に変更の工事を施したとき、その工事が同等の部品への交換のみである場合は、指定設備認定証は無効にならないと定められている。

(1) イ　(2) ハ　(3) イ、ロ　(4) イ、ハ　(5) イ、ロ、ハ

保安管理技術

平成30年度

(平成30年11月11日実施)

次の各問について、正しいと思われる最も適切な答をその問の下に掲げてある(1)、(2)、(3)、(4)、(5)の選択肢の中から1個選びなさい。

1．次のイ、ロ、ハ、ニの記述のうち、冷凍の原理について正しいものはどれか。

イ．25℃の水1トン（1000kg）を1日（24時間）で0℃の水にするために除去しなければならない熱量のことを、1冷凍トンと呼ぶ。

ロ．必要な冷凍能力を得るための圧縮機駆動の軸動力が小さければ小さいほど冷凍装置の性能がよいことになる。その冷凍装置の性能を表す値が成績係数である。

ハ．水1kgを等温（等圧）のもとで蒸発させるのに必要な熱量を水の蒸発潜熱という。

ニ．凝縮器で冷媒から放出される熱量は、圧縮機で冷媒に加えられた圧縮仕事に等しい。

(1) イ、ロ　(2) イ、ハ　(3) イ、ニ　(4) ロ、ハ　(5) ロ、ニ

2．次のイ、ロ、ハ、ニの記述のうち、冷凍サイクルおよび熱の移動について正しいものはどれか。

イ．冷凍サイクルの成績係数は、冷凍サイクルの運転条件によって変わる。蒸発圧力だけが低くなっても、あるいは凝縮圧力だけが高くなっても、成績係数が小さくなる。

ロ．理論断熱圧縮動力は、冷媒循環量に断熱圧縮前後の冷媒の比エンタルピー差を乗じたものである。

ハ．常温、常圧において、鉄鋼、空気、グラスウールのなかで、熱伝導率の値が一番小さいのはグラスウールである。

ニ．固体壁表面での熱伝達による単位時間当たりの伝熱量は、伝熱面積、熱伝達率に正比例し、個体壁面と流体との温度差に反比例する。

(1) イ、ロ　(2) イ、ニ　(3) ロ、ハ　(4) ロ、ニ　(5) ハ、ニ

3．次のイ、ロ、ハ、ニの記述のうち、冷凍能力、動力および成績係数などについて正しいものはどれか。

イ．圧縮機の吸込み蒸気の比体積が大きくなると、圧縮機の冷媒循環量は増大する。

ロ．冷凍装置を凝縮温度一定の条件で運転する場合、蒸発圧力が低いほど、冷凍能力が減

少する。

ハ．実際の圧縮機駆動に必要な軸動力は、冷媒蒸気の圧縮に必要な圧縮動力と機械的摩擦損失動力の和で表すことができる。

ニ．冷凍装置の理論冷凍サイクルの成績係数の値は、理論ヒートポンプサイクルの成績係数の値よりも1だけ大きい。

(1) イ、ロ　(2) イ、ハ　(3) ロ、ハ　(4) ロ、ニ　(5) ハ、ニ

4．次のイ、ロ、ハ、ニの記述のうち、冷媒、冷凍機油およびブラインについて正しいものはどれか。

イ．フルオロカーボン冷媒の沸点の種類によって異なり、同じ温度条件で比べると、一般に、沸点の低い冷媒は、沸点の高い冷媒よりも飽和圧力が高い。

ロ．同じ体積で比べると、アンモニア冷媒液は冷凍機油よりも重いが、漏えいしたアンモニア冷媒ガスは空気よりも軽い。

ハ．フルオロカーボン冷媒は、腐食性がないので銅や銅合金を使用できる利点があるが、冷媒中に水分が混入すると、金属を腐食させることがある。

ニ．塩化カルシウム濃度20%のブラインは、使用中に空気中の水分を凝縮させて取り込むと凍結温度が低下する。

(1) イ、ロ　(2) イ、ハ　(3) ロ、ハ　(4) ロ、ニ　(5) ハ、ニ

5．次のイ、ロ、ハ、ニの記述のうち、圧縮機について正しいものはどれか。

イ．多気筒の往復圧縮機にはアンローダと呼ばれる容量制御装置が付いており、このアンローダにより無段階に容量を制御できる。

ロ．圧縮機は冷媒蒸気の圧縮の方法により、容積式と遠心式に大別される。

ハ．圧縮機の冷凍能力は圧縮機の回転速度によって変わる。インバータを利用すると、電源周波数を変えて、回転速度を調節することができる。

ニ．圧縮機が頻繁に始動と停止を繰り返すと、駆動用電動機巻線の異常な温度上昇を招き、焼損のおそれがある。

(1) イ、ロ　(2) イ、ハ　(3) ロ、ニ　(4) イ、ハ、ニ　(5) ロ、ハ、ニ

6．次のイ、ロ、ハ、ニの記述のうち、凝縮器について正しいものはどれか。

イ．水冷横形シェルアンドチューブ凝縮器の伝熱面積は、冷却管内表面積の合計とするのが一般的である。

ロ．水冷横形シェルアンドチューブ凝縮器の冷却管の内面に水あかが付着すると、水あかは熱伝導率が小さいので、熱通過率の値は大きくなる。

ハ．空冷凝縮器は、冷媒を冷却して凝縮させるのに、空気の顕熱を用いる凝縮器である。

ニ．凝縮器への不凝縮ガスの混入は、冷媒側の熱伝達の不良や、凝縮圧力の上昇を招く。

(1) イ、ロ　(2) イ、ハ　(3) ロ、ハ　(4) ロ、ニ　(5) ハ、ニ

7．次のイ、ロ、ハ、ニの記述のうち、蒸発器の構造と作用について正しいものはどれか。

イ．冷蔵用の空気冷却器の冷媒と空気の平均温度差は、通常5Kから10K程度である。庫内温度を保持したまま、この温度差を大きくすると、装置の成績係数は向上する。

ロ．乾式プレートフィンチューブ蒸発器のフィン表面に厚く付着した霜は、空気の通路を狭め、風量の減少や蒸発圧力の上昇を招く。

ハ．乾式シェルアンドチューブ蒸発器では、水側の熱伝達率を向上させるために、バッフルプレートを設置する。

ニ．ホットガス除霜は、冷却管の内部から冷媒ガスの熱によって霜を均一に融解する。この除霜方法は、特に厚い霜の除霜に適している。

(1) イ　(2) ロ　(3) ハ　(4) ニ　(5) ハ、ニ

8．次のイ、ロ、ハ、ニの記述のうち、自動制御機器について正しいものはどれか。

イ．膨張弁容量が蒸発器の容量に対して小さ過ぎる場合、ハンチングを生じやすくなり、熱負荷の大きなときに冷媒流量が不足する。

ロ．キャピラリチューブは、細管を流れる冷媒の抵抗による圧力降下を利用して、冷媒の絞り膨張を行う機器である。

ハ．凝縮圧力調整弁は、凝縮圧力が設定圧力以下にならないように、凝縮器から流出する冷媒液を絞る。

ニ．給油ポンプを内蔵した圧縮機は、運転中に定められた油圧を保持できなくなると油圧保護圧力スイッチが作動して、停止する。このスイッチは、一般的に自動復帰式である。

(1) イ　(2) ロ　(3) ハ　(4) ニ　(5) ロ、ハ

9．次のイ、ロ、ハ、ニの記述のうち、附属機器について正しいものはどれか。

イ．冷媒液強制循環式冷凍装置で使用される低圧受益器では、液面位置の制御は必要ない。

ロ．冷凍機油は凝縮器や蒸発器に送られると伝熱を妨げるので、油分離器を圧縮機の吸込み蒸気配管に設け、冷媒と分離する。

ハ．油分離器は、アンモニア冷凍装置および大形や低温用のフルオロカーボン冷凍装置に用いられることが多い。

ニ．液ガス熱交換器は、冷媒液を過冷却して液管内でのフラッシュガスの発生を防止し、冷媒蒸気の過熱度を小さくするために用いられる。

(1) イ　(2) ロ　(3) ハ　(4) ニ　(5) ロ、ハ

10．次のイ、ロ、ハ、ニの記述のうち、冷媒配管について正しいものはどれか。

イ．冷媒配管に使用する材料には、冷媒と冷凍機油の化学的作用によって劣化しないものを使用する。

ロ．圧縮機吐出しガス配管の施工上の大切なことは、圧縮機の停止中に配管内で凝縮した液や油が逆流しないようにすることである。

ハ．高圧液配管に立ち上がり部があると、その高さによらずフラッシュガスが発生する。

ニ．吸込み蒸気配管には、管表面の結露あるいは着霜を防止し、吸込み蒸気の温度上昇を防ぐために防熱を施す。

(1) イ、ロ　(2) イ、ハ　(3) ハ、ニ　(4) イ、ロ、ニ　(5) ロ、ハ、ニ

11．次のイ、ロ、ハ、ニの記述のうち、安全装置などについて正しいものはどれか。

イ．圧力容器に取り付ける安全弁の最小口径は、容器の外径、容器の長さおよび高圧部、低圧部に分けて定められた定数によって決まり、冷媒の種類に依存しない。

ロ．溶栓が作動すると内部の冷媒が大気圧になるまで放出するので、可燃性または毒性ガスを冷媒とした冷凍装置には溶栓を使用してはならない。

ハ．高圧遮断装置は、安全弁噴出の圧縮機を停止させ、低圧側圧力を異常な上昇を防止するために取り付けられ、原則として手動復帰式である。

ニ．液封による配管や弁の破壊、破裂などの事故は、低圧液配管において発生することが多い。

(1) イ、ロ　(2) イ、ハ　(3) ロ、ハ　(4) ロ、ニ　(5) ハ、ニ

12．次のイ、ロ、ハ、ニの記述のうち、材料の強さおよび圧力容器について正しいものはどれか。

イ．応力のうち、外力が材料を引っ張る方向に作用する場合を引張応力、圧縮する方向に作用する場合を圧縮応力といい、圧力容器で耐圧強度が問題となるのは、一般に圧縮応力である。

ロ．一般的な冷凍装置の低圧部設計圧力は、冷凍装置の停止中に周囲温度の高い夏季に、内部の冷媒が38℃から40℃程度まで上昇したときの冷媒の飽和圧力に基づいている。

ハ．許容圧力は、冷媒設備において現に許容しうる最高の圧力であって、設計圧力または腐れしろを除いた肉厚に対応する圧力のうち、低いほうの圧力をいう。

ニ．溶接構造用圧延鋼材SM400Bの許容引張応力は400N/mm^{2}である。

(1) イ、ロ　(2) イ、ハ　(3) ロ、ハ　(4) ロ、ニ　(5) ハ、ニ

13．次のイ、ロ、ハ、ニの記述のうち、据付けおよび試験について正しいものはどれか。

イ．圧縮機の防振支持を行った場合、配管を通じた振動の伝藩を防止するために可とう管（フレキシブルチューブ）を用いる。

ロ．気密の性能を確かめるための気密試験は、内部に圧力のかかった状態でつち打ちをして行う。この時に、溶接補修などの熱を加えてはいけない。

ハ．微量の漏れを嫌うフルオロカーボン冷凍装置の真空試験は、微量の漏れや漏れの箇所を特定することができる。

ニ．真空乾燥の終わった冷凍装置には、冷凍機油を充てんする。使用する冷凍機油は、圧縮機の種類、冷媒の種類、運手温度条件などによって異なるので、一般には、メーカの

指定した冷凍機油を使用する。

(1) イ、ハ (2) イ、ニ (3) ロ、ハ (4) ロ、ニ (5) ハ、ニ

14. 次のイ、ロ、ハ、ニの記述のうち、冷凍装置の運転管理について正しいものはどれか。

イ. 冷凍装置を長期間休止させる場合には、安全弁の元弁および各部の止め弁を閉じ、弁にグランド部があるものは締めておく。

ロ. 冷凍装置を長期間休止させる場合には、低圧側の冷媒を受液器に回収するが、装置に漏れがあったとき装置内に空気を吸い込まないように、低圧側と圧縮機内には大気圧より少し高いガス圧力を残しておく。

ハ. 蒸発圧力が一定のもとでは、圧縮機の吐出しガス圧力が上昇すれば、圧縮機の体積効率および装置の冷凍能力が低下するが、圧縮機駆動の軸動力は増加する。

ニ. 凝縮圧力が一定のもとでは、圧縮機の吸込み蒸気圧力の低下により、圧縮機の体積効率、装置の冷凍能力および圧縮機駆動の軸動力は、いずれも低下する。

(1) イ、ハ (2) ロ、ニ (3) イ、ロ、ハ (4) イ、ハ、ニ (5) ロ、ハ、ニ

15. 次のイ、ロ、ハ、ニの記述のうち、冷凍装置の保守管理について正しいものはどれか。

イ. オイルフォーミングは、冷媒と冷凍機油が混ざり、冷凍機油が急激に蒸発する現象である。

ロ. アンモニア冷凍装置の液封事故を防ぐため、液封が起こりそうな箇所には、安全弁や破裂板を取り付ける。

ハ. 冷媒と冷凍機油が混ざると、油の粘度が高くなり、潤滑性能が低下する。

ニ. 密閉フルオロカーボン往復圧縮機では、冷凍装置全体として冷媒充てん量が不足すると、吸込み冷媒蒸気による電動機の冷却が不十分となり、電動機の巻線を焼損するおそれがある。

(1) イ (2) ニ (3) イ、ロ (4) ロ、ハ (5) ハ、ニ

令 和 元 年 度

（令和元年11月10日実施）

次の各問について、正しいと思われる最も適切な答をその問の下に掲げてある(1)、(2)、(3)、(4)、(5)の選択肢の中から１個選びなさい。

問１　次のイ、ロ、ハ、ニの記述のうち、冷凍の原理、冷凍サイクルについて正しいものはどれか。

イ．吸収冷凍機では、圧縮機を使用せずに、吸収器、発生器、溶液ポンプなどを用いて冷媒を循環させ、冷熱を得る。

ロ．膨張弁における膨張過程では、冷媒液の一部が蒸発することにより、膨張後の蒸発圧力に対応した蒸発温度まで冷媒自身の温度が下がる。

ハ．圧縮機駆動の軸動力を小さくし、大きな冷凍能力を得るためには、蒸発温度はできるだけ低くして、凝縮温度は必要以上に高くし過ぎないことが重要である。

ニ．冷媒の p-h 線図は、実用上の便利さから、縦軸の絶対圧力、横軸の比エンタルピーのいずれも対数目盛でそれぞれ目盛られている。

(1) イ　(2) ハ　(3) イ、ロ　(4) ロ、ニ　(5) イ、ハ、ニ

問２　次のイ、ロ、ハ、ニの記述のうち、冷凍サイクル、熱の移動について正しいものはどれか。

イ．常温、常圧において、水あか、グラスウール、鉄鋼、空気のなかで、熱伝導率の値が一番小さいのは空気である。

ロ．固体壁を通過する伝熱量は、その壁で隔てられた両側の流体間の温度差、固体壁の伝熱面積および熱通過率に比例する。

ハ．水冷却器の交換熱量の計算において、冷却管の入口側の水と冷媒との温度差を Δt_1、出口側の温度差を Δt_2 とすると、冷媒と水との算術平均温度差 Δt_m は、

$\Delta t_m = (\Delta t_1 + \Delta t_2) / 2$ である。

ニ．冷凍サイクルの蒸発器で周囲が冷媒から奪う熱量のことを、冷凍効果という。

(1) イ、ロ　(2) イ、ハ　(3) ロ、ニ　(4) ハ、ニ　(5) イ、ロ、ハ

問3　次のイ、ロ、ハ、ニの記述のうち、成績係数および冷媒循環量について正しいものはどれか。

イ．圧縮機の全断熱効率が大きくなると、圧縮機駆動の軸動力は小さくなり、冷凍装置の実際の成績係数は大きくなる。

ロ．蒸発温度と凝縮温度との温度差が大きくなると、断熱効率と機械効率が大きくなるとともに、冷凍装置の実際の成績係数は低下する。

ハ．往復圧縮機の冷媒循環量は、ピストン押しのけ量、圧縮機の吸込み蒸気の比体積および体積効率の大きさにより決まる。

ニ．圧縮機の吸込み圧力が低いほど、また、吸込み蒸気の過熱度が大きいほど、圧縮機の冷媒循環量および冷凍能力が大きくなる。

(1)　イ、ハ　(2)　イ、ニ　(3)　ロ、ハ　(4)　ロ、ニ　(5)　ハ、ニ

問4　次のイ、ロ、ハ、ニの記述のうち、冷媒について正しいものはどれか。

イ．アンモニアガスは空気より軽く、室内に漏えいした場合には、部屋の上方に滞留する。

ロ．R134a と R410A は、ともに単一成分冷媒である。

ハ．非共沸混合冷媒は、圧力一定のもとで凝縮するとき、凝縮始めの冷媒温度（露点温度）と、凝縮終わりの冷媒温度（沸点温度）の間に差が生じる。

ニ．0℃における飽和圧力を標準沸点といい、冷媒の種類によって異なっている。

(1)　イ、ハ　(2)　イ、ニ　(3)　ロ、ハ　(4)　ロ、ニ　(5)　ハ、ニ

問5　次のイ、ロ、ハ、ニの記述のうち、圧縮機について正しいものはどれか。

イ．圧縮機は、冷媒蒸気の圧縮の方法により、往復式、スクリュー式およびスクロール式に大別される。

ロ．多気筒圧縮機のアンローダと呼ばれる容量制御装置は、圧縮機始動時の負荷軽減装置としても機能する。

ハ．スクリュー圧縮機の容量制御をスライド弁で行う場合、スクリューの溝の数に応じた段階的な容量制御となり、無段階制御はできない。

ニ．停止中のフルオロカーボン用圧縮機クランクケース内の油温が低いと、冷凍機油に冷媒が溶け込む溶解量は大きくなり、圧縮機始動時にオイルフォーミングを起こしやすい。

(1)　イ、ロ　(2)　イ、ハ　(3)　ロ、ハ　(4)　ロ、ニ　(5)　イ、ハ、ニ

問6　次のイ、ロ、ハ、ニの記述のうち、凝縮器および冷却塔について正しいものはどれか。

イ．水冷横形シェルアンドチューブ凝縮器は、円筒胴と管板に固定された冷却管で構成され、円筒胴の内側と冷却管の間に冷却水が流れ、冷却管内には冷媒が流れる。

ロ．水冷横形シェルアンドチューブ凝縮器では、冷却水中の汚れや不純物が冷却管表面に水あかとなって付着し、水あかの熱伝導率が小さいので、熱通過率の値が小さくなり、凝縮温度が低くなる。

ハ．蒸発式凝縮器は、水の蒸発潜熱を利用して冷媒を凝縮させるので、一般に、空冷凝縮器よりも凝縮温度を低く保つことができる。

ニ．冷却塔の出口水温と周囲空気の湿球温度との温度差をアプローチと呼び、その値は通常5K程度である。

(1) イ、ロ　(2) イ、ハ　(3) ロ、ハ　(4) ロ、ニ　(5) ハ、ニ

問7　次のイ、ロ、ハ、ニの記述のうち、蒸発器について正しいものはどれか。

イ．蒸発器における冷凍能力は、冷却される空気や水などと冷媒との間の平均温度差、熱通過率および伝熱面積に正比例する。

ロ．蒸発器は、冷媒の供給方式により、乾式、満液式および冷媒液強制循環式などに分類される。シェル側に冷媒を供給し、冷却管内にブラインを流して冷却するシェルアンドチューブ蒸発器は乾式である。

ハ．シェルアンドチューブ乾式蒸発器では、水側の熱伝達率を向上させるために、バッフルプレートを設置する。

ニ．散水方式でデフロストをする場合、冷蔵庫外の排水管にトラップを設けることで、冷蔵庫内への外気の侵入を防止できる。

(1) イ、ロ　(2) イ、ハ　(3) ロ、ニ　(4) イ、ハ、ニ　(5) ロ、ハ、ニ

問8　次のイ、ロ、ハ、ニの記述のうち、自動制御機器について正しいものはどれか。

イ．温度自動膨張弁は、高圧の冷媒液を低圧部に絞り膨張させる機能と、過熱度により蒸発器への冷媒流量を調節して冷凍装置を効率よく運転する機能の、二つの機能をもっている。

ロ．キャピラリチューブは、細い銅管を流れる冷媒の流れ抵抗による圧力降下を利用して、冷媒の絞り膨張を行う機器である。

ハ．吸入圧力調整弁は、圧縮機吸込み配管に取り付けて、圧縮機吸込み圧力が設定値よりも高くならないように調整できる。また、圧縮機の始動時や蒸発器の除霜などのときに、圧縮機駆動用電動機の過負荷も防止できる。

ニ．内部均圧形温度自動膨張弁は、冷媒の流れの圧力降下の大きな蒸発器、ディストリビュータで冷媒を分配する蒸発器に使用される。

(1) イ、ロ、ハ　(2) イ、ロ、ニ　(3) イ、ハ、ニ　(4) ロ、ハ、ニ　(5) イ、ロ、ハ、ニ

問9　次のイ、ロ、ハ、ニの記述のうち、附属機器について正しいものはどれか。

イ．液分離器は、蒸発器と圧縮機との間の吸込み蒸気配管に取り付け、吸込み蒸気中に混在した液を分離して、冷凍装置外部に排出する。

ロ．フルオロカーボン冷凍装置では、凝縮器を出た冷媒液を過冷却させるとともに、圧縮機に戻る冷媒蒸気を適度に過熱させるために、液ガス熱交換器を設けることがある。

ハ．シリカゲルを乾燥剤に用いたドライヤは、フルオロカーボン冷凍装置の冷媒系統の水

分を除去する。

ニ．往復圧縮機を用いたアンモニア冷凍装置では、一般に、油分離器で分離された鉱油を圧縮機クランクケース内に自動返油する。

(1) イ　(2) ロ　(3) ハ　(4) ニ　(5) ロ、ハ

問10　次のイ、ロ、ハ、ニの記述のうち、冷媒配管について正しいものはどれか。

イ．圧縮機吸込み蒸気配管の二重立ち上がり管は、冷媒液の戻り防止のために使用される。

ロ．高圧冷媒液管内にフラッシュガスが発生すると、膨張弁の冷媒流量が減少して、冷凍能力が減少する。

ハ．配管用炭素鋼鋼管（SGP）は、一般に、冷媒 R410A の高圧冷媒配管に使用される。

ニ．圧縮機の停止中に、配管内で凝縮した冷媒液や油が逆流しないようにすることは、圧縮機吐出し管の施工上、重要なことである。

(1) イ、ロ　(2) イ、ハ　(3) ロ、ニ　(4) イ、ハ、ニ　(5) ロ、ハ、ニ

問11　次のイ、ロ、ハ、ニの記述のうち、安全装置などについて正しいものはどれか。

イ．圧力容器に取り付ける安全弁の最小口径は、容器の外径と長さの積の平方根と、冷媒の種類ごとに高圧部、低圧部に分けて定められた定数の積で決まる。

ロ．溶栓は、取り付けられる容器内の圧力を直接検知して破裂し、内部の冷媒を放出することにより、圧力の異常な上昇を防ぐ。

ハ．高圧遮断装置は、高圧側の圧力の異常な上昇を検知して作動し、圧縮機を駆動している電動機の電源を切って圧縮機を停止させる。

ニ．ガス漏えい検知警報設備は、冷媒の種類や機械換気装置の有無にかかわらず、酸欠事故を防止するために必ず設置しなければならない。

(1) イ、ロ　(2) イ、ハ　(3) ロ、ハ　(4) ロ、ニ　(5) イ、ハ、ニ

問12　次のイ、ロ、ハ、ニの記述のうち、圧力容器などについて正しいものはどれか。

イ．圧力容器の鏡板の板厚は、同じ設計圧力で、同じ材質では、さら形よりも半球形を用いたほうが薄くできる。

ロ．円筒胴の圧力容器の胴板に生じる応力は、円筒胴の接線方向に作用する応力と長手方向に作用する応力を考えればよい。円筒胴の接線方向の引張応力は、長手方向の引張応力よりも大きい。

ハ．圧力容器の腐れしろは、材料の種類により異なり、鋼、銅および銅合金は1㎜とする。また、ステンレス鋼には腐れしろを設ける必要がない。

ニ．圧力容器の強度や保安に関する圧力は、設計圧力、許容圧力ともに絶対圧力を使用する。

(1) イ、ロ　(2) イ、ハ　(3) イ、ニ　(4) ロ、ハ　(5) ロ、ニ

問13　次のイ、ロ、ハ、ニの記述のうち、冷凍装置の据付け、圧力試験および試運転について正しいものはどれか。

イ．多気筒圧縮機を支持するコンクリート基礎の質量は、圧縮機の質量と同程度にする。

ロ．アンモニア冷凍装置の気密試験には、乾燥空気、窒素ガスまたは酸素を使用し、炭酸ガスを使用してはならない。

ハ．受液器を設けた冷凍装置に冷媒を充てんするときは、受液器の冷媒出口弁を閉じ、圧縮機を運転しながら、その先の冷媒チャージ弁から液状の冷媒を充てんする。

ニ．真空試験では、装置内に残留水分があると真空になりにくいので、乾燥のために水分の残留しやすい場所を、120℃を超えない範囲で加熱するとよい。

⑴　イ、ロ　⑵　イ、ハ　⑶　ロ、ハ　⑷　ロ、ニ　⑸　ハ、ニ

問14　次のイ、ロ、ハ、ニの記述のうち、冷凍装置の運転管理について正しいものはどれか。

イ．毎日運転する冷凍装置の運転開始前の準備では、配管中にある電磁弁の作動、操作回路の絶縁低下、電動機の始動状態の確認を省略できる場合がある。

ロ．蒸発圧力が一定のもとで、圧縮機の吐出しガス圧力が高くなると、圧力比は大きくなり、圧縮機の体積効率が増大し、圧縮機駆動の軸動力は増加する。

ハ．冷凍装置を長期間休止させる場合には、低圧側の冷媒を受液器に回収するが、装置内への空気の侵入を防ぐために、低圧側と圧縮機内に大気圧より高いガス圧力を残しておく。

ニ．水冷凝縮器の冷却水量が減少すると、凝縮圧力の低下、圧縮機吐出しガス温度の上昇、冷凍装置の冷凍能力の低下が起こる。

⑴　イ、ロ　⑵　イ、ハ　⑶　ロ、ハ　⑷　ロ、ニ　⑸　ハ、ニ

問15　次のイ、ロ、ハ、ニの記述のうち、冷凍装置の保守管理について正しいものはどれか。

イ．横走り吸込み配管の途中の大きなＵトラップに冷媒液や油がたまっていると、圧縮機の始動時やアンロードからロード運転に切り換わったときに、液戻りが生じる。とくに、圧縮機の近くでは、立ち上がり吸込み管以外には、Ｕトラップを、設けないようにする。

ロ．強制給油式の往復圧縮機では、潤滑装置と冷凍機油の状態がその潤滑作用に大きな影響を及ぼす。油圧が過大になると、シリンダ部への給油量が多くなり、凝縮器、蒸発器の熱交換部の汚れを引き起こす。

ハ．密閉形フルオロカーボン往復圧縮機では、冷媒充てん量が不足していると、吸込み蒸気による電動機の冷却が不十分になり、電動機を焼損するおそれがある。冷媒充てん量の不足は、運転中の受液器の冷媒液面の低下によって確認できる。

ニ．アンモニア冷凍装置の冷媒系統に水分が浸入すると、アンモニアがアンモニア水になるので、少量の水分の浸入であっても、冷凍装置内でのアンモニア冷媒の蒸発圧力の低下、冷凍機油の乳化による潤滑性能の低下などを引き起こし、運転に重大な支障をきたす。

⑴　イ、ロ　⑵　ハ、ニ　⑶　イ、ロ、ハ　⑷　ロ、ハ、ニ　⑸　イ、ロ、ハ、ニ

保安管理技術

令 和 2 年 度

(令和2年11月8日実施)

次の各問について、正しいと思われる最も適切な答をその問の下に掲げてある(1)、(2)、(3)、(4)、(5)の選択肢の中から1個選びなさい。

問1 次のイ、ロ、ハ、ニの記述のうち、冷凍の原理などについて正しいものはどれか。

イ．蒸発温度や凝縮温度が一定の運転状態では、圧縮機の駆動軸動力は、凝縮器の凝縮負荷と冷凍装置の冷凍能力の差に等しい。

ロ．冷凍装置における各種の熱計算では、比エンタルピーの絶対値は特に必要ない。冷媒は、0℃の飽和液の比エンタルピー値を200kJ/kgとし、これを基準としている。

ハ．蒸気圧縮冷凍装置の一種である家庭用冷蔵庫は、一般に、圧縮機、蒸発器、膨張弁および凝縮器で構成されており、受液器なしで凝縮器の出口に液を溜め込むようにし、装置を簡略化している。

ニ．吸収冷凍機は、圧縮機を用いずに、機械的な可動部である吸収器、発生器、溶液ポンプを用いて冷媒を循環させ、冷媒に温度差を発生させて冷熱を得る冷凍機である。

(1) イ、ロ (2) ロ、ニ (3) ハ、ニ (4) イ、ロ、ハ (5) イ、ハ、ニ

問2 次のイ、ロ、ハ、ニの記述のうち、冷凍サイクルおよび熱の移動について正しいものはどれか。

イ．冷凍サイクルの蒸発器で、冷媒から奪う熱量のことを冷凍効果という。この冷凍効果の値は、同じ冷媒でも冷凍サイクルの運転条件によって変わる。

ロ．理論ヒートポンプサイクルの成績係数は、理論冷凍サイクルの成績係数よりも1だけ大きい。

ハ．固体壁で隔てられた流体間で熱が移動するとき、固体壁両表面の熱伝達率と固体壁の熱伝導率が与えられれば、水あかの付着を考慮しない場合の熱通過率の値を計算することができる。

ニ．熱の移動には、熱伝導、熱放射および熱伝達の3つの形態がある。一般に、熱量の単位はJまたはkJであり、伝熱量の単位はWまたはkWである。

(1) イ、ロ (2) イ、ハ (3) ロ、ハ (4) ロ、ニ (5) イ、ハ、ニ

問3　次のイ、ロ、ハ、ニの記述のうち、圧縮機の性能、軸動力などについて正しいものはどれか。

イ．冷凍装置の実際の成績係数は、理論冷凍サイクルの成績係数に断熱効率、機械効率、体積効率を乗じて求められる。

ロ．実際の圧縮機の駆動軸動力は、理論断熱圧縮動力と断熱効率により決まる。

ハ．往復圧縮機の断熱効率は、一般に、圧力比が大きくなると小さくなる。

ニ．圧縮機の実際の冷媒吸込み蒸気量は、ピストン押しのけ量と圧縮機の体積効率の積で求められる。

(1)　イ、ロ　(2)　ロ、ハ　(3)　ハ、ニ　(4)　イ、ロ、ニ　(5)　イ、ハ、ニ

問4　次のイ、ロ、ハ、ニの記述のうち、冷媒、ブラインの性質などについて正しいものはどれか。

イ．R410A は共沸混合冷媒である。

ロ．単一成分冷媒の飽和圧力が標準大気圧に等しいときの飽和温度を標準沸点といい、冷媒の種類によって異なる。

ハ．有機ブラインの溶質には、エチレングリコール系やプロピレングリコール系のほかに、塩化カルシウムや塩化ナトリウムなどがある。

ニ．フルオロカーボン冷凍装置では、圧縮機から吐き出された冷凍機油は、冷媒とともに装置内を循環する。

(1)　イ、ロ　(2)　ロ、ニ　(3)　ハ、ニ　(4)　イ、ロ、ハ　(5)　イ、ハ、ニ

問5　次のイ、ロ、ハ、ニの記述のうち、圧縮機について正しいものはどれか。

イ．ロータリー圧縮機は遠心式に分類され、ロータの回転による遠心力で冷媒蒸気を圧縮する。

ロ．運転条件が同じであれば、圧縮機の体積効率が小さくなるほど冷媒循環量は減少する。

ハ．スクリュー圧縮機は、高圧力比に適しているため、ヒートポンプ装置に利用される。

ニ．往復圧縮機では、停止中のクランクケース内の油温が高いほど、始動時にオイルフォーミングを起こしやすくなる。

(1)　イ、ロ　(2)　イ、ハ　(3)　イ、ニ　(4)　ロ、ハ　(5)　ロ、ニ

問6　次のイ、ロ、ハ、ニの記述のうち、凝縮器について正しいものはどれか。

イ．水冷横形シェルアンドチューブ凝縮器は、円筒胴、管板、冷却管などによって構成され、高温高圧の冷媒ガスは冷却管内を流れる冷却水により冷却され、凝縮液化する。

ロ．冷却管の水あかの熱伝導抵抗を汚れ係数で表すと、汚れ係数が大きいほど、熱通過率が低下する。

ハ．空冷凝縮器は、空気の潜熱を用いて冷媒を凝縮させる凝縮器である。

ニ．凝縮器への不凝縮ガスの混入は、冷媒側の熱伝達の不良や凝縮圧力の低下を招く。

(1) イ、ロ (2) イ、ハ (3) イ、ニ (4) ロ、ハ (5) ロ、ニ

問7 次のイ、ロ、ハ、ニの記述のうち、蒸発器について正しいものはどれか。

イ．蒸発器の冷凍能力は、冷却される空気や水などと冷媒との間の平均温度差、熱通過率および伝熱面積に比例する。

ロ．大きな容量の乾式蒸発器は、多数の伝熱管へ均等に冷媒を送り込むために、蒸発器出口側にディストリビュータを取り付ける。

ハ．液ポンプ方式の冷凍装置では、蒸発液量の3倍から5倍程度の冷媒液を強制循環させるため、蒸発器内に冷凍機油が滞留することはない。

ニ．一般的な散水方式の除霜は、送風機を運転しながら水を冷却器に散水し、霜を融解させる方式である。

(1) イ、ハ (2) イ、ニ (3) ロ、ニ (4) イ、ロ、ハ (5) ロ、ハ、ニ

問8 次のイ、ロ、ハ、ニの記述のうち、自動制御機器について正しいものはどれか。

イ．電磁弁には、直動式とパイロット式がある。直動式では、電磁コイルに通電すると、磁場が作られてプランジャに力が作用し、弁が閉じる。

ロ．吸入圧力調整弁は、弁入口側の冷媒蒸気の圧力が設定値よりも高くならないように作動する。このことにより圧縮機駆動用電動機の過負荷を防止できる。

ハ．温度自動膨張弁から蒸発器出口までの圧力降下が大きい場合には、外部均圧形温度自動膨張弁が使用されている。

ニ．低圧圧力スイッチは、設定値よりも圧力が下がると圧縮機が停止するので、過度の低圧運転を防止できる。

(1) イ、ロ (2) ロ、ハ (3) ロ、ニ (4) ハ、ニ (5) イ、ハ、ニ

問9 次のイ、ロ、ハ、ニの記述のうち、附属機器について正しいものはどれか。

イ．低圧受液器は、冷媒液強制循環式冷凍装置において、冷凍負荷が変動しても液ポンプが蒸気を吸い込まないように、液面レベル確保と液面位置の制御を行う。

ロ．油分離器にはいくつかの種類があるが、そのうちの一つに、大きな容器内にガスを入れることによりガス速度を大きくし、油滴を重力で落下させて分離するものがある。

ハ．アンモニア冷凍装置では、圧縮機の吸込み蒸気過熱度の増大にともなう吐出しガス温度の上昇が著しいので、液ガス熱交換器は使用しない。

ニ．サイトグラスは、のぞきガラスとその内側のモイスチャーインジケータからなる。のぞきガラスのないモイスチャーインジケータだけのものもある。

(1) イ、ハ (2) イ、ニ (3) ロ、ハ (4) ロ、ニ (5) イ、ロ、ハ

問10 次のイ、ロ、ハ、ニの記述のうち、冷媒配管について正しいものはどれか。

イ．フルオロカーボン冷媒、アンモニア冷媒用の配管には、銅および銅合金の配管がよく

使用される。

ロ．高圧液配管は、冷媒液が気化するのを防ぐために、流速ができるだけ大きくなるような管径とする。

ハ．横走り吸込み蒸気配管に大きなＵトラップがあると、トラップの底部に油や冷媒液の溜まる量が多くなり、圧縮機始動時などに、一挙に多量の液が圧縮機に吸い込まれて液圧縮の危険が生じる。

ニ．吐出しガス配管では、冷媒ガス中に混在している冷凍機油が確実に運ばれるだけのガス速度が必要である。ただし、摩擦損失による圧力降下は、20kPa を超えないことが望ましい。

⑴　イ、ロ　⑵　イ、ハ　⑶　ハ、ニ　⑷　イ、ロ、ニ　⑸　ロ、ハ、ニ

問 11　次のイ、ロ、ハ、ニの記述のうち、安全装置などについて正しいものはどれか。

イ．冷凍装置の安全弁の作動圧力とは、吹始め圧力と吹出し圧力のことである。この圧力は耐圧試験圧力を基準として定める。

ロ．圧縮機に取り付ける安全弁の最小口径は、冷媒の種類に応じて決まるが、圧縮機のピストン押しのけ量の平方根に比例する。

ハ．許容圧力以下に戻す安全装置の一つに溶栓がある。溶栓の口径は、取り付ける容器の外径と長さの積の平方根と、冷媒毎に定められた定数の積で求められた値の 1/2 以下としなくてはならない。

ニ．高圧遮断装置は、原則として手動復帰式とする。

⑴　イ、ロ　⑵　ロ、ニ　⑶　イ、ロ、ハ　⑷　イ、ハ、ニ　⑸　ロ、ハ、ニ

問 12　次のイ、ロ、ハ、ニの記述のうち、材料の強さおよび圧力容器について正しいものはどれか。

イ．圧力容器では、使用する材料の応力―ひずみ線図における弾性限度以下の応力の値とするように設計する必要がある。

ロ．設計圧力とは、圧力容器の設計や耐圧試験圧力などの基準となるものであり、高圧部においては、一般に、通常の運転状態で起こりうる最高の圧力を設計圧力としている。

ハ．円筒胴圧力容器の胴板内部に発生する応力は、円筒胴の接線方向に作用する応力と、円筒胴の長手方向に作用する応力のみを考えればよく、圧力と内径に比例し、板厚に反比例する。

ニ．溶接継手の効率は、溶接継手の種類に依存せず、溶接部の全長に対する放射線透過試験を行った部分の長さの割合によって決められている。

⑴　イ、ロ　⑵　イ、ニ　⑶　ロ、ハ　⑷　ロ、ニ　⑸　ハ、ニ

問 13　次のイ、ロ、ハ、ニの記述のうち、冷凍装置の据付け、圧力試験および試運転について正しいものはどれか。

イ．圧縮機を防振支持し、吸込み蒸気配管に可とう管（フレキシブルチューブ）を用いる場合、可とう管表面が氷結し破損するおそれのあるときは、可とう管をゴムで被覆することがある。

ロ．気密試験は、気密の性能を確かめるための試験であり、漏れを確認しやすいように、ガス圧で試験を行う。

ハ．真空試験は、気密試験の後に行い、微少な漏れの確認および装置内の水分と油分の除去を目的に行われる。

ニ．真空乾燥の後に水分が混入しないように配慮しながら冷凍装置に冷凍機油と冷媒を充てんし、電力、制御系統、冷却水系統などを十分に点検してから始動試験を行う。

(1) イ、ロ (2) イ、ハ (3) ロ、ハ (4) ハ、ニ (5) イ、ロ、ニ

問 14 次のイ、ロ、ハ、ニの記述のうち、冷凍装置の運転状態について正しいものはどれか。

イ．アンモニア冷媒の場合は、蒸発と凝縮のそれぞれの温度が同じ運転状態でも、フルオロカーボン冷媒に比べて圧縮機の吐出しガス温度が高くなる。

ロ．水冷凝縮器の冷却水量が減少すると、凝縮圧力の低下、圧縮機吐出しガス温度の上昇、装置の冷凍能力の低下が起こる。

ハ．冷蔵庫の蒸発器に厚く着霜すると、空気の流れ抵抗が増加するので風量が減少し、蒸発器の熱通過率が小さくなる。

ニ．冷蔵庫の負荷が大きく増加したとき、冷蔵庫の庫内温度と蒸発温度が上昇し、温度自動膨張弁の冷媒流量が増加するが、蒸発器における空気の出入口の温度差は変化しない。

(1) イ、ロ (2) イ、ハ (3) ロ、ハ (4) ロ、ニ (5) ハ、ニ

問 15 次のイ、ロ、ハ、ニの記述のうち、冷凍装置の保守管理について正しいものはどれか。

イ．冷媒充てん量が大きく不足していると、圧縮機の吸込み蒸気の過熱度が大きくなり、圧縮機吐出しガスの圧力と温度がともに上昇する。

ロ．圧縮機が過熱運転となると、冷凍機油の温度が上昇し、冷凍機油の粘度が下がるため、油膜切れを起こすおそれがある。

ハ．冷凍負荷が急激に増大すると、蒸発器での冷媒の沸騰が激しくなり、蒸気とともに液滴が圧縮機に吸い込まれ、液戻り運転となることがある。

ニ．不凝縮ガスが冷凍装置内に存在すると、圧縮機吐出しガスの圧力と温度がともに上昇する。

(1) イ、ロ (2) イ、ニ (3) ロ、ハ (4) イ、ハ、ニ (5) ロ、ハ、ニ

令　和　3　年　度

（令和3年11月14日実施）

次の各問について、正しいと思われる最も適切な答をその問の下に掲げてある(1)、(2)、(3)、(4)、(5)の選択肢の中から1個選びなさい。

問1　次のイ、ロ、ハ、ニの記述のうち、冷凍の原理などについて正しいものはどれか。

イ．ブルドン管圧力計で指示される圧力は、管内圧力である大気圧と管外圧力である冷媒圧力の差であり、この圧力をゲージ圧力と呼ぶ。

ロ．液体1kgを等圧のもとで蒸発させるのに必要な熱量を、蒸発潜熱という。

ハ．冷凍装置の冷凍能力に圧縮機の駆動軸動力を加えたものが、凝縮器の凝縮負荷である。

ニ．必要な冷凍能力を得るための圧縮機の駆動軸動力が小さいほど、冷凍装置の性能が良い。この圧縮機の駆動軸動力あたりの冷凍能力の値が、圧縮機の効率である。

(1)　イ、ロ　(2)　ロ、ハ　(3)　ハ、ニ　(4)　イ、ロ、ニ　(5)　イ、ハ、ニ

問2　次のイ、ロ、ハ、ニの記述のうち、熱の移動について正しいものはどれか。

イ．冷凍装置に使用される蒸発器や凝縮器の伝熱量は、対数平均温度差を使用すると正確に求められるが、条件によっては、算術平均温度差でも数%の差で求めることができる。

ロ．固体壁を隔てた流体間の伝熱量は、伝熱面積、固体壁で隔てられた両側の流体間の温度差と熱通過率を乗じたものである。

ハ．固体壁と流体との熱交換による伝熱量は、固体壁表面と流体との温度差、伝熱面積および比例係数の積で表され、この比例係数を熱伝導率という。

ニ．熱の移動には、熱放射、対流熱伝達、熱伝導の三つの形態が存在し、冷凍・空調装置で取り扱う熱移動現象は、主に熱放射と熱伝導である。

(1)　イ、ロ　(2)　イ、ニ　(3)　ロ、ハ　(4)　ロ、ニ　(5)　ハ、ニ

問3　次のイ、ロ、ハ、ニの記述のうち、冷凍装置の冷凍能力、軸動力、成績係数などについて正しいものはどれか。

イ．圧縮機の実際の駆動に必要な軸動力は、理論断熱圧縮動力と機械的摩擦損失動力の和で表される。

ロ．圧縮機の全断熱効率が低下するほど、実際の圧縮機吐出しガスの比エンタルピーは大

きくなる。

ハ．実際の冷凍装置の成績係数は、理論冷凍サイクルの成績係数に圧縮機の断熱効率と体積効率を乗じて求められる。

ニ．機械的摩擦損失仕事が熱となって冷媒に加わる場合、実際のヒートポンプ装置の成績係数の値は、同一運転温度条件における実際の冷凍装置の成績係数の値よりも常に１の数値だけ大きい。

(1) イ、ハ　(2) イ、ニ　(3) ロ、ニ　(4) イ、ロ、ハ　(5) ロ、ハ、ニ

問４　次のイ、ロ、ハ、ニの記述のうち、冷媒およびブラインについて正しいものはどれか。

イ．R 290、R 717、R 744 は、自然冷媒と呼ばれることがある。

ロ．臨界点は、気体と液体の区別がなくなる状態点である。この臨界点は飽和圧力曲線の終点として表される。臨界点における温度および圧力を臨界温度および臨界圧力という。

ハ．塩化カルシウムブラインの凍結温度は、濃度が0mass％から共晶点の濃度までは塩化カルシウム濃度の増加に伴って低下し、最低の凍結温度は－40℃である。

ニ．二酸化炭素は、アンモニア冷凍機などと組み合わせた冷凍・冷却装置の二次冷媒（ブライン）としても使われている。

(1) イ、ハ　(2) イ、ニ　(3) ロ、ハ　(4) イ、ロ、ニ　(5) ロ、ハ、ニ

問５　次のイ、ロ、ハ、ニの記述のうち、圧縮機について正しいものはどれか。

イ．開放圧縮機は、動力を伝えるための軸が圧縮機ケーシングを貫通して外部に突き出ている。

ロ．一般の往復圧縮機のピストンには、ピストンリングとして、上部にコンプレッションリング、下部にオイルリングが付いている。

ハ．多気筒の往復圧縮機の容量制御装置では、吸込み板弁を開放することで、無段階制御が可能である。

ニ．スクリュー圧縮機は、遠心式に比べて高圧力比での使用に適しているため、ヒートポンプや冷凍用に使用されることが多い。

(1) イ、ロ　(2) ロ、ハ　(3) ハ、ニ　(4) イ、ロ、ニ　(5) イ、ハ、ニ

問６　次のイ、ロ、ハ、ニの記述のうち、凝縮器および冷却塔について正しいものはどれか。

イ．シェルアンドチューブ凝縮器は、円筒胴と管板に固定された冷却管で構成され、円筒胴の内側と冷却管の間に圧縮機吐出しガスが流れ、冷却管内には冷却水が流れる。

ロ．二重管凝縮器は、冷却水を内管と外管との間に通し、内管内で圧縮機吐出しガスを凝縮させる。

ハ．冷却塔の運転性能は、水温、水量、風量および湿球温度によって定まる。また、冷却塔の出入口の冷却水の温度差は、クーリングレンジといい、その値はほぼ5K程度である。

ニ．蒸発式凝縮器は、空冷凝縮器と比較して凝縮温度が高く、主としてアンモニア冷凍装

置に使われている。

(1) イ、ロ (2) イ、ハ (3) ロ、ハ (4) ロ、ニ (5) イ、ハ、ニ

問7 次のイ、ロ、ハ、ニの記述のうち、蒸発器および蒸発器の除霜について正しいものはどれか。

イ. 蒸発器における冷凍能力は、冷却される空気や水などと冷媒との間の平均温度差、熱通過率および伝熱面積に比例する。

ロ. 大きな容量の乾式蒸発器では、蒸発器の冷媒の出口側にディストリビュータを取り付けるが、これは多数の伝熱管に冷媒を均等に分配するためである。

ハ. 満液式蒸発器における平均熱通過率は、乾式蒸発器の平均熱通過率よりも大きい。

ニ. ホットガス除霜は、冷却管の内部から冷媒ガスの熱によって霜を均一に融解でき、霜が厚くなってからの除霜に適した方法である。

(1) イ、ハ (2) イ、ニ (3) ロ、ハ (4) ロ、ニ (5) ハ、ニ

問8 次のイ、ロ、ハ、ニの記述のうち、自動制御機器について正しいものはどれか。

イ. 温度自動膨張弁は、蒸発器出口冷媒蒸気の過熱度が一定になるように、冷媒流量を調節する。

ロ. 温度自動膨張弁の感温筒が外れると、膨張弁が閉じて、蒸発器出口冷媒蒸気の過熱度が高くなり、冷凍能力が小さくなる。

ハ. キャピラリチューブは、冷媒の流動抵抗による圧力降下を利用して冷媒の絞り膨張を行うとともに、冷媒の流量を制御し、蒸発器出口冷媒蒸気の過熱度の制御を行う。

ニ. 断水リレーとして使用されるフロースイッチは、水の流れを直接検出する機構をもっている。

(1) イ、ハ (2) イ、ニ (3) ロ、ハ (4) ロ、ニ (5) ハ、ニ

問9 次のイ、ロ、ハ、ニの記述のうち、附属機器について正しいものはどれか。

イ. 高圧受液器内には、常に冷媒液が保持されるようにし、受液器出口から冷媒ガスが冷媒液とともに流れ出ないように、その冷媒の液面よりも低い位置に液出口管端を設ける。

ロ. 圧縮機から吐き出される冷媒ガスとともに、若干の冷凍機油が一緒に吐き出されるので、小形のフルオロカーボン冷凍装置でも、一般に、油分離器を設ける場合が多い。

ハ. 冷凍機油は、凝縮器や蒸発器に送られると伝熱を妨げるので、液分離器を圧縮機の吸込み蒸気配管に設け、冷媒蒸気と冷凍機油を分離する。

ニ. サイトグラスは、冷媒液配管のフィルタドライヤの下流に設置され、冷媒充填量の不足やフィルタドライヤの交換時期などの判断に用いられる。

(1) イ、ロ (2) イ、ハ (3) イ、ニ (4) ロ、ハ (5) ハ、ニ

問10 次のイ、ロ、ハ、ニの記述のうち、冷媒配管について正しいものはどれか。

イ．配管用炭素鋼鋼管（SGP）は、低温用の冷媒配管として、－30℃で使用できる。

ロ．フルオロカーボン冷凍装置の配管でろう付け作業を実施する場合、配管内に乾燥空気を流して、配管内に酸化皮膜を生成させないようにする。

ハ．高圧冷媒液管内にフラッシュガスが発生すると、膨張弁の冷媒流量が変動して、安定した冷凍作用が得られなくなる。

ニ．圧縮機吸込み管の二重立ち上がり管は、容量制御装置をもった圧縮機の吸込み管に、油戻しのために設置する。

(1) イ、ロ (2) イ、ハ (3) ロ、ハ (4) ロ、ニ (5) ハ、ニ

問11 次のイ、ロ、ハ、ニの記述のうち、安全装置について正しいものはどれか。

イ．圧力容器などに取り付ける安全弁には、修理等のために止め弁を設ける。修理等のとき以外は、この止め弁を常に閉じておかなければならない。

ロ．破裂板は、構造が簡単であるために、容易に大口径のものを製作できるが、比較的高い圧力の装置や可燃性または毒性を有する冷媒を使用した装置には使用しない。

ハ．圧縮機に取り付けるべき安全弁の最小口径は、ピストン押しのけ量の平方根に反比例する。

ニ．液封による事故は、低圧液配管で発生することが多く、弁操作ミスなどが原因になることが多い。

(1) イ、ロ (2) イ、ニ (3) ロ、ハ (4) ロ、ニ (5) ハ、ニ

問12 次のイ、ロ、ハ、ニの記述のうち、材料の強さおよび圧力容器について正しいものはどれか。

イ．JISの定める溶接構造用圧延鋼材SM400Bの許容引張応力は100N/mm^{2}であり、最小引張強さは400N/mm^{2}である。

ロ．高圧部の設計圧力は、凝縮温度が基準凝縮温度以外のときには、最も近い下位の基準凝縮温度に対応する圧力とする。

ハ．フルオロカーボン冷媒は、プラスチック、ゴムなどの有機物を溶解したり、その浸透によって材料を膨張させたりする。

ニ．圧力容器を設計するときは、一般に、材料に生じる引張応力が、材料の引張強さの1/2の応力である許容引張応力以下になるようにする。

(1) イ、ハ (2) ロ、ニ (3) イ、ロ、ハ (4) ロ、ハ、ニ (5) イ、ロ、ハ、ニ

問13 次のイ、ロ、ハ、ニの記述のうち、据付けおよび試験について正しいものはどれか。

イ．耐圧試験は、耐圧強度を確認するための試験であり、被試験品の破壊の有無を確認しやすいように、体積変化の大きい気体を用いて試験を行わなくてはならない。

ロ．真空試験は、法規で定められたものではないが、装置全体からの微量な漏れを発見できるため、気密試験の前に実施する。

ハ．圧縮機の据付けにおいて、圧縮機の加振力による動荷重も考慮し、十分に質量をもたせたコンクリート基礎を地盤に築き、固定する。

ニ．冷凍装置に使用する冷凍機油は、圧縮機の種類、冷媒の種類などによって異なり、特に常用の蒸発温度に注意して冷凍機油を選定する必要がある。

(1) イ、ロ　(2) イ、ハ　(3) ロ、ハ　(4) ロ、ニ　(5) ハ、ニ

問14　次のイ、ロ、ハ、ニの記述のうち、冷凍装置の運転などについて正しいものはどれか。

イ．外気温度が一定の状態で、冷蔵庫内の品物から出る熱量が減少すると、冷凍装置における蒸発器出入口の空気温度差は変化しないが、凝縮圧力は低下する。

ロ．冷凍装置を長期間休止させる場合、冷媒系統全体の漏れを点検し、漏れ箇所を発見した場合は、完全に修理しておく。

ハ．蒸発圧力一定で運転中の冷凍装置において、往復圧縮機の吐出しガス圧力が上昇した場合、吐出しガス温度も上昇するが、圧縮機の体積効率は変化しない。

ニ．冷凍装置運転中における、水冷凝縮器の冷却水の標準的な出入口温度差は、4～6Kであり、標準的な凝縮温度は、冷却水出口温度よりも3～5Kほど高い温度である。

(1) イ、ハ　(2) イ、ニ　(3) ロ、ニ　(4) イ、ロ、ハ　(5) ロ、ハ、ニ

問15　次のイ、ロ、ハ、ニの記述のうち、保守管理について正しいものはどれか。

イ．冷凍負荷が急激に増大すると、蒸発器での冷媒の沸騰が激しくなり、蒸気とともに液滴が圧縮機に吸い込まれ、液戻り運転となることがある。

ロ．アンモニア冷凍装置の液封事故を防ぐため、液封が起こりそうな箇所には、安全弁や破裂板を取り付ける。

ハ．フルオロカーボン冷媒の大気への排出を抑制するため、フルオロカーボン冷凍装置内の不凝縮ガスを含んだ冷媒を全量回収し、装置内に混入した不凝縮ガスを排除した。

ニ．フルオロカーボン冷凍装置において、冷凍機油の充填には、水分への配慮は必要ないが、冷媒の充填には、水分が混入しないように細心の注意が必要である。

(1) イ、ロ　(2) イ、ハ　(3) イ、ニ　(4) ロ、ハ　(5) ロ、ニ

保安管理技術

令　和　4　年　度

（令和4年11月13日実施）

次の各問について、正しいと思われる最も適切な答をその問の下に掲げてある(1)、(2)、(3)、(4)、(5)の選択肢の中から1個選びなさい。

問1　次のイ、ロ、ハ、ニの記述のうち、冷凍サイクルおよび冷凍の原理について正しいものはどれか。

イ．圧縮機の吸込み蒸気の比体積を直接測定することは困難である。そのため、圧縮機吸込み蒸気の比体積は、吸込み蒸気の圧力と温度を測って、それらの値から冷媒の p-h 線図や熱力学性質表により求められる。比体積の単位は（m^3/kg）であり、比体積が大きくなると冷媒蒸気の密度は小さくなる。

ロ．圧縮機の圧力比が大きいほど、圧縮前後の比エンタルピー差は大きくなる。その結果、単位冷媒循環量当たりの理論断熱圧縮動力も大きくなる。

ハ．膨張弁は、過冷却となった冷媒液を絞り膨張させることで、蒸発圧力まで冷媒の圧力を下げる。このとき、冷媒は周囲との間で、熱と仕事の授受を行うことで冷媒自身の温度が下がる。

ニ．理論ヒートポンプサイクルの成績係数は、理論冷凍サイクルの成績係数よりも1だけ大きな成績係数の値となる。

(1)　イ、ニ　(2)　ロ、ハ　(3)　ハ、ニ　(4)　イ、ロ、ハ　(5)　イ、ロ、ニ

問2　次のイ、ロ、ハ、ニの記述のうち、冷凍サイクルおよび熱の移動について正しいものはどれか。

イ．冷凍装置に使用される蒸発器や凝縮器の交換熱量の計算では、入口側温度差と出口側温度差にあまり大きな差がない場合には、対数平均温度差の近似値として、算術平均温度差が使われている。

ロ．二段圧縮冷凍装置では、蒸発器からの冷媒蒸気を低段圧縮機で中間圧力まで圧縮し、中間冷却器に送って過熱分を除去し、高段圧縮機で凝縮圧力まで再び圧縮するようにしている。圧縮の途中で冷媒ガスを一度冷却しているので、高段圧縮機の吐出しガス温度が単段で圧縮した場合よりも低くなる。

ハ．冷凍サイクルの成績係数は運転条件によって変化するが、蒸発圧力だけが低くなった

場合、あるいは凝縮圧力だけが高くなった場合には、成績係数の値は大きくなる。

ニ．固体壁表面からの熱移動による伝熱量は、伝熱面積、固体壁表面の温度と周囲温度との温度差および比例係数の積で表されるが、この比例係数のことを熱伝導率という。

⑴ イ、ロ ⑵ イ、ハ ⑶ ロ、ニ ⑷ イ、ハ、ニ ⑸ ロ、ハ、ニ

問3 次のイ、ロ、ハ、ニの記述のうち、冷凍装置の冷凍能力、軸動力および冷媒循環量について正しいものはどれか。

イ．冷凍装置の冷凍能力は、蒸発器出入口における冷媒の比エンタルピー差に冷媒循環量を乗じて求められる。

ロ．実際の圧縮機の駆動に必要な軸動力は、理論断熱圧縮動力と機械的摩擦損失動力の和で表される。

ハ．冷媒循環量は、ピストン押しのけ量、圧縮機の吸込み蒸気の比体積および体積効率との積である。

ニ．理論断熱圧縮動力が同じ場合、圧縮機の全断熱効率が大きくなると、実際の圧縮機の駆動軸動力は小さくなる。

⑴ イ、ロ ⑵ イ、ニ ⑶ ロ、ハ ⑷ イ、ハ、ニ ⑸ ロ、ハ、ニ

問4 次のイ、ロ、ハ、ニの記述のうち、冷媒およびブラインの性質などについて正しいものはどれか。

イ．フルオロカーボン冷媒の中でも、塩素を含むCFC冷媒、HCFC冷媒は、オゾン破壊係数が0より大きい。また、オゾン破壊係数が0であるHFC冷媒は、地球温暖化をもたらす温室効果ガスである。

ロ．冷媒の熱力学性質を表にした飽和表から、飽和液および飽和蒸気の比体積、比エンタルピー、比エントロピーなどを読み取ることができ、飽和蒸気の比エントロピーと飽和液の比エントロピーの差が蒸発潜熱となる。

ハ．無機ブラインは、できるだけ空気と接触しないように扱う。それは、酸素が溶け込むと腐食性が促進され、また水分が凝縮して取り込まれると濃度が低下するためである。

ニ．一般に、冷凍機油はアンモニア液よりも軽く、アンモニアガスは室内空気よりも軽い。また、アンモニアは、銅および銅合金に対して腐食性があるが、鋼に対しては腐食性がないので、アンモニア冷凍装置には鋼管や鋼板が使用される。

⑴ イ、ハ ⑵ イ、ニ ⑶ ロ、ハ ⑷ ロ、ニ ⑸ ハ、ニ

問5 次のイ、ロ、ハ、ニの記述のうち、圧縮機について正しいものはどれか。

イ．圧縮機は、冷媒蒸気の圧縮の方式により容積式と遠心式に大別される。容積式のスクリュー圧縮機は、遠心式に比べて高圧力比での使用に適している。

ロ．多気筒の往復圧縮機では、吸込み弁を閉じて作動気筒数を減らすことにより、容量を段階的に変えることができる。

ハ．強制給油式の往復圧縮機は、クランク軸端に油ポンプを設け、圧縮機各部のしゅう動部に給油する。この際の給油圧力は、油圧計指示圧力とクランクケース圧力の和となる。

ニ．圧縮機の停止中に、冷媒が油に多量に溶け込んだ状態で圧縮機を始動すると、オイルフォーミングが発生することがある。

(1) イ、ハ　(2) イ、ニ　(3) ロ、ハ　(4) ロ、ニ　(5) ハ、ニ

問6　次のイ、ロ、ハ、ニの記述のうち、凝縮器について正しいものはどれか。

イ．凝縮器において、冷媒から熱を取り出して凝縮させるとき、取り出さなければならない熱量を凝縮負荷という。理論凝縮負荷は、冷凍能力に理論断熱圧縮動力を加えて求めることができる。

ロ．シェルアンドチューブ凝縮器の冷却管として、フルオロカーボン冷媒の場合には、冷却水側にフィンが設けられている銅製のローフィンチューブを使うことが多い。

ハ．シェルアンドチューブ凝縮器では、冷却水中の汚れや不純物が冷却管表面に水あかとなって付着する。水あかは、熱伝導率が小さいので、水冷凝縮器の熱通過率の値が小さくなり、凝縮温度が低くなる。

ニ．冷却塔の運転性能は、水温、水量、風量および湿球温度によって定まる。冷却塔の出口水温と周囲空気の湿球温度との温度差をアプローチと呼び、その値は通常5K程度である。

(1) イ、ロ　(2) イ、ニ　(3) ロ、ハ　(4) ハ、ニ　(5) イ、ロ、ニ

問7　次のイ、ロ、ハ、ニの記述のうち、蒸発器について正しいものはどれか。

イ．冷蔵用の空気冷却器では、庫内温度と蒸発温度との平均温度差は通常5～10K程度にする。この値が大き過ぎると、蒸発温度を高くする必要があり、装置の成績係数が低下する。

ロ．プレートフィンチューブ冷却器のフィン表面に霜が厚く付着すると、空気の通路を狭め、風量が減少する。また同時に、霜の熱伝導率が小さいため伝熱が妨げられ、蒸発圧力が低下し、圧縮機の能力が低くなる。

ハ．ホットガス除霜方式は、圧縮機から吐き出される高温の冷媒ガスを蒸発器に送り込み、霜が厚くならないうちに、冷媒ガスの顕熱だけを用いて、早めに霜を融解させる除霜方法である。

ニ．大きな容量の乾式蒸発器では、多数の冷却管に均等に冷媒を分配させるためにディストリビュータ（分配器）を取り付けるが、ディストリビュータでの圧力降下分だけ膨張弁前後の圧力差が小さくなるために、膨張弁の容量は小さくなる。

(1) イ、ロ　(2) イ、ハ　(3) イ、ニ　(4) ロ、ハ　(5) ロ、ニ

問8　次のイ、ロ、ハ、ニの記述のうち、自動制御機器について正しいものはどれか。

イ．感温筒は、蒸発器出口冷媒の温度を出口管壁を介して検知して、過熱度を制御するの

で、感温筒の取付けは重要である。温度自動膨張弁の感温筒の取付け場所は、冷却コイルのヘッダが適切である。

ロ．蒸発圧力調整弁は、蒸発器出口の冷媒配管に取り付けて、蒸発圧力が所定の蒸発圧力よりも低くなることを防止する。

ハ．断水リレーは、水冷凝縮器や水冷却器で、断水または循環水量が減少したときに、冷却水ポンプを停止させることによって装置を保護する安全装置である。

ニ．キャピラリチューブは､細い銅管を流れる冷媒の流動抵抗による圧力降下を利用して、冷媒の絞り膨張を行う。

⑴　イ、ハ　⑵　イ、ニ　⑶　ロ、ニ　⑷　イ、ロ、ハ　⑸　ロ、ハ、ニ

問９　次のイ、ロ、ハ、ニの記述のうち、附属機器について正しいものはどれか。

イ．一般に、フィルタドライヤは液管に取り付け、フルオロカーボン冷凍装置、アンモニア冷凍装置の冷媒系統の水分を除去する。

ロ．冷媒をチャージするときの過充填量は、サイトグラスで測定することができる。

ハ．冷凍装置に用いる受液器には、大別して、凝縮器の出口側に連結する高圧受液器と、冷却管内蒸発式の満液式蒸発器に連結して用いる低圧受液器とがある。

ニ．液ガス熱交換器は、冷媒液を過冷却させるとともに、圧縮機に戻る冷媒蒸気を適度に過熱させ、湿り状態の冷媒蒸気が圧縮機に吸い込まれることを防止する。

⑴　イ、ロ　⑵　イ、ハ　⑶　ロ、ハ　⑷　ロ、ニ　⑸　ハ、ニ

問10　次のイ、ロ、ハ、ニの記述のうち、冷媒配管について正しいものはどれか。

イ．冷媒配管では、冷媒の流れ抵抗を極力小さくするように留意し、配管の曲がり部はできるだけ少なくし、曲がりの半径は大きくする。

ロ．冷媒液配管内にフラッシュガスが発生すると、このガスの影響で液のみで流れるよりも配管内の流れの抵抗が小さくなる。

ハ．容量制御装置をもった圧縮機の吸込み蒸気配管では、アンロード運転での立ち上がり管における冷媒液の戻りが問題になる。一般に､圧縮機吸込み管の二重立ち上がり管は、冷媒液の戻り防止のために使用される。

ニ．フルオロカーボン冷凍装置に使用する小口径の銅配管の接続には、一般に、フレア管継手か、ろう付継手を用いる。

⑴　イ、ロ　⑵　イ、ハ　⑶　イ、ニ　⑷　ロ、ハ　⑸　ロ、ニ

問11　次のイ、ロ、ハ、ニの記述のうち、安全装置などについて正しいものはどれか。

イ．圧縮機に取り付けるべき安全弁の最小口径は、ピストン押しのけ量の立方根と冷媒の種類により定められた定数との積で求められる。

ロ．安全弁の各部のガス通路面積は､安全弁の口径面積より小さくしてはならない。また、作動圧力を設定した後、設定圧力が変更できないように封印できる構造であることが必

要である。

ハ. 高圧遮断装置は、異常な高圧圧力を検知して作動し、圧縮機を駆動している電動機の電源を切って圧縮機を停止させ、運転中の異常な圧力の上昇を防止する。

ニ. 液封による配管や弁の破壊、破裂などの事故は、低圧液配管において発生することが多い。液封は弁操作ミスなどが原因になることが多いので、厳重に注意する必要がある。

(1) イ、ロ、ハ (2) イ、ロ、ニ (3) イ、ハ、ニ (4) ロ、ハ、ニ (5) イ、ロ、ハ、ニ

問12 次のイ、ロ、ハ、ニの記述のうち、材料の強さおよび圧力容器について正しいものはどれか。

イ. 引張荷重を作用させた後、荷重を静かに除去したときに、ひずみがもとに戻る限界を弾性限度という。

ロ. 一般的な冷凍装置の低圧部設計圧力は、冷凍装置の停止中に、内部の冷媒が43℃まで上昇したときの冷媒の飽和圧力とする。

ハ. 円筒胴圧力容器に発生する応力としては、円筒胴の接線方向に作用する応力と、円筒胴の長手方向に作用する応力があるが、必要な板厚を求めるときには、接線方向の応力を考えればよい。

ニ. 圧力容器の腐れしろは、材料の種類により異なり、銅および銅合金は0.2 mmとする。また、ステンレス鋼は0.1 mmとする。

(1) イ、ロ (2) イ、ハ (3) ロ、ハ (4) ロ、ニ (5) ハ、ニ

問13 次のイ、ロ、ハ、ニの記述のうち、冷凍装置の圧力試験について正しいものはどれか。

イ. 耐圧試験は、一般に液体を使用して行う試験であるが、使用が困難な場合は、空気や窒素などの気体を使用することができる。

ロ. 気密試験は、漏れを確認しやすいように、ガス圧で試験を行う。一般に、乾燥した空気、窒素ガスなどを使用する。

ハ. 真空試験は、冷凍装置の最終確認として微量の漏れやわずかな水分の侵入箇所の特定のために行う試験である。

ニ. 真空放置試験は、数時間から一昼夜近い十分に長い時間が必要で、必要に応じて、水分の残留しやすい場所を中心に加熱するとよい。

(1) イ、ロ (2) ロ、ハ (3) ハ、ニ (4) イ、ロ、ニ (5) イ、ハ、ニ

問14 次のイ、ロ、ハ、ニの記述のうち、冷凍装置の運転について正しいものはどれか。

イ. 冷凍装置の毎日の運転開始前には、受液器の液面計や高圧圧力計により、冷媒が適正に充填されていることを確認する。

ロ. 凝縮温度の標準的な値は、シェルアンドチューブ凝縮器では冷却水出口温度よりも3～5 K高く、空冷凝縮器では外気乾球温度よりも8～10 K高い。

ハ. 冷凍機の運転を停めるときには、液封を生じさせないように、圧縮機吸込み側止め弁

を閉じてしばらく運転してから圧縮機を停止する。

ニ．圧縮機の吸込み蒸気の圧力は、蒸発器や吸込み配管内の抵抗により、蒸発器内の冷媒の蒸発圧力よりもいくらか低い圧力になる。

(1) イ、ロ (2) イ、ニ (3) ロ、ハ (4) ハ、ニ (5) イ、ロ、ニ

問15　次のイ、ロ、ハ、ニの記述のうち、冷凍装置の保守管理について正しいものはどれか。

イ．冷媒が過充填されると、凝縮器内の凝縮のために有効に働く伝熱面積が減少するため、凝縮圧力が低下する。

ロ．密閉フルオロカーボン往復圧縮機では、冷凍装置全体として冷媒充填量が不足すると、吸込み冷媒蒸気による電動機の冷却が不十分となり、電動機の巻線を焼損するおそれがある。

ハ．高圧液配管のような液で常に満たされている管が、運転停止中にその管の両端の弁が閉じられると、液封となる。液封が発生しやすい場所は、運転中の温度が低い冷媒液の配管に多い。

ニ．同じ運転条件でも、アンモニア圧縮機の吐出しガス温度は、フルオロカーボン圧縮機の場合よりも低くなる。

(1) ロ (2) ハ (3) イ、ロ (4) ロ、ハ (5) ハ、ニ

保安管理技術

令 和 5 年 度

（令和5年11月12日実施）

次の各問について、正しいと思われる最も適切な答をその問の下に掲げてある(1)、(2)、(3)、(4)、(5)の選択肢の中から1個選びなさい。

問1　次のイ、ロ、ハ、ニの記述のうち、冷凍の原理について正しいものはどれか。

イ．圧縮機で冷媒蒸気を圧縮すると、冷媒蒸気は圧縮仕事によって圧力と温度の高い液体になる。

ロ．理論ヒートポンプサイクルの成績係数は、理論冷凍サイクルの成績係数より1だけ大きい。

ハ．冷凍装置内の冷媒圧力は、一般にブルドン管圧力計で計測する。圧力計のブルドン管は、管内圧力と管外大気圧との圧力差によって変形するので、指示される圧力は測定しようとする冷媒圧力と大気圧との圧力差で、この指示圧力を絶対圧力と呼ぶ。

ニ．冷凍能力と理論断熱圧縮動力の比を理論冷凍サイクルの成績係数と呼び、この値が大きいほど、小さい動力で大きな冷凍能力が得られることになる。

(1)　イ　(2)　ロ　(3)　イ、ハ　(4)　ロ、ニ　(5)　ハ、ニ

問2　次のイ、ロ、ハ、ニの記述のうち、冷凍サイクルおよび熱の移動について正しいものはどれか。

イ．固体壁表面からの熱伝達による伝熱量は、伝熱面積、固体壁表面の温度と固体壁から十分に離れた位置の流体の温度との温度差および比例係数の積で表されるが、この比例係数のことを熱伝達率という。

ロ．冷凍サイクルの蒸発器で、周囲が冷媒1kgから奪う熱量のことを、冷凍効果という。この冷凍効果の値は、同じ冷媒でも冷凍サイクルの運転条件によって変わる。

ハ．水冷却器の交換熱量の計算において、冷却管の入口側の水と冷媒との温度差をΔt_1、出口側の温度差をΔt_2とすると、冷媒と水との算術平均温度差Δt_mは、$\Delta t_m = (\Delta t_1 - \Delta t_2)/2$である。

ニ．二段圧縮冷凍装置では、蒸発器からの冷媒蒸気を低段圧縮機で中間圧力まで圧縮し、中間冷却器に送って過熱分を除去し、高段圧縮機で再び凝縮圧力まで圧縮する。

(1)　イ、ロ　(2)　イ、ニ　(3)　ロ、ハ　(4)　ハ、ニ　(5)　イ、ハ、ニ

問3　次のイ、ロ、ハ、ニの記述のうち、圧縮機の効率、軸動力などについて正しいものはどれか。

イ．往復圧縮機が、冷媒蒸気をシリンダに吸い込んで圧縮した後、シリンダ内から吐き出す量は、実際にはピストン押しのけ量よりも小さくなる。その理由の1つは、クリアランスボリューム内の圧縮ガスの再膨張である。

ロ．往復圧縮機の吸込み蒸気の比体積と体積効率の大きさが運転条件によって変わると、運転中の圧縮機の冷媒循環量は変化する。

ハ．実際の圧縮機の駆動軸動力は、理論断熱圧縮動力に、体積効率と機械効率の積を乗じて求めることができる。

ニ．実際の圧縮機吐出しガスの比エンタルピーは、圧縮機吸込み蒸気の圧力、温度および圧縮機吐出しガスの圧力が同じでも、理想的な断熱圧縮を行ったときより低い値となる。

(1) イ、ロ　(2) イ、ハ　(3) ロ、ハ　(4) ロ、ニ　(5) ハ、ニ

問4　次のイ、ロ、ハ、ニの記述のうち、冷媒について正しいものはどれか。

イ．混合冷媒であるR404AおよびR507Aは、どちらも温度勾配が0.2～0.3Kと小さいので、疑似共沸混合冷媒とも呼ばれる。

ロ．アンモニアガスは空気より軽く、室内に漏えいした場合には、天井付近に滞留する傾向がある。

ハ．体積能力は、圧縮機の単位吸込み体積当たりの冷凍能力のことであり、その体積能力は、冷媒の種類によって異なる。往復圧縮機の場合、体積能力の大きな冷媒は、体積能力のより小さな冷媒と比べ、同じ冷凍能力に対して、より大きなピストン押しのけ量を必要とする。

ニ．冷媒は化学的に安定であることが求められる。フルオロカーボン冷媒の場合、冷媒の高温による熱分解を防止・抑制するため、通常、圧縮機吐出しガス温度は120～130℃を超えないように制御・運転される。

(1) イ、ロ　(2) イ、ハ　(3) ロ、ニ　(4) イ、ハ、ニ　(5) ロ、ハ、ニ

問5　次のイ、ロ、ハ、ニの記述のうち、圧縮機について正しいものはどれか。

イ．圧縮機は冷媒蒸気の圧縮の方法により、往復式と遠心式に大別される。

ロ．容量制御装置が取り付けられた多気筒の往復圧縮機は、吸込み板弁を開放して作動気筒数を減らすことにより、段階的に圧縮機の容量を調節できる。

ハ．停止中のフルオロカーボン冷媒用圧縮機クランクケース内の油温が高いと、冷凍機油に冷媒が溶け込む溶解量は大きくなり、圧縮機始動時にオイルフォーミングを起こすことがある。

ニ．冷凍能力は、圧縮機の回転速度によって変えることができる。インバータを利用すると、圧縮機駆動用電動機への供給電源の周波数を変えて、回転速度を調節することができる。

(1) イ、ロ　(2) イ、ニ　(3) ロ、ハ　(4) ロ、ニ　(5) ハ、ニ

問6　次のイ、ロ、ハ、ニの記述のうち、凝縮器などについて正しいものはどれか。

イ．一般に、空冷凝縮器では、水冷凝縮器より冷媒の凝縮温度が高くなる。

ロ．凝縮器への不凝縮ガスの混入は、冷媒側の熱伝達が不良となるため、凝縮圧力の低下を招く。

ハ．開放形冷却塔では、冷却水の一部が蒸発して、その蒸発潜熱により冷却水が冷却される。冷却塔では、冷却水の一部が常に蒸発しながら運転されるので、冷却水を補給する必要がある。

ニ．水冷シェルアンドチューブ凝縮器では、冷却水中の汚れや不純物が冷却管の内面に水あかとなって付着し、水あかの熱伝導率が小さいので、熱通過率の値が小さくなり、凝縮温度が低くなる。

(1)　イ、ハ　(2)　イ、ニ　(3)　ロ、ニ　(4)　イ、ロ、ハ　(5)　ロ、ハ、ニ

問7　次のイ、ロ、ハ、ニの記述のうち、蒸発器について正しいものはどれか。

イ．乾式蒸発器では、冷却管内を冷媒が流れるため、冷媒の圧力降下が生じる。この圧力降下が大きいと蒸発器出入口間での冷媒の蒸発温度差が小さくなり、冷却能力が増大する。

ロ．空気冷却器用蒸発器の平均熱通過率に与える空気側の熱伝達率の影響は、冷媒側の熱伝達率より相当に大きく、冷却管外表面のフィンの高性能化が極めて重要となる。

ハ．シェルアンドチューブ満液式蒸発器では、蒸発器内に入った冷凍機油は冷媒ガスと分離し、圧縮機への戻りが悪いので、油戻し装置が必要になる。

ニ．プレートフィンチューブ冷却器のフィン表面に霜が厚く付着すると、伝熱が妨げられて蒸発圧力が上昇し、圧縮機の能力が大きくなって冷却が良好になるため、装置の成績係数は増大する。

(1)　イ、ハ　(2)　イ、ニ　(3)　ロ、ハ　(4)　ロ、ニ　(5)　ハ、ニ

問8　次のイ、ロ、ハ、ニの記述のうち、自動制御機器について正しいものはどれか。

イ．自動膨張弁は、高圧の冷媒液を低圧部に絞り膨張させる機能に加えて、冷凍負荷に応じて冷媒流量を調節して冷凍装置を効率よく運転する機能の二つの役割を持っている。

ロ．定圧自動膨張弁は、蒸発圧力が設定値よりも高くなると開き、逆に低くなると閉じて、蒸発圧力をほぼ一定に保ち、蒸発器出口冷媒の過熱度を制御する。

ハ．吸入圧力調整弁は、圧縮機吸込み圧力が設定値よりも下がらないように調節し、凝縮圧力調整弁は、凝縮圧力を所定の圧力に保持する。

ニ．圧力スイッチは、圧縮機の過度の吸込み圧力低下や吐出し圧力上昇に対する保護、凝縮器の送風機の起動、停止などに使われる。

(1)　イ、ハ　(2)　イ、ニ　(3)　ロ、ハ　(4)　ロ、ニ　(5)　ハ、ニ

問9　次のイ、ロ、ハ、ニの記述のうち、附属機器について正しいものはどれか。

イ．凝縮器の出口側に高圧受液器を設置することにより、受液器内の蒸気空間に余裕をもたせ、運転状態の変化があっても、凝縮器で凝縮した冷媒液が凝縮器に滞留しないように、冷媒液量の変動を受液器で吸収することができる。

ロ．冷凍機油は、凝縮器や蒸発器に送られると伝熱を妨げるので、油分離器を圧縮機の吸込み蒸気配管に設け、冷凍機油を分離する。

ハ．小形のフルオロカーボン冷凍装置やヒートポンプ装置に使用される液分離器では、内部のU字管下部に設けられた小さな孔から、液圧縮にならない程度に、少量ずつ液を圧縮機に吸い込ませるものがある。

ニ．フルオロカーボン冷凍装置の冷媒系統に水分が存在すると、装置の各部に悪影響を及ぼすため、ドライヤを設ける。ドライヤの乾燥剤として、砕けにくく、水分を吸着して化学変化を起こさないシリカゲルやゼオライトなどが用いられる。

(1) イ、ハ　(2) ロ、ハ　(3) ロ、ニ　(4) イ、ハ、ニ　(5) ロ、ハ、ニ

問10　次のイ、ロ、ハ、ニの記述のうち、冷媒配管について正しいものはどれか。

イ．圧縮機吸込み蒸気配管の二重立ち上がり管は、最小負荷と最大負荷の運転のとき管内蒸気速度を適切な範囲内にすることができる。

ロ．高圧液配管内の圧力が、液温に相当する飽和圧力よりも上昇すると、フラッシュガスが発生する。

ハ．配管用炭素鋼鋼管（SGP）は、毒性をもつ冷媒の配管には使用しない。

ニ．冷媒配管では、冷媒の流れ抵抗を極力小さくするように留意し、配管の曲がり部はできるだけ少なくし、曲がりの半径は大きくする。

(1) イ、ロ　(2) ロ、ハ　(3) ハ、ニ　(4) イ、ロ、ニ　(5) イ、ハ、ニ

問11　次のイ、ロ、ハ、ニの記述のうち、安全装置などについて正しいものはどれか。

イ．ガス漏えい検知警報設備は、冷媒の種類や機械換気装置の有無にかかわらず、必ず設置しなければならない。

ロ．溶栓は、圧力を感知して冷媒を放出するが、可燃性や毒性を有する冷媒を用いた冷凍装置では使用できない。

ハ．圧力容器に取り付ける安全弁の最小口径は、容器の外径と長さの和の平方根と、冷媒の種類ごとに高圧部と低圧部に分けて定められた定数の積で決まる。

ニ．液封による事故は、二段圧縮冷凍装置の過冷却された液配管や、冷媒液強制循環式冷凍装置の低圧受液器まわりの液配管で発生することが多い。

(1) イ　(2) ニ　(3) イ、ロ　(4) ロ、ハ　(5) ハ、ニ

問12　次のイ、ロ、ハ、ニの記述のうち、材料の強さおよび圧力容器について正しいものはどれか。

イ．薄肉円筒胴に発生する応力は、長手方向にかかる応力と接線方向にかかる応力があるが、長手方向にかかる応力のほうが接線方向にかかる応力よりも大きい。

ロ．板厚が一定の圧力容器であれば、さら形鏡板に応力集中は起こらない。

ハ．円筒胴圧力容器の必要な板厚は、設計圧力、容器の内径、材料の許容引張応力、腐れしろ、溶接継手の効率を用いて計算する。

ニ．応力とひずみの関係が直線的で、正比例する限界を比例限度という。

(1) イ、ハ (2) イ、ニ (3) ロ、ハ (4) ロ、ニ (5) ハ、ニ

問 13　次のイ、ロ、ハ、ニの記述のうち、据付けおよび試験について正しいものはどれか。

イ．耐圧試験は、気密試験の前に冷凍装置のすべての部分について行わなければならない。

ロ．アンモニア冷凍装置の気密試験には、乾燥空気や窒素ガスを使用し、炭酸ガスを使用してはならない。

ハ．真空放置試験は、数時間から一昼夜近い十分に長い時間を必要とする。

ニ．多気筒圧縮機を支持するコンクリート基礎の質量は、圧縮機の質量と同程度にする。

(1) イ、ハ (2) イ、ニ (3) ロ、ハ (4) ロ、ニ (5) ハ、ニ

問 14　次のイ、ロ、ハ、ニの記述のうち、冷凍装置の運転について正しいものはどれか。

イ．冷凍装置の運転開始前に行う点検確認項目の中に、圧縮機クランクケースの冷凍機油の油面の高さや清浄さの点検、凝縮器と油冷却器の冷却水出入口弁が開いていることの確認がある。

ロ．冷蔵庫に高い温度の品物が大量に入り、冷凍負荷が増加すると、庫内温度が高くなり、冷媒の蒸発温度が上昇する。また、冷凍負荷の増加に対応して凝縮圧力も上昇する。

ハ．冷凍装置を長期間休止させる場合には、ポンプダウンして低圧側の冷媒を受液器に回収し、低圧側と圧縮機内を大気圧よりも低い圧力に保持しておく。

ニ．往復圧縮機を用いた冷凍装置では、同じ運転条件において、アンモニア冷媒を用いた場合に比べ、フルオロカーボン冷媒を用いた方が、吐出しガス温度は高くなる。

(1) イ、ロ (2) イ、ニ (3) ロ、ハ (4) イ、ハ、ニ (5) ロ、ハ、ニ

問 15　次のイ、ロ、ハ、ニの記述のうち、冷凍装置の保守管理について正しいものはどれか。

イ．アンモニア冷凍装置の冷媒系統に水分が侵入すると、アンモニアがアンモニア水になるので、少量の水分の侵入であっても、冷凍装置内でのアンモニア冷媒の蒸発圧力の低下、冷凍機油の乳化による潤滑性能の低下などを引き起こし、運転に重大な支障をきたす。

ロ．圧縮機が過熱運転になると、冷凍機油の温度が上昇し、冷凍機油の粘度が下がるため、油膜切れを起こすおそれがある。

ハ．冷凍機油中に冷媒が溶け込むと、冷凍機油の粘度が高くなり、潤滑装置に不具合が生じる。

ニ. 吸込み蒸気配管の途中の大きなＵトラップに冷媒液や冷凍機油が溜まっていると、圧縮機の始動時やアンロードからフルロード運転に切り替わったときに、液戻りが生じる。

(1) イ、ロ　(2) イ、ハ　(3) イ、ニ　(4) ロ、ハ　(5) ロ、ニ

技術検定

平成30年度第1回

(平成30年7月1日実施)

注意事項

1．問題及び解答用紙の所定欄に「受講番号」、「氏名」等を記入してください。

2．解答は、各問題の下に掲げてある(1)～(5)の解答選択肢の中から、最も適切なものを 1 つ選び、解答用紙に記入してください。

1 問につき 2 つ以上の解答を選択し、解答用紙に記入した場合には、その問については 0 点になります。 (問題 15問)

1．冷凍の原理に関する次の記述のうち正しいものはどれか。

イ．冷凍装置で周囲の物質を冷却するには、装置内を循環する冷媒液が蒸発するときの顕熱を利用する。

ロ．圧縮機の入口から出口までの冷媒の状態変化は、p-h 線図の等比エンタルピー線上に表される。

ハ．蒸発器内では、冷媒液が外部から熱を取り込んで蒸発する。このとき、蒸発器の冷却能力を冷凍装置の冷凍能力という。

ニ．理論冷凍サイクルの効率は、冷凍能力を理論断熱圧縮動力で除した成績係数で表される。

(1) イ、ロ (2) イ、ニ (3) ロ、ハ (4) ロ、ニ (5) ハ、ニ

2．熱の移動に関する次の記述のうち正しいものはどれか。

イ．水冷凝縮器では、冷媒の流れ方向に沿って冷媒と冷却水との間の温度差が変化するので、伝熱量を厳密に計算するには、温度差としてこの変化を考慮した算術平均温度差を用いなければならない。

ロ．熱の移動の形態には、熱伝導、熱伝達、熱放射（熱ふく射）がある。

ハ．鉄鋼の熱伝導率の値は、銅の熱伝導率の値よりも小さい。

ニ．固体壁の表面とそれに接している流体との間の伝熱作用を熱伝導という。

(1) イ、ロ (2) イ、ニ (3) ロ、ハ (4) ロ、ニ (5) ハ、ニ

3．冷凍能力、効率および成績係数に関する次の記述のうち正しいものはどれか。

イ．往復圧縮機のピストン押しのけ量は、気筒径、ピストン行程および気筒数によって決まり、回転速度には関係しない。

ロ．冷媒循環量は、ピストン押しのけ量、圧縮機の吸込み蒸気の比体積および圧縮機の体積効率によって決まり、圧縮機の機械効率には関係しない。

ハ．理論断熱圧縮動力と圧縮機での冷媒蒸気の圧縮に必要な実際の圧縮動力との比を圧縮機の断熱効率といい、圧力比が大きくなると圧縮機の断熱効率も大きくなる。

ニ．冷凍装置の実際の成績係数は、理論成績係数と圧縮機の全断熱効率との積で表される。

(1) ニ　(2) イ、ロ　(3) イ、ハ　(4) ロ、ニ　(5) ハ、ニ

4．冷媒およびブラインに関する次の記述のうち正しいものはどれか。

イ．アンモニア、R134a、R410A は、単一成分冷媒である。

ロ．フルオロカーボン冷媒の液は冷凍機油よりも重く、漏えいしたガスは空気よりも軽い。

ハ．塩化カルシウムブラインは、酸素が溶け込むと金属に対する腐食性が促進されるので、空気とできるだけ接触させない。

ニ．ブラインの濃度は、比重計（比重浮ひょう）を用い、比重を測って求めることができる。

(1) イ、ロ　(2) イ、ハ　(3) イ、ニ　(4) ロ、ハ　(5) ハ、ニ

5．圧縮機に関する次の記述のうち正しいものはどれか。

イ．圧縮機は、冷媒蒸気の圧縮の方法により、容積式と遠心式とに大別される。遠心式は、比較的大容量に適しているが、高圧力比には不向きな圧縮機である。

ロ．往復圧縮機の容量を調節できるようにした装置を容量制御装置（アンローダ）と呼び、多気筒往復圧縮機では、作動する気筒数を変えることにより、無段階に容量を変えられるようになっている。

ハ．フルオロカーボン冷媒用の往復圧縮機では、圧縮機停止中、クランクケース内の油温が高いと、冷媒が油に溶け込む割合が大きい。

ニ．往復圧縮機の吐出し弁からガスがシリンダ内に漏れると、吐出しガス温度が高くなり、潤滑油を劣化させる。また、その体積効率は低下し、冷凍能力も低下する。

(1) イ、ロ　(2) イ、ニ　(3) ロ、ハ　(4) ロ、ニ　(5) ハ、ニ

6．凝縮器に関する次の記述のうち正しいものはどれか。

イ．水冷二重管凝縮器は、内管と外管との間の環状部に冷却水を通し、内管内に通した冷媒を凝縮させる。

ロ．水冷シェルアンドチューブ凝縮器では、冷却水の流速を 2 倍にすると、冷却水側の熱伝達率が 2 倍になり、冷却管の熱通過率も 2 倍になる。

ハ．空冷凝縮器では、冷却管外表面の熱伝達率が冷却管内表面の熱伝達率に比べてはるかに小さいので、冷却管外面にフィンを付けて伝熱面積を大幅に増し、管内外面の熱伝達

抵抗が同程度になるようにしている。

ニ．蒸発式凝縮器の冷却作用のほとんどは、冷却水の蒸発潜熱で行われる。冬季などには散水を止めて空冷凝縮器として使用することがある。

(1) イ、ロ　(2) イ、ハ　(3) ロ、ハ　(4) ロ、ニ　(5) ハ、ニ

7．蒸発器（冷却器）に関する次の記述のうち正しいものはどれか。

イ．ユニットクーラのプレートフィンチューブ冷却器の熱通過率は、自然対流式ヘアピン形冷却器の熱通過率よりも小さい。

ロ．ディストリビュータを付けた蒸発器には、内部均圧形温度自動膨張弁を用いるのがよい。

ハ．満液式蒸発器では、蒸発器内に流入した冷凍機油は圧縮機に戻りにくいので、油戻し装置が必要になる。

ニ．水やブラインが管内を流れる冷却器では、管内の水やブラインが凍結すると、その体積膨張により管が破損するおそれがあるので、これを防止するために、水やブラインの温度や冷媒の蒸発温度が下がり過ぎないようにする。

(1) イ、ロ　(2) イ、ハ　(3) ロ、ハ　(4) ロ、ニ　(5) ハ、ニ

8．自動制御機器に関する次の記述のうち正しいものはどれか。

イ．温度自動膨張弁は、高圧の冷媒液を絞り膨張させる機能と、冷凍負荷に応じて冷媒流量を調節する機能をもっている。

ロ．ガスチャージ方式の温度自動膨張弁の感温筒内チャージ媒体は、装置運転時、常にガスの状態である。

ハ．キャピラリチューブは、細い銅管を流れる冷媒の流れ抵抗を利用し、冷媒液を絞り膨張させることによって、冷媒流量の調節と蒸発器出口冷媒の過熱度制御を行うことができる。

ニ．蒸発圧力調整弁は、蒸発器出口配管に取り付けて、蒸発器内の冷媒の蒸発圧力が所定圧力以上に上昇するのを防止するものである。

(1) イ　(2) ロ　(3) イ、ハ　(4) ロ、ニ　(5) ハ、ニ

9．附属機器に関する次の記述のうち正しいものはどれか。

イ．フルオロカーボン冷凍装置の冷媒系統に水分が存在すると、装置の各部に悪影響を及ぼす。そこで、冷媒液配管に設けたドライヤに冷媒液を通して冷媒中の水分を除去する。

ロ．油分離器（オイルセパレータ）は、圧縮機の吸込み蒸気配管に設け、吸込み蒸気中に含まれる冷凍機油を分離するために用いられる。

ハ．サイトグラスは、冷媒の流れの状態を見るためのものであり、冷媒を充てんするときの適正量を判断することもできる。

ニ．冷凍装置に用いられる受液器には、大別すると凝縮器の出口側に接続される高圧受液

器と、冷媒液強制循環式冷凍装置で蒸発器に接続して用いられる低圧受液器とがある。
(1) イ、ロ　(2) ロ、ニ　(3) ハ、ニ　(4) イ、ロ、ハ　(5) イ、ハ、ニ

10. 冷媒配管に関する次の記述のうち正しいものはどれか。
イ. 冷媒配管の施工においては、配管の曲がり部はできるだけ少なくし、曲がり部の半径は大きくして、極力冷媒の流れ抵抗を小さくする。
ロ. アンモニア冷媒の冷凍装置の配管材料に銅製の継目無管を用いた。
ハ. 吐出しガス配管の施工において、圧縮機が停止中に、配管内で凝縮した液や油が圧縮機へ逆流しないようにすることは大切なことである。
ニ. 高圧液配管において、フラッシュガスの発生を防止するため、冷媒の流速をできる限り大きくし、圧力降下が大きくなるように管径を決めた。
(1) イ、ロ　(2) イ、ハ　(3) イ、ニ　(4) ロ、ハ　(5) ロ、ニ

11. 安全装置および保安に関する次の記述のうち正しいものはどれか。
イ. 液封による配管の破裂事故は、低圧液配管において発生することが多い。液封は弁操作の誤りが原因となることがあるので注意を要する。
ロ. 冷凍保安規則関係例示基準によれば、冷凍能力が20トン以上の圧縮機に取り付けるべき安全弁の最小口径は、標準回転速度におけるピストン押しのけ量と冷媒の種類や温度による定数とから求められる。
ハ. 高圧遮断装置は、許容圧力以上の異常な高圧圧力を検知して、圧縮機を駆動している電動機の回転数を低減させ、異常な圧力上昇を防止する。
ニ. 破裂板が作動すると、装置内の冷媒が大気圧になるまで噴出し続ける。したがって、破裂板は可燃性または毒性ガスを冷媒とする冷凍装置に使用してはならない。
(1) イ　(2) ハ、ニ　(3) イ、ロ、ハ　(4) イ、ロ、ニ　(5) ロ、ハ、ニ

12. 冷凍装置の材料の強さおよび圧力容器に関する次の記述のうち正しいものはどれか。
イ. 冷凍装置の耐圧部分に使用される鉄鋼材料は、日本工業規格（JIS規格）にその引張強さの最小値が規定されており、一般にその1/4の応力を許容引張応力としている。
ロ. 日本工業規格（JIS規格）による金属材料の記号のSSは、溶接構造用圧延鋼材の記号である。
ハ. 許容圧力とは、その設備が実際に許容できる圧力であり、安全装置の作動圧力を求める際の基準となっている。
ニ. 冷凍装置の設計において、高圧部の受液器に使用するSM400B材の必要板厚を計算したところ、9.05㎜になったので、材料規格9㎜を使うことにした。
(1) イ、ロ　(2) イ、ハ　(3) ロ、ハ　(4) ロ、ニ　(5) ハ、ニ

13. 冷凍機器の耐圧試験、気密試験および試運転に関する次の記述のうち正しいものはどれ

か。

イ．気密試験は、すべての冷媒系統に対して行わなければならないが、耐圧試験については配管を除外することができる。

ロ．気密試験における圧力計として、文字板の大きさが100㎜、最高目盛が気密試験圧力の1.5倍のものを3個使用した。

ハ．装置全体の漏れの有無を確認する気密試験では、高圧部の試験圧力において装置全体の漏れを調べる必要がある。

ニ．冷凍装置内の非共沸混合冷媒が著しく不足していたので、同じ種類の非共沸混合冷媒蒸気を新しい冷媒ボンベから追加充てんした。

⑴　イ、ロ　⑵　イ、ニ　⑶　ロ、ハ　⑷　ロ、ニ　⑸　ハ、ニ

14. 冷凍装置の運転に関する次の記述のうち正しいものはどれか。

イ．往復圧縮機始動後、吐出し側止め弁は、全閉の状態から徐々に全開になるまで開く。

ロ．冷凍装置の運転を止めるときには、受液器液出口弁を閉じてしばらく運転してから圧縮機を停止する。

ハ．冷蔵庫用の冷凍装置において、冷蔵庫内の品物が冷えて冷凍負荷が減少すると、蒸発温度は上昇し、圧縮機吸込み圧力は低下する。

ニ．圧縮機の吸込み蒸気圧力が低下すると、冷媒循環量が減少して圧縮機駆動軸動力は減少するので、冷凍装置の成績係数は大きくなる。

⑴　ロ　⑵　イ、ニ　⑶　ロ、ニ　⑷　ハ、ニ　⑸　イ、ロ、ハ

15. 冷凍装置の保守管理に関する次の記述のうち正しいものはどれか。

イ．ガスパージャがない一般的な設備において、装置内に不凝縮ガスが存在していることが分かった場合は、安定した運転状態で、凝縮器上部の空気抜き弁を少し開いて、静かに空気を抜く。弁を大きく開いて勢いよくガスを放出させてはならない。

ロ．アンモニア圧縮機の吐出しガス温度は、同じ運転条件であってもフルオロカーボン圧縮機の場合より高く、油が劣化しやすいので、通常、低圧側と高圧側のそれぞれから油を装置外に排出する。

ハ．フルオロカーボン冷凍装置の冷媒系統に水分が侵入しても、少量であれば装置の運転に障害を引き起こすことはない。

ニ．圧縮機の吸込み蒸気配管の途中に大きなUトラップがあると、圧縮機始動時やアンロードからフルロードへの運転切替え時に、液戻りを生じることがある。

⑴　イ、ロ　⑵　イ、ニ　⑶　ロ、ハ　⑷　ロ、ニ　⑸　ハ、ニ

平成30年度第2回

(平成31年3月3日実施)

次の各問について、正しいと思われる最も適切な答をその問の下に掲げてある(1)、(2)、(3)、(4)、(5)の選択肢の中から1個選びなさい。

1．冷凍の原理に関する次の記述のうち正しいものはどれか。

イ．蒸気圧縮式冷凍装置において、一定の運転状態では、凝縮器の凝縮負荷は、蒸発器の冷却能力と圧縮機の駆動軸動力との和に等しい。

ロ．冷凍装置の各部の冷媒の状態を知るには、各部の冷媒温度のみを測定すればよい。

ハ．冷媒液が膨張弁を通過するときには、弁の絞り抵抗により圧力は下がるが、周囲との間で熱や仕事の授受がないので、冷媒の温度は変化しない。

ニ．冷媒の比エンタルピーは、0℃の飽和液の値を200kJ/kgとし、これを基準として各状態の比エンタルピーの値が定められている。

(1) イ、ロ　(2) イ、ニ　(3) ロ、ハ　(4) ロ、ニ　(5) ハ、ニ

2．冷凍サイクルおよび熱の移動に関する次の記述のうち正しいものはどれか。

イ．温度自動膨張弁は、冷凍負荷の増減に応じて自動的に冷媒流量を調節し、蒸発温度が一定になるように制御する。

ロ．冷凍装置における熱の移動は、主に熱伝導と熱伝達により行われている。

ハ．固体表面とそれに接する流体の伝熱量は、伝熱面積および固体表面と流体との間の温度差に比例する。その比例係数を熱伝達と呼び、その単位は、$kW/(m^2 \cdot K)$ で表される。

ニ．強制対流熱伝達率の値は、同じ流体の場合、自然対流熱伝達率の値よりも小さい。

(1) イ、ロ　(2) イ、ニ　(3) ロ、ハ　(4) ロ、ニ　(5) ハ、ニ

3．冷凍能力、効率および成績係数に関する次の記述のうち正しいものはどれか。

イ．冷凍能力は、圧縮機の冷媒循環量と蒸発器出入り口の比エントロピー差との積として求められる。

ロ．吸込み圧力が低いほど、また、吸込み蒸気の過熱度が大きいほど吸込み蒸気の比体積が大きくなるので、冷媒循環量は減少する。

ハ．実際の圧縮機の駆動に必要な軸動力は、蒸気の圧縮に必要な圧縮動力と体積効率にも

とづく損失動力の和で表すことができ、理論断熱圧縮動力よりも大きくなる。

ニ．ヒートポンプ装置の実際の成績係数は、圧縮機の機械的摩擦損失仕事が熱となって冷媒に加わらない場合には、同じ条件で運転している冷凍装置の実際の成績係数に1を加えた値よりも小さい。

(1) イ、ロ　(2) イ、ニ　(3) ロ、ハ　(4) ロ、ニ　(5) ハ、ニ

4．冷媒、冷凍機油およびブラインに関する次の記述のうち正しいものはどれか。

イ．共沸混合冷媒が圧力一定のもとで凝縮するとき、凝縮開始の冷媒温度と凝縮終了時の冷媒温度で差が生じる。この温度差を温度勾配と呼ぶ。

ロ．アンモニアは、ほとんど鉱油に溶解しない。また、アンモニア液は、鉱油に比べて比重が小さいため、油タンクや液留めの上層に溜まる。

ハ．銅および銅合金や2%を超えるマグネシウムを含むアルミニウム合金は、フルオロカーボン冷媒装置の熱交換器や配管などに多く使用される。

ニ．一般に、ブラインは、凍結点が0℃以下の液体で、潜熱を利用して被冷却物を冷却する。塩化ナトリウムブラインの最低凍結温度は、－55℃である。

(1) ロ　(2) イ、ロ　(3) イ、ハ　(4) ロ、ニ　(5) ハ、ニ

5．圧縮機に関する次の記述のうち正しいものはどれか。

イ．開放圧縮機の動力を伝えるための軸（シャフト）には、冷媒漏止め用のシャフトシールが必要である。

ロ．半密閉圧縮機は、ケーシングのボルトを外すことによって、圧縮機内部の点検と修理が可能である。

ハ．強制給油式の往復圧縮機では、給油圧力をクランクケース圧力より低く保たなければならない。

ニ．フルオロカーボン冷媒用の往復圧縮機では、始動時にクランクケース内の油温が高いほど、オイルフォーミングが生じやすい。

(1) イ、ロ　(2) イ、ハ　(3) ロ、ハ　(4) ロ、ニ　(5) ハ、ニ

6．凝縮器に関する次の記述のうち正しいものはどれか。

イ．横形シェルアンドチューブ凝縮器の冷却管には、フルオロカーボン冷媒では、鋼製の平滑管（裸管ともいう）を、アンモニア冷媒では、銅製のローフィンチューブを用いることが多い。

ロ．プレートフィン空冷凝縮器において、冷却空気が通過する方向に数えた冷却管の本数を段数、また、これに直角の方向に数えた冷却管の本数を列数と呼ぶ。

ハ．シェルアンドチューブ凝縮器の熱通過率は、冷却水の冷却管内水速が大きいほど、大きくなるが、水速を2倍にしても2倍にはならない。

ニ．フルオロカーボン冷媒を用いる水冷凝縮器で、凝縮温度が42℃、冷却水の入口温度

が32℃、出口温度が38℃で運転されているとき、冷媒と冷却水との算術平均温度差は7Kである。

⑴ イ、ロ　⑵ イ、ニ　⑶ ロ、ハ　⑷ ロ、ニ　⑸ ハ、ニ

7．蒸発器に関する次の記述のうち正しいものはどれか。

イ．乾式蒸発器に圧力降下の大きいディストリビュータを用いる冷凍装置には、蒸発器出口の冷媒の過熱度を適切に制御するために、内部均圧形温度自動膨張弁を使用する。

ロ．蒸発器には、乾式、満液式、冷媒液強制循環式などの形式があり、空気や液体、あるいはこれらを介して物体を冷却するのに用いられるので、これらを冷却器と呼ぶことも多い。

ハ．シェルアンドチューブ乾式蒸発器では、水やブライン側の熱伝達率に比べて、冷媒側の熱伝達率が大きいので、内面にフィンをもつ冷却管のインナフィンチューブが用いられることが多い。

ニ．冷蔵庫用のユニットクーラの除霜（デフロスト）方法には、散水方式、ホットガス方式、電気ヒータ方式、オフサイクルデフロスト方式などがある。

⑴ イ、ロ　⑵ イ、ニ　⑶ ロ、ハ　⑷ ロ、ニ　⑸ ハ、ニ

8．自動制御機器に関する次の記述のうち正しいものはどれか。

イ．乾式蒸発器を用いた冷凍装置には、一般に温度自動膨張弁が用いられているが、大容量の冷凍装置には、膨張弁の代わりにキャピラリチューブが用いられる。

ロ．クロスチャージ方式の温度自動膨張弁は、冷凍装置に使用されている冷媒と異なる冷媒を感温筒に封入したもので、蒸発温度が高温になると、過熱度が小さくなる特徴がある。

ハ．断水リレーは、水冷凝縮器や水冷却器で断水または循環水量が減少したときに作動して、装置を保護する。水冷却器のように、断水により凍結のおそれがある装置では、特にこれが必要である。

ニ．膨張弁の容量は、弁オリフィスの口径によって変わる。蒸発器の容量に対し、過大な弁容量の膨張弁を選定すると、ハンチングを生じやすくなる。

⑴ イ、ロ　⑵ イ、ハ　⑶ ロ、ハ　⑷ ロ、ニ　⑸ ハ、ニ

9．附属機器に関する次の記述のうち正しいものはどれか。

イ．高圧受液器は、蒸発器出口配管に取り付けて、運転状態の変化に伴う蒸発器内冷媒液量の変動を吸収する役割をもっている。

ロ．液分離器は、圧縮機の吸込み蒸気配管に取り付けて、吸込み蒸気中に含まれる冷媒液を分離し、冷媒蒸気だけを圧縮機に吸い込ませて圧縮機が液圧縮するのを防止する。

ハ．液ガス熱交換器は、アンモニア冷凍装置に広く使用されており、凝縮器を出た低温の冷媒液と高温の圧縮機吐出しガスとを熱交換させて、圧縮機吐出しガスの過熱を防止す

る。

ニ．ろ過乾燥機（フィルタドライヤ）は、圧縮機吸込み蒸気配管に取り付けて、冷媒蒸気中の水分やごみなどの異物を除去する。

⑴ イ　⑵ ロ　⑶ イ、ニ　⑷ ロ、ニ　⑸ ハ、ニ

10. 冷媒配管に関する次の記述のうち正しいものはどれか。

イ．圧縮機再始動時の液圧縮を防止するには、圧縮機近くの横走り吸込み蒸気配管にUトラップを設けるのがよい。

ロ．配管用炭素鋼鋼管（SGP）は、アンモニア冷凍装置の配管材料として使用できる。

ハ．吸込み蒸気配管の防熱が不完全であると、吸込み蒸気温度が上昇するため、吐出しガス温度が上昇したり、冷凍能力が減少したりすることがある。

ニ．フルオロカーボン圧縮機の吐出し管において、冷媒ガスの過大な圧力降下や騒音の発生防止と油戻りを考慮して、管内ガス流速が3m/s以下となるよう吐出し管の管経を決めた。

⑴ イ　⑵ ハ　⑶ イ、ロ　⑷ ロ、ニ　⑸ ハ、ニ

11. 安全装置に関する次の記述のうち正しいものはどれか。

イ．冷凍装置の安全弁の作動圧力には、吹始め圧力と吹出し圧力とがある。

ロ．内容積300リットルのアンモニア冷媒用のシェル形凝縮器に、安全装置として溶栓を取り付けた。

ハ．破裂板は、使用期間が長期にわたると、その破裂圧力が次第に低下する傾向があるので、注意を要する。

ニ．高圧遮断装置は、原則として自動復帰式にする。

⑴ イ、ロ　⑵ イ、ハ　⑶ イ、ニ　⑷ ロ、ハ　⑸ ロ、ニ

12. 材料の強さおよび機器に関する次の記述のうち正しいものはどれか。

イ．継目無銅管（C1220）は、フルオロカーボン冷凍装置の配管や凝縮器の冷却管（伝熱管）によく使用される。

ロ．圧力容器の円筒胴板の必要最小厚さは、設計圧力が高いほど、円筒胴の内径が大きいほど、厚くなる。

ハ．一般の鋼材は、低温で脆くなる性質があり、これを低温脆性という。降伏点以下の低荷重のもとでも衝撃荷重などが引き金となって、低温脆性により、鋼材の破壊が起こることがある。

ニ．内圧を受ける薄肉円筒胴の長手方向の引張応力は、接線方向の引張応力の2倍である。したがって、薄肉円筒胴に必要な最小板厚は、長手方向の許容引張応力より求められる。

⑴ ニ　⑵ イ、ハ　⑶ イ、ニ　⑷ イ、ロ、ハ　⑸ ロ、ハ、ニ

13. 機器の据付、耐圧試験および気密試験に関する次の記述のうち正しいものはどれか。

イ．多気筒圧縮機を据え付けるコンクリート基礎の質量は、圧縮機と駆動機を合わせた質量と等しくすれば十分である。

ロ．冷媒設備の耐圧試験は、気密試験の前に行わなければならない。

ハ．耐圧試験は、一般に、水、油、またはその他の揮発性のない液体を用いた液圧で行われる。

ニ．耐圧試験後の気密試験は、個々の機器単独で行った後、各機器を接続した装置全体で実施した。

(1) イ　(2) イ、ロ　(3) ロ、ハ　(4) ハ、ニ　(5) ロ、ハ、ニ

14. 冷凍装置の運転状態に関する次の記述のうち正しいものはどれか。

イ．蒸発温度と凝縮温度の運転条件が同じ場合において、圧縮機の吐出しガス温度をアンモニア冷媒とフルオロカーボン冷媒の場合について比較すると、アンモニア冷媒のほうが高くなる。

ロ．冷蔵庫の蒸発器に着霜すると、蒸発器の熱伝導抵抗が増加し、蒸発器の空気の流れ抵抗が減少するので、空気側の熱伝達率は大きくなる。

ハ．吸込み蒸気圧力の低下による成績係数への影響は大きいので、あらかじめ定められた吸込み蒸気圧力を維持するように運転することは、大切である。

ニ．冷凍装置を長期間停止させるときは、ポンプダウンして低圧側の冷媒を受液器に回収する必要がある。

(1) ロ　(2) イ、ニ　(3) ロ、ニ　(4) ハ、ニ　(5) イ、ハ、ニ

15. 冷凍装置の保守管理に関する次の記述のうち正しいものはどれか。

イ．液封事故は、温度の低い冷媒液の配管で発生する場合が多い。

ロ．フルオロカーボン冷凍装置の冷媒系統に少量の水分が侵入しても、装置の運転に障害を引き起こすことはない。

ハ．冷凍装置内の冷媒量がかなり不足すると、吸込み蒸気の過熱度が小さくなり、吐出しガス温度が上昇する。

ニ．往復圧縮機が湿り蒸気を吸い込むと、圧縮機の吐出しガス温度が低下し、さらに液戻りが続くとオイルフォーミングを生じることがある。

(1) イ、ロ　(2) イ、ニ　(3) ロ、ハ　(4) ロ、ニ　(5) ハ、ニ

令和元年度第1回

（令和元年6月30日実施）

注意事項

1．問題及び解答用紙の所定欄に「受講番号」、「氏名」等を記入してください。

2．解答は、各問題の下に掲げてある(1)～(5)の解答選択肢の中から、最も適切なものを1つ選び、解答用紙に記入してください。

1問につき2つ以上の解答を選択し、解答用紙に記入した場合には、その問については0点になります。 （問題　15問）

1．冷凍の原理および冷凍サイクルに関する次の記述のうち正しいものはどれか。

イ．蒸発器は、圧縮機で圧縮された冷媒ガスを冷却して液化させる装置である。

ロ．冷凍装置の冷凍能力Φ_{o}は、蒸発温度や凝縮温度が一定の運転状態において、凝縮器の凝縮負荷Φ_{k}と圧縮機の軸動力Pの差（$\Phi_{k}-P$）に等しい。

ハ．理論ヒートポンプサイクルの成績係数は、同じ温度条件の理論冷凍サイクルの成績係数よりも1だけ小さい。

ニ．冷凍装置の凝縮器や蒸発器での交換熱量は、それぞれ各機器の出入り口冷媒の比エンタルピー差とその流量より求められる。

(1) イ、ロ　(2) イ、ニ　(3) ロ、ハ　(4) ロ、ニ　(5) ハ、ニ

2．熱の移動に関する次の記述のうち正しいものはどれか。

イ．熱が物体内を高温端から低温端に向かって定常状態で移動する場合、その伝熱量は、高温端と低温端との距離に比例し、その温度差に反比例する。

ロ．熱伝導率、熱伝達率、熱通過率について、それぞれ単位を比べたとき、熱伝導率は他と異なる。

ハ．気体の対流熱伝達率の値は、一般に、液体の対流熱伝達率の値よりも大きい。

ニ．蒸発器や凝縮器の伝熱量を求める計算において、対数平均温度差の近似値として算術平均温度差を使用することがある。

(1) イ、ロ　(2) イ、ニ　(3) ロ、ハ　(4) ロ、ニ　(5) ハ、ニ

3．冷凍能力、動力および省エネルギーに関する次の記述のうち正しいものはどれか。

イ．圧縮機のピストン押しのけ量に対する実際の吸込み蒸気量の比を体積効率といい、シリンダのすきま容積比が小さいほど、体積効率は小さくなる。

ロ．圧縮機の冷凍能力は、圧縮機の冷媒循環量と蒸発器での冷凍効果の積で求められる。

ハ．冷媒蒸気の圧縮に必要な実際の圧縮動力に対する理論断熱圧縮動力の比を圧縮機の断熱効率といい、圧力比が大きくなると、断熱効率は小さくなる。

ニ．冷凍装置の蒸発温度と凝縮温度との温度差が大きくなると、圧縮機の断熱効率と機械効率が大きくなるので、装置の成績係数は向上する。

⑴　イ、ロ　⑵　イ、ニ　⑶　ロ、ハ　⑷　ロ、ニ　⑸　ハ、ニ

4．冷媒およびブラインに関する次の記述のうち正しいものはどれか。

イ．フルオロカーボン冷凍装置の冷媒中に水分が存在すると、高温において、冷媒の分解や冷凍機油の劣化が起きて、金属の腐食や潤滑不良、密閉圧縮機では、電動機の巻線の絶縁材を破壊して電気回路のショートにつながる。

ロ．フルオロカーボン冷媒の液は、冷凍機油よりも重く、漏えいしたガスは、空気よりも重い。

ハ．沸点差の大きい複数の冷媒を混合した非共沸混合冷媒では、気液平衡状態において、蒸気の成分比と液の成分比とは等しい。

ニ．プロピレングリコール系の有機ブラインは、無害なので、食品の冷却用として多く用いられる。

⑴　イ、ロ　⑵　イ、ニ　⑶　ロ、ハ　⑷　ハ、ニ　⑸　イ、ロ、ニ

5．圧縮機に関する次の記述のうち正しいものはどれか。

イ．圧縮機は、冷媒蒸気の圧縮の方法により、容積式と遠心式に大別される。スクロール圧縮機やスクリュー圧縮機は、遠心式である。

ロ．多気筒往復圧縮機の容量制御装置（アンローダ）は、吸込み板弁を開放して作動気筒数を変えることで、圧縮機容量を段階的に変化させることができる。

ハ．圧縮機が頻繁な始動と停止を繰り返すと、圧縮機の始動時、圧縮機駆動用電動機に大きな電流が流れるので、電動機巻線が異常な温度上昇により焼損することがある。

ニ．フルオロカーボン冷凍装置において、冷凍機油に冷媒が溶け込む割合は、油温が高い圧縮機運転中のほうが、油温が低い圧縮機停止中に比べて大きい。

⑴　イ、ロ　⑵　イ、ハ　⑶　ロ、ハ　⑷　ロ、ニ　⑸　ハ、ニ

6．凝縮器に関する次の記述のうち正しいものはどれか。

イ．小形高性能な空冷凝縮器として、ブレージングプレート凝縮器が用いられる。

ロ．横形シェルアンドチューブ凝縮器に用いるローフィンチューブの管内側には、水あかは付着しない。

ハ．開放形冷却塔のクーリングレンジとは、冷却塔出入り口の冷却水の温度差である。
ニ．蒸発式凝縮器は、水の蒸発潜熱を利用して冷媒を冷却するので、外気の湿球温度が低いほど凝縮温度が低下する。
(1) イ、ロ (2) イ、ニ (3) ロ、ハ (4) ロ、ニ (5) ハ、ニ

7．蒸発器（冷却器）に関する次の記述のうち正しいものはどれか。
イ．乾式蒸発器への冷媒流量は、一般に、温度自動膨張弁を用いて制御され、蒸発器出口の冷媒の状態は、通常、過熱蒸気である。
ロ．水冷却用のシェルアンドチューブ乾式蒸発器では、水が冷却管の長手方向に平行に沿って流れるように、バッフルプレートを配置している。
ハ．冷蔵庫のオフサイクルデフロスト方式の除霜では、蒸発器への冷媒の送り込みを止め、庫内の空気を冷却器へ送風して、霜を融かす。
ニ．満液式シェルアンドチューブ水冷却器の凍結を防止するため、吸入圧力調整弁を用いて、圧縮機の吸入圧力が設定値よりも下がらないように制御した。
(1) イ、ロ (2) イ、ハ (3) ロ、ハ (4) ロ、ニ (5) ハ、ニ

8．自動制御機器に関する次の記述のうち正しいものはどれか。
イ．温度自動膨張弁は、蒸発器内の蒸発温度を検知して、蒸発器への冷媒流量を調節する。
ロ．小容量の冷凍装置には、膨張弁のかわりにキャピラリチューブが使われている。キャピラリチューブは、冷媒の流れ抵抗による圧力降下を利用し、冷媒の絞り膨張を行う。
ハ．圧力調整弁には、低圧側用としては蒸発圧力調整弁と吸入圧力調整弁が、高圧側用としては凝縮圧力調整弁があり、冷凍装置の圧力制御に使用される。
ニ．10冷凍トン以上の冷凍装置で、高圧圧力スイッチを保安の目的で高圧圧力遮断装置として用いる場合には、自動復帰式を使用する。
(1) イ、ロ (2) イ、ハ (3) ロ、ハ (4) ロ、ニ (5) ハ、ニ

9．附属機器に関する次の記述のうち正しいものはどれか。
イ．高圧受液器の液出口管は、冷媒蒸気が液とともに流れ出ないような位置に取り付ける。
ロ．小形のフルオロカーボン冷凍装置では、油分離器で分離された油は、圧縮機吸込み配管に自動的に戻される。
ハ．小形のフルオロカーボン冷凍装置などに使用される液分離器には、分離された液が容器の下部にたまり、U字管の下部に設けられた小さな孔から、液圧縮にならない程度に少量ずつ、冷媒蒸気とともに圧縮機に吸い込まれるようにしたものがある。
ニ．アンモニア冷凍装置では、冷媒中の水分を除去するため、冷媒液配管に液分離器を設置する。
(1) イ、ロ (2) イ、ハ (3) イ、ニ (4) ロ、ハ (5) ハ、ニ

10. 配管に関する次の記述のうち正しいものはどれか。

イ. 横走り吸込み蒸気配管にはUトラップを設けて、油や液が圧縮機に戻りやすいようにする。

ロ. 冷媒配管が通路を横切るときには、管が傷つかないように床コンクリート内に埋め込む。

ハ. 配管用炭素鋼鋼管（SGP）は、毒性をもつ冷媒、設計圧力が1MPaを超える耐圧部分、温度が100℃を超える耐圧部分には使用できない。

ニ. 複数の蒸発器から吸込み主管に接続するそれぞれの吸込み蒸気配管は、吸込み主管の上側から管上部に接続する。

(1) イ (2) ハ (3) イ、ロ (4) ロ、ニ (5) ハ、ニ

11. 安全装置に関する次の記述のうち正しいものはどれか。

イ. 液封による配管の破裂事故は、装置運転中に周囲温度よりも高く、高温高圧になる液配管において発生することが多い。

ロ. 冷凍保安規則関係例示基準によれば、圧力容器に取り付けるべき安全弁の最小口径は、容器の内容積に比例し、その比例係数は、冷媒の種類と温度によって定められている。

ハ. 冷凍空調装置の施設基準に定められている冷媒ガスの限界濃度は、冷媒ガスが空気中に漏えいしたときに、人が失神や重大な障害を受ける濃度を基準として定められている。

ニ. 溶栓が溶融すると、装置内の冷媒が大気圧になるまで噴出し続ける。したがって、溶栓は可燃性または毒性ガスを冷媒とする冷凍装置に使用してはならない。

(1) ニ (2) イ、ロ (3) イ、ハ (4) ロ、ハ (5) ロ、ニ

12. 材料の強さおよび圧力に関する次の記述のうち正しいものはどれか。

イ. 冷凍装置の高圧部とは、圧縮機により凝縮圧力まで圧縮され、吐き出された冷媒が膨張弁に到達するまでの区間をいう。

ロ. 冷凍装置の低圧部での設計圧力は、通常の運転状態で起こり得る最高の圧力としている。

ハ. 同じ設計圧力で、同じ材質のとき、鏡板の形状がさら形、半だ円形、半球形の順に、必要な板厚を薄くでき、半球形の場合が最も薄くできる。

ニ. 薄肉円筒胴圧力容器の胴板の内部に発生する応力の計算では、円筒胴の接線方向に作用する応力と、円筒胴の長手方向に作用する応力の2種類の応力に分けて考える。

(1) ニ (2) イ、ハ (3) ロ、ニ (4) イ、ロ、ハ (5) イ、ハ、ニ

13. 冷凍装置の真空試験、気密試験および試運転に関する次の記述のうち正しいものはどれか。

イ. 真空試験では、冷凍装置内の正確な真空の数値を読み取るために、一般に使われている連成計ではなく、真空計を用いなければならない。

ロ．冷凍機油は、水分を吸収しやすいので、できるだけ密封された容器に入っているものを使用して、古いものや長時間空気にさらされたものの使用は避けたほうがよい。

ハ．アンモニア冷凍装置の気密試験に使用する試験流体として、炭酸ガスを使用した。

ニ．冷凍装置を設置する基礎の質量は、多気筒圧縮機では、圧縮機と電動機またはエンジンなどの駆動機との合計質量の2～3倍程度にする。

(1) イ　(2) イ、ロ　(3) ロ、ハ　(4) ハ、ニ　(5) イ、ロ、ニ

14. 冷凍装置の運転に関する次の記述のうち正しいものはどれか。

イ．冷凍装置を長期間休止するときは、ポンプダウンして低圧側の冷媒を受液器に回収する。

ロ．長期間休止後に冷凍装置を運転開始する際は、高圧圧力計により冷媒が装置内にあることを確認する。

ハ．冷蔵庫の蒸発器に着霜が進行すると、冷凍能力が減少し、庫内温度が上昇する方向に運転状態は変化する。

ニ．冷凍装置の運転時、圧縮機の吸込み蒸気圧力は、通常、蒸発器内の冷媒の蒸発圧力よりいくらか高い圧力になっている。

(1) イ、ロ　(2) ハ、ニ　(3) イ、ロ、ハ　(4) イ、ハ、ニ　(5) ロ、ハ、ニ

15. 冷凍装置の保守管理に関する次の記述のうち正しいものはどれか。

イ．冷媒液で満たされている管で、その両端にある弁によって液が閉じ込められてしまうことを液封という。フルオロカーボン冷凍装置にこのような液封が発生しやすい箇所には、安全弁、破裂板、または圧力逃がし装置を取り付ける。

ロ．フルオロカーボン冷凍装置の冷媒系統に水分が侵入すると、冷媒系統中に酸性物質を生成し、金属を腐食させることがある。

ハ．冷媒の充てん量不足は、冷却不良の原因となるが、冷媒の過充てんは、運転上何ら不具合の原因とはならない。

ニ．大形の冷凍装置内の不凝縮ガス（主に空気）は、通常、Uトラップを用いて放出することが多い。

(1) イ、ロ　(2) イ、ニ　(3) ロ、ハ　(4) ロ、ニ　(5) ハ、ニ

技術検定

令和元年度第２回

（令和２年７月５日実施）

注意事項

１．問題及び解答用紙の所定欄に「受講番号」、「氏名」等を記入してください。

２．解答は、各問題の下に掲げてある⑴～⑸の解答選択肢の中から、最も適切なものを１つ選び、解答用紙に記入してください。

１問につき２つ以上の解答を選択し、解答用紙に記入した場合には、その問については０点になります。 （問題　15 問）

１．冷凍の原理およびサイクルに関する次の記述のうち正しいものはどれか。

イ．冷媒は膨張弁で絞り膨張する。このとき、冷媒は、比エンタルピーが一定で状態変化する。

ロ．蒸発器において冷媒は、その顕熱によって被冷却媒体を冷却する。

ハ．冷凍サイクルにおける凝縮負荷は、冷凍能力から圧縮機の駆動軸動力を差し引いたものである。

ニ．冷凍サイクルの冷凍能力は、冷媒循環量と蒸発器における冷媒の冷凍効果との積で表される。

⑴　イ、ロ　⑵　イ、ニ　⑶　ロ、ハ　⑷　ロ、ニ　⑸　ハ、ニ

２．熱の移動に関する次の記述のうち正しいものはどれか。

イ．自然対流熱伝達率の値は、一般に、強制対流熱伝達率の値よりも著しく大きい。

ロ．熱伝導率は、物体内の熱の流れやすさを表す。その値は物質固有のものであり、W/(m・K）やkW/(m・K）の単位で表される。

ハ．気体の熱伝導率の値は、通常、液体の熱伝導率の値より大きい。

ニ．固体壁で隔てられた２流体間の伝熱量は、熱通過率が一定であるとき、伝熱面積や２流体間の平均温度差が大きくなるほど増加する。

⑴　イ、ロ　⑵　イ、ハ　⑶　イ、ニ　⑷　ロ、ニ　⑸　ハ、ニ

３．冷凍能力、動力および省エネルギーに関する次の記述のうち正しいものはどれか。

イ．圧縮機の実際の吸込み蒸気量 q_{vr} (m^3/s) は、ピストン押しのけ量 V (m^3/s) よりも小

さくなる。

ロ．圧縮機が吸い込む冷媒蒸気の比体積が大きくなるほど、冷媒循環量は増加する。

ハ．圧縮機の理論断熱圧縮動力を、実際の圧縮機の駆動軸動力で除した値は、断熱効率と機械効率の積の値である。

ニ．機械的摩擦損失仕事が熱となって冷媒に加えられない場合、実際のヒートポンプ装置の成績係数は、同じ運転条件で稼働する実際の冷凍装置の成績係数より1だけ大きい値になる。

(1) イ、ロ (2) イ、ハ (3) ロ、ハ (4) ロ、ニ (5) ハ、ニ

4．冷媒、冷凍機油およびブラインに関する次の記述のうち正しいものはどれか。

イ．標準沸点の低い冷媒と高い冷媒の飽和圧力を同じ温度条件で比較すると、一般に、標準沸点の低い冷媒のほうが飽和圧力は高い。

ロ．フルオロカーボン冷媒は、一般に毒性が弱く、安全性の高い冷媒であるが、漏えいした冷媒ガスを少量でも含む空気を長時間吸引することは避けるべきである。

ハ．フルオロカーボン冷凍装置内では、冷媒と冷凍機油が共存するため、冷凍機油は冷媒と溶け合わないものを選定する。

ニ．塩化カルシウムブラインの最低の凍結温度は、濃度30mass％で生じる－55℃で、実用的にもこの最低凍結温度まで用いることができる。

(1) イ、ロ (2) イ、ニ (3) ロ、ハ (4) ロ、ニ (5) ハ、ニ

5．圧縮機に関する次の記述のうち正しいものはどれか。

イ．圧縮機は、冷媒蒸気を圧縮する方式により容積式と遠心式に大別され、容積式圧縮機には、往復式、スクリュー式、ロータリー式、スクロール式などがある。

ロ．インバータを用いて圧縮機の回転速度を調節し、容量制御を行う場合では、回転速度が大きく変わった低速回転時や高速回転時には、機械効率が低下するため、圧縮機の回転速度と容量は比例しなくなる。

ハ．往復式圧縮機のピストンには、上部に2～3本のコンプレッションリングと下部に1～2本のオイルリングが付属しているが、オイルリングが著しく摩耗すると、ガス漏れを生じて、体積効率と冷凍能力が低下する。

ニ．フルオロカーボン冷媒用の圧縮機では、圧縮機停止中の油温が低いときに、冷凍機油に冷媒が溶け込む割合が大きくなる。往復圧縮機をこのような状態で始動すると、冷凍機油が沸騰したような激しい泡立ちが発生する。この現象をオイルフォーミングという。

(1) イ、ロ (2) イ、ニ (3) ロ、ハ (4) ロ、ニ (5) ハ、ニ

6．凝縮器および冷却塔に関する次の記述のうち正しいものはどれか。

イ．フルオロカーボン冷凍装置用シェルアンドチューブ凝縮器には、外表面積に対して内表面積の大きいインナーフィンチューブを使用する。

ロ．水冷凝縮器の冷却水の流速を２倍にすると、冷却水側熱伝達率が２倍になるため、凝縮器の熱通過率も２倍になる。

ハ．空冷凝縮器に入る空気の流速を前面風速といい、その値は通常約1.5m/s～2.5m/sにする。

ニ．開放形冷却塔では、冷却水の一部が蒸発して、その蒸発潜熱により冷却水自身を冷却するため、水を補給する必要がある。

⑴　イ、ロ　⑵　イ、ハ　⑶　ロ、ハ　⑷　ロ、ニ　⑸　ハ、ニ

７．蒸発器に関する次の記述のうち正しいものはどれか。

イ．冷蔵用の乾式空気冷却器では、空気と冷媒との平均温度差を、通常５～10K程度とする。この値が大き過ぎると、冷凍装置の冷凍能力と成績係数が低下する。

ロ．冷媒液強制循環式冷凍装置では、蒸発量よりも多い冷媒液を低圧受液器より冷媒液ポンプで蒸発器に送る。

ハ．満液式蒸発器の平均熱通過率は、一般に乾式蒸発器に比べて小さい。

ニ．除霜方式には、散水方式、ホットガス方式、オフサイクルデフロスト方式などがある。ホットガス方式では、高温の冷媒ガスの顕熱のみで霜を融解させる。

⑴　イ、ロ　⑵　イ、ハ　⑶　ロ、ハ　⑷　ロ、ニ　⑸　ハ、ニ

８．自動制御機器に関する次の記述のうち正しいものはどれか。

イ．ステッピングモータ方式の電子膨張弁は、エアコンなどに広く使用されている。

ロ．温度自動膨張弁の感温筒内の冷媒が漏れたり、感温筒が配管から外れたりすると、膨張弁は閉じてしまう。

ハ．吸入圧力調整弁は、弁の絞りによって、蒸発器内の蒸発圧力が設定値よりも上がらないように調節する。

ニ．高低圧圧力スイッチにおいて、低圧側の圧力スイッチは、一般に、自動復帰式である。

⑴　イ、ロ　⑵　イ、ハ　⑶　イ、ニ　⑷　ロ、ハ　⑸　ハ、ニ

９．附属機器に関する次の記述のうち正しいものはどれか。

イ．低圧受液器は、冷媒液強制循環式冷凍装置において、蒸発器に冷媒液を送り、かつ、蒸発器から戻る冷媒液の液だめの役割をもつ。

ロ．油分離器は、圧縮機から吐き出される冷媒ガスとともに、一緒に吐き出される若干の冷凍機油を分離するもので、小形のフルオロカーボン冷凍装置では必ず油分離器を使用する。

ハ．フルオロカーボン冷凍装置では、凝縮器を出た冷媒液を過冷却するとともに、圧縮機に戻る冷媒蒸気を適度に過熱させるために、液ガス熱交換器を設置することがある。

ニ．フルオロカーボン冷凍装置の冷媒系統に水分が存在すると、冷凍装置の各部に支障を生じる。そこで、冷媒蒸気配管に設けたドライヤに冷媒蒸気を通して冷媒中の水分を除

去する。

(1) イ、ロ　(2) イ、ハ　(3) ロ、ハ　(4) ロ、ニ　(5) ハ、ニ

10. 配管に関する次の記述のうち正しいものはどれか。

イ．1.0％のマグネシウムを含有したアルミニウム合金は、フルオロカーボン冷媒の配管材料に使用してはならない。

ロ．高圧液配管の管径は、冷媒液がフラッシュ（気化）するのを防ぐために、管内液流速をできるだけ大きくし、圧力降下が小さくなるように決定する。

ハ．容量制御装置をもった圧縮機の吸込み蒸気配管では、アンロード運転時の立ち上がり管における油戻りを円滑にするため、二重立ち上がり管を設けるとよい。

ニ．凝縮器から受液器への冷媒液の流下に支障がないようにするため、凝縮器と受液器を接続する液流下管の管径を十分に大きくするか、あるいは、均圧管を設ける。

(1) イ、ロ　(2) イ、ハ　(3) イ、ニ　(4) ロ、ハ　(5) ハ、ニ

11. 安全装置および保安に関する次の記述のうち正しいものはどれか。

イ．冷凍保安規則関係例示基準によれば、許容圧力以下に戻すことができる安全装置として、高圧遮断装置、低圧圧力スイッチ、安全弁、破裂板、溶栓または圧力逃がし装置が定められている。

ロ．内容積500リットル以上の圧力容器に取り付ける安全弁の口径は、容器が火災などで加熱されて器内の圧力が耐圧試験圧力よりも上昇するのを防止できるよう定められている。

ハ．アンモニア冷凍装置の安全弁の放出管の放出先に除害設備を設けた。

ニ．アンモニアは、可燃性ガスであるとともに、毒性ガスでもあるので、アンモニア冷凍装置には、安全装置として破裂板や溶栓を使用してはならない。

(1) イ、ロ　(2) イ、ハ　(3) ロ、ハ　(4) ロ、ニ　(5) ハ、ニ

12. 圧力容器に関する次の記述のうち正しいものはどれか。

イ．薄肉円筒胴圧力容器は、JISに規定されている引張強さの最小値を許容応力として、胴板に生じる応力がこの許容応力以下になるように設計されている。

ロ．薄肉円筒胴圧力容器の胴板の必要厚さは、胴の内径が大きくなるほど厚くなり、胴の長さには関係しない。

ハ．薄肉円筒胴圧力容器に内圧が作用したとき、胴板の接線方向に発生する応力は、長手方向に発生する応力と等しい。

ニ．ステンレス鋼を材料として製作された圧力容器では、材料が腐食されることがないので、腐れしろは考慮されていない。

(1) イ　(2) ロ　(3) ニ　(4) ロ、ハ　(5) イ、ハ、ニ

13. 冷凍装置の据付け、圧力試験に関する次の記述のうち正しいものはどれか。

イ．防振支持した圧縮機の振動が、配管を通じて他に伝わることを防止するためには、圧縮機近くの配管を強固に固定すればよい。

ロ．圧縮機、圧力容器、配管などの冷媒系統について行う気密試験は、耐圧試験の前に行わなければならない。

ハ．耐圧試験の最少試験圧力は、試験流体が気体、液体によらず、同じ圧力である。

ニ．真空放置試験に要する時間は、機器の大きさや装置の構造などによって異なり、数時間から一昼夜近い十分長い時間を必要とする。

(1) イ (2) ロ (3) ニ (4) イ、ハ (5) ロ、ハ、ニ

14. 冷凍装置の運転に関する次の記述のうち正しいものはどれか。

イ．冷凍装置を長期間休止させる場合には、低圧側の冷媒を受液器に回収し、耐圧側と圧縮機内にゲージ圧力で10kPa程度のガス圧力を残しておく。

ロ．フルオロカーボン冷媒を使用した圧縮機の吐出しガス温度は、同じ蒸発・凝縮温度の運転条件のアンモニア冷媒に比べて、かなり低くなる。

ハ．空冷凝縮器の運転時の凝縮温度は、外気湿球温度よりも3～5℃高い温度を目安としている。

ニ．運転開始時、圧縮機にノック音が発生したら、吐出し側の止め弁を徐々に絞る。

(1) イ、ロ (2) イ、ニ (3) ハ、ニ (4) イ、ロ、ハ (5) ロ、ハ、ニ

15. 冷凍装置の保守管理に関する次の記述のうち正しいものはどれか。

イ．受液器兼用凝縮器を使用した冷凍装置に冷媒が過充填されていると、凝縮液が器内の多数の冷却管を浸し、凝縮のために有効に働く伝熱面積が減少するため、凝縮圧力が高くなる。

ロ．フルオロカーボン冷凍装置に水分が侵入すると、低温の運転では、膨張弁部に氷結して、冷媒が流れなくなることがある。

ハ．フルオロカーボン冷凍装置内の不凝縮ガスは、装置運転中に凝縮器上部の空気抜き弁から大気中に放出すればよい。

ニ．密閉圧縮機を使用した冷凍装置の冷媒系統中に異物が混入すると、冷媒中の異物が密閉圧縮機の電動機の電気絶縁性能を低下させ、焼損の原因となることがある。

(1) イ、ロ (2) イ、ハ (3) ハ、ニ (4) イ、ロ、ニ (5) ロ、ハ、ニ

技 術 検 定

令和２年度第１回

（令和２年10月25日実施）

注意事項

1．問題及び解答用紙の所定欄に「受講番号」、「氏名」等を記入してください。

2．解答は、各問題の下に掲げてある⑴～⑸の解答選択肢の中から、最も適切なものを１つ選び、解答用紙に記入してください。

１問につき２つ以上の解答を選択し、解答用紙に記入した場合には、その問については０点になります。（問題　15問）

1．冷凍の原理およびサイクルに関する次の記述のうち正しいものはどれか。

イ．絶対圧力は、ゲージ圧力と大気圧の和である。

ロ．p-h 線図で乾き度の等しい点を連ねた曲線を等乾き度線といい、飽和液線上では乾き度が０（ゼロ）である。

ハ．蒸気圧縮冷凍装置では、冷媒液が蒸発するときの潜熱によって、周囲の物質を冷却する。

ニ．冷凍能力と理論断熱圧縮動力との比を理論冷凍サイクルの成績係数と呼び、この値が大きいほど、大きい動力で小さな冷凍能力を得ることになる。

⑴　イ、ロ　⑵　ロ、ニ　⑶　ハ、ニ　⑷　イ、ロ、ハ　⑸　イ、ハ、ニ

2．熱の移動に関する次の記述のうち正しいものはどれか。

イ．熱伝導とは、熱が物体内を高温端から低温端に向かって移動する現象である。

ロ．対流熱伝達とは、固体壁表面とそれに接して流動する流体との間の伝熱作用をいう。

ハ．熱伝達率の値は、固体壁面の形状、流速などの流れの状態により決まり、流体の種類には無関係である。

ニ．熱交換器の伝熱量の計算では、高温流体と低温流体との平均温度差として、算術平均温度差を用いたほうが対数平均温度差を用いるよりも、より正確な値を求めることができる。

⑴　イ、ロ　⑵　イ、ハ　⑶　ハ、ニ　⑷　イ、ロ、ニ　⑸　ロ、ハ、ニ

3．冷凍能力および動力に関する次の記述のうち正しいものはどれか。

イ．往復式または回転ピストン式圧縮機において、ピストン押しのけ量 V に対する実際の吸込み蒸気量 q_{vr} の比（q_{vr}/V）を体積効率 η_v とよぶ。体積効率 η_v は1より小さい。

ロ．冷凍装置の蒸発温度が低くなると、圧縮機の吸込み蒸気の比体積が小さくなり、冷媒循環量が増加し、冷凍能力は増大する。

ハ．実際の圧縮機の駆動軸動力は、理論断熱圧縮動力に断熱効率と機械効率とを乗ずることによって求められる。

ニ．圧縮機の機械的摩擦損失仕事が熱となって冷媒に加えられるか否かによらず、圧縮機の実際の吐出しガスの比エンタルピーは、理論断熱圧縮後の吐出しガスの比エンタルピーより大きい。

(1) イ　(2) イ、ニ　(3) ロ、ハ　(4) イ、ハ、ニ　(5) ロ、ハ、ニ

4．冷媒およびブラインに関する次の記述のうち正しいものはどれか。

イ．ハイドロカーボンであるR290（プロパン）やR600a（イソブタン）は、元来自然界に存在する物質であり、両物質の地球温暖化係数（GWP）はともに小さい。

ロ．冷凍装置の蒸発器圧力は大気圧に近いので、冷媒の標準沸点は冷凍装置の蒸発温度の目安となり、冷媒を選択する際の重要な指標となる。

ハ．HFC冷媒のR134a、R32、R410Aは不燃性であるが、HFO冷媒のR1234yf、R1234zeは微燃性を有する。

ニ．一般に凍結点が0℃以下の液体で、その顕熱を利用して被冷却物を冷却する熱媒体をブラインとよぶ。

(1) イ、ロ　(2) イ、ニ　(3) ロ、ハ　(4) イ、ロ、ニ　(5) ロ、ハ、ニ

5．圧縮機に関する次の記述のうち正しいものはどれか。

イ．スクリュー圧縮機は、遠心式圧縮機に比べて高圧力比の圧縮に適しており、容量制御装置により無段階に容量を調節することができる。

ロ．多気筒往復圧縮機の容量制御装置（アンローダ）は、吐出し板弁を開放して作動気筒数を減らすことにより、圧縮機の容量を段階的に変えることができる。

ハ．一般の往復圧縮機のピストンには、ガス漏れを防止するコンプレッションリングと冷凍機油の過度の油上がりを防止するオイルリングの2種類のピストリングが取り付けられている。

ニ．冷凍能力は、圧縮機の回転速度によって変えることができる。高速回転領域では圧縮機の体積効率が低下するため、冷凍能力は回転速度に比例しないが、低速回転領域では冷凍能力は回転速度にほぼ比例する。

(1) イ、ロ　(2) イ、ハ　(3) ロ、ハ　(4) ロ、ニ　(5) ハ、ニ

6．凝縮器に関する次の記述のうち正しいものはどれか。

イ．ブレージングプレート凝縮器は、鋼管製の円筒胴と管板に固定された冷却管で構成さ

れる水冷凝縮器である。

ロ．冷却水中の汚れや不純物は、水冷凝縮器の冷却管内面に水あかとなって付着する。水あかは、熱伝導率が小さいので、付着すると熱通過率を低下させ、凝縮温度を上昇させる。

ハ．蒸発式凝縮器は、冷却管コイルの上部より冷却水をポンプで散布し、冷却管コイルの中を通る冷媒ガスを凝縮させる。凝縮温度は、外気の湿球温度には関係しない。

ニ．フルオロカーボン用プレートフィンコイル空冷凝縮器は、薄板で作られたフィンに穴をあけて、それに冷却管を通し、フィンを2㎜程度の間隔（フィンピッチ）で冷却管に圧着させて作られた空冷凝縮器である。

⑴　イ、ロ　⑵　イ、ニ　⑶　ロ、ハ　⑷　ロ、ニ　⑸　ハ、ニ

7．蒸発器に関する次の記述のうち正しいものはどれか。

イ．フルオロカーボン冷凍装置のシェルアンドチューブ満液式蒸発器では、冷媒中に溶け込んでいる冷凍機油は、冷媒蒸気とともに圧縮機に戻されるので、油戻し装置は不要である。

ロ．ディストリビュータを用いた乾式蒸発器には、内部均圧形温度自動膨張弁を用いる。

ハ．プレートフィンチューブ冷却器のフィンに霜が厚く付着すると、空気の通路が狭くなって風量が減少し、冷却不良となるため、除霜を行う必要がある。

ニ．水冷却器やブライン冷却器では、凍結による容器や冷却管の破裂を防止する対策として、水やブラインの温度が下がり過ぎたときに、サーモスタットを用いて冷凍装置の運転を停止させる方法がある。

⑴　イ、ロ　⑵　イ、ニ　⑶　ロ、ハ　⑷　ロ、ニ　⑸　ハ、ニ

8．自動制御機器に関する次の記述のうち正しいものはどれか。

イ．乾式蒸発器の過熱度制御には、一般に温度自動膨張弁や電子膨張弁が使用され、蒸発器の負荷変動に応じて、蒸発器出口の過熱度を 15 ～ 20K 程度に制御する。

ロ．温度自動膨張弁の感温筒が吸込み蒸気配管から外れると、膨張弁は閉じてしまい、感温筒内にチャージされている冷媒が漏れると、膨張弁は開いてしまう。

ハ．蒸発圧力調整弁を用いると、2台以上の蒸発器を有する冷凍装置において、それぞれの蒸発温度の設定が異なっていても、1台の圧縮機で運転することができる。

ニ．インバータによる圧縮機の回転数制御、電子膨張弁による冷媒流量制御などに用いられる圧力センサには、冷媒圧力の出力信号として電圧出力タイプと電流出力タイプの2つがある。

⑴　イ、ロ　⑵　イ、ハ　⑶　ロ、ハ　⑷　ロ、ニ　⑸　ハ、ニ

9．附属機器に関する次の記述のうち正しいものはどれか。

イ．運転中に、多量の冷媒液が空冷凝縮器内に滞留するのを防ぐため、凝縮器出口側に高

圧受液器を設けた。

ロ．圧縮機の吐出し管に、冷凍機油を分離するための液分離器を設けた。

ハ．液配管にリキッドフィルタがないと、異物が膨張弁のオリフィスに詰まりやすくなる。

ニ．サイトグラスのモイスチャーインジケータは、冷媒中の油含有量に反応して変色する。

(1) イ、ロ (2) イ、ハ (3) イ、ニ (4) ロ、ハ (5) ハ、ニ

10. 冷媒配管に関する次の記述のうち正しいものはどれか。

イ．冷媒配管に用いるアルミニウム管は継目無管とする。

ロ．ろう付けで銅配管を接続するときは、配管内に空気を流して、異物の溶着を防ぐ。

ハ．圧縮機の停止中に、吐出しガス配管内で凝縮した冷媒液や冷凍機油が圧縮機へ逆流しないように、配管を施工した。

ニ．高圧液配管内でフラッシュガスが発生するのは、液管内の圧力が液温に相当する飽和圧力よりも高い場合である。

(1) イ、ロ (2) イ、ハ (3) イ、ニ (4) ロ、ハ (5) ハ、ニ

11. 冷凍保安規則関係例示基準による安全装置に関する次の記述のうち正しいものはどれか。

イ．1日の冷凍能力が5トンの圧縮機（遠心式圧縮機を除く）には、安全弁を取り付けることが義務づけられている。

ロ．内容積500リットルを超えない圧力容器には、安全弁を取り付けることが義務づけられている。

ハ．破裂板の破裂圧力は、耐圧試験圧力以下で、安全弁の作動圧力以上と定められている。

ニ．冷凍装置の安全弁の作動圧力には、吹始め圧力および吹出し圧力がある。

(1) イ、ロ (2) イ、ニ (3) ロ、ハ (4) ロ、ニ (5) ハ、ニ

12. 材料の強さおよび機器の強度に関する次の記述のうち正しいものはどれか。

イ．圧力容器の設計においては、一般に日本産業規格（JIS）に定められている引張強さの1/4の応力を許容引張応力として、材料に生じる応力がこの許容引張応力以下になるようにする。

ロ．冷凍装置の低圧部とは、膨張弁で蒸発圧力まで減圧された冷媒が圧縮機に吸い込まれるまでをいう。

ハ．容器の材料にステンレス鋼を使うときは、腐れしろを0㎜とすることができる。

ニ．突合せ両側溶接継手の効率は、溶接部の全長に対する放射線透過試験を行った部分の長さの割合が1のとき、1.00と考えてよい。

(1) イ、ロ (2) イ、ハ (3) ロ、ハ (4) ハ、ニ (5) イ、ロ、ニ

13. 機器の据付け、圧力試験および試運転に関する次の記述のうち正しいものはどれか。

イ．配管については耐圧試験を行う必要はない。

ロ．耐圧試験を気体で行う場合は、設計圧力または許容圧力のいずれか低いほうの圧力の1.5倍以上の圧力で実施しなければならない。

ハ．気密試験の際には、加圧状態でつち打ちをして確実に漏れが起きないことを確かめる。

ニ．非共沸混合冷媒の充填の際は、液の状態でチャージしなければならない。

(1) イ、ロ　(2) イ、ハ　(3) イ、ニ　(4) ロ、ハ　(5) ハ、ニ

14. 冷凍装置の運転に関する次の記述のうち正しいものはどれか。

イ．往復圧縮機を始動するときは、始動前に吐出し止め弁と吸込み止め弁が全開であることを確認する。

ロ．冷凍装置を長期間休止するときは、ポンプダウンにより低圧側のすべての冷媒を受液器に回収する。

ハ．圧縮機の吐出しガス圧力が上昇すると、蒸発圧力一定のもとでは、冷媒1kgあたりの圧縮仕事が大きくなるので、冷凍装置の成績係数は小さくなる。

ニ．圧縮機吸込み蒸気圧力が低下すると、吸込み蒸気の比体積が大きくなるので、冷媒循環量が増加し、圧縮機の駆動軸動力は増大する。

(1) イ　(2) ロ　(3) ハ　(4) イ、ニ　(5) ロ、ハ、ニ

15. 冷凍装置の保守管理に関する次の記述のうち正しいものはどれか。

イ．アンモニア冷凍装置の冷媒系統に少量の水分が侵入しても、装置の運転に障害を引き起こすことはない。

ロ．密閉圧縮機を使用した冷凍装置の冷媒系統内に異物が混入すると、電動機が焼損することがある。

ハ．運転中の急激な負荷の減少は、蒸発器での冷媒の沸騰が激しくなり、圧縮機への液戻りや液圧縮の原因となる。

ニ．液封事故は、運転中の温度が高い冷媒液配管で発生する場合が多い。

(1) イ、ロ　(2) イ、ニ　(3) ロ、ハ　(4) ロ、ニ　(5) ハ、ニ

技 術 検 定

令和２年度第２回

（令和３年２月28日実施）

注意事項

1．問題及び解答用紙の所定欄に「受講番号」、「氏名」等を記入してください。

2．解答は、各問題の下に掲げてある⑴～⑸の解答選択肢の中から、最も適切なものを１つ選び、解答用紙に記入してください。

１問につき２つ以上の解答を選択し、解答用紙に記入した場合には、その問については０点になります。　　　（問題　15問）

1．冷凍の原理およびサイクルに関する次の記述のうち正しいものはどれか。

イ．圧縮機で冷媒蒸気を圧縮すると、冷媒は、圧縮仕事（エネルギー）を受け入れて高温・高圧の冷媒ガスとなる。

ロ．凝縮器において、高温・高圧の冷媒ガスが凝縮・液化する際に放出する主な熱は、顕熱である。

ハ．理論冷凍サイクルの成績係数の値は、冷媒の種類によって異なるが、サイクルの運転条件には関係しない。

ニ．理論ヒートポンプサイクルの成績係数の値は、常に１よりも小さい。

⑴　イ　⑵　ニ　⑶　イ、ハ　⑷　ロ、ハ　⑸　ロ、ニ

2．熱の移動に関する次の記述のうち正しいものはどれか。

イ．物体内を高温端から低温端に向かって、熱が移動する現象を熱伝導といい、移動する熱量は、物体の熱伝導率、両端の温度差およびその距離に比例する

ロ．熱伝達率は、個体表面とそれに接して流れる流体間の熱の流れやすさを表す。その値は気体固有のものであり、流体の流動状態には関係しない。

ハ．冷媒ガスが凝縮するときの熱伝達率の値は、同じ冷媒ガスが相変化を伴わない対流熱伝達における熱伝達率の値よりも一般に大きい。

ニ．個体壁で隔てられた２流体間の熱通過率の値は、両流体側壁面の熱伝達率と個体壁の熱伝導率を加え合わせた値である。

⑴　イ　⑵　ロ　⑶　ハ　⑷　ハ、ニ　⑸　イ、ロ、ハ

3．冷凍能力および動力などに関する次の記述のうち正しいものはどれか。

イ．実際の圧縮機が吐き出すガス量は、ピストン押しのけ量よりも大きくなる。

ロ．断熱効率は、理論断熱圧縮動力Pthと実際の圧縮機での圧縮動力Pcとの比（Pth/Pc）である。

ハ．往復式の圧縮機のピストン押しのけ量は、気筒数と回転速度によって決まる。

ニ．ヒートポンプ装置の理論加熱能力は、冷凍能力と理論断熱圧縮動力の和である。

(1) イ、ロ (2) ロ、ニ (3) ハ、ニ (4) イ、ロ、ハ (5) イ、ハ、ニ

4．冷媒、冷凍機油およびブラインに関する次の記述のうち正しいものはどれか。

イ．フルオロカーボン冷媒ガスは空気より重いため、フルオロカーボン冷媒が冷凍装置から室内に漏えいした場合、冷媒ガスは床面付近に滞留する傾向がある。

ロ．冷媒と冷凍機油の相溶性の観点から、HFC冷媒に適合する冷凍機油として、鉱油であるナフテン系油が使われている。

ハ．ブラインは二次冷媒とも呼ばれ、エチレングルコール水溶液などの無機ブラインと塩化カルシウム水溶液などの有機ブラインと大別される。

ニ．単一成分の冷媒では、温度の上昇に伴い、その飽和圧力は高くなる。また、圧力の上昇に伴い、冷媒の飽和温度は高くなる。

(1) イ、ロ (2) イ、ニ (3) ロ、ハ (4) ハ、ニ (5) イ、ロ、ニ

5．圧縮機に関する次の記述のうち正しいものはどれか。

イ．小形・中形圧縮機では、電動機を内蔵したケーシングを溶接密封したものを全密閉圧縮機と呼び、このケーシングをボルトで密封し、ボルトを外すことによって、圧縮機内部の点検、修理が可能なものを開放圧縮機と呼ぶ。

ロ．多気筒の往復圧縮機には、通常、容量制限装置が取り付けてあり、6気筒の場合、100%、66%、33%の3段階に容量を変えることができる。

ハ．フルオロカーボン冷媒用圧縮機では、始動時のオイルフォーミングを防止するために、冷凍機油の温度を周囲の温度より低くしておくことが効果的である。

ニ．往復圧縮機の吸込み弁からガスが漏れると、圧縮機の体積効率が低下し、冷凍装置の冷凍能力が低下する。

(1) イ、ロ (2) イ、ニ (3) ロ、ハ (4) ロ、ニ (5) ハ、ニ

6．凝縮器および冷却塔に関する次の記述のうち正しいものはどれか。

イ．フルオロカーボン冷媒用のシェルアンドチューブ凝縮器においては、管外冷媒側の凝縮熱伝達率が、管内冷却水側の対流熱伝達率よりも大きいので、管内表面積に対して管外表面積の大きい銅製のローフィンチューブを使うことが多い。

ロ．装置運転中、凝縮器に不凝縮ガスが混入すると、冷媒の凝縮熱伝達が不良となるので、不凝縮ガスの分圧相当分以上に凝縮器内の圧力が高くなる。

ハ．冷却塔の出口水温と周囲空気の乾球温度との差をアプローチと呼び、その値は通常5K 程度である。

ニ．空冷凝縮器は水冷凝縮器よりも熱通過率が小さいため、凝縮温度が一般に高くなるが、構造が簡単であり、保守作業をほとんど必要としない。

(1) イ、ロ (2) イ、ハ (3) ロ、ハ (4) ロ、ニ (5) ハ、ニ

7．蒸発器に関する次の記述のうち正しいものはどれか。

イ．乾式蒸発器では、蒸発管内で冷媒液が蒸発して飽和蒸気となり、さらに若干過熱した状態で冷媒が冷却管から出ていく。乾式蒸発器に供給される冷媒量は、一般にこの冷媒の過熱度が所定の値となるように制御される。

ロ．ブライン冷却用のシェルアンドチューブ乾式蒸発器では、冷却管内を流れるブラインの熱伝達率が管外の冷媒側の熱伝達率に比べて小さいので、冷却管の内側にフィンをもつインナフィンチューブなどの伝熱促進管が使用されることが多い。

ハ．満液式蒸発器には、冷却管の外側で冷媒が蒸発する冷却管外蒸発器と、冷却管の内側で冷媒が蒸発する冷却管内蒸発器がある。

ニ．散水方式の除霜は、水を冷却器に散布して霜を融解させる方法である。水の温度が低すぎると霜を溶かす能力が不足するので、水温は30℃以上がよい。

(1) イ、ロ (2) イ、ハ (3) ロ、ハ (4) ロ、ニ (5) ハ、ニ

8．自動制御機器に関する次の記述のうち正しいものはどれか。

イ．圧力センサは、インバータによる圧縮機の回転数制御、電子膨張弁による冷媒流量制御、熱交換器ファンの回転数制御などにおいて、冷媒圧力の検出に使用される。

ロ．四方切換弁は、冷暖房兼用ヒートポンプ装置や、ホットガスデフロストなどの冷凍・空調サイクルに用い、冷媒の流れを切り換えて、凝縮器と蒸発器の役割を逆にする。

ハ．蒸発圧力調整弁は、蒸発器の出口配管に取り付けて、蒸発器内の冷媒の蒸発圧力が所定の蒸発圧力よりも上昇することを防止する目的で用いられる。

ニ．油圧保護圧力スイッチは、給油ポンプを内蔵する圧縮機の始動時から運転中の給油圧力の異常な低下を検知すると、瞬時に圧縮機を停止させる。

(1) イ、ロ (2) イ、ニ (3) ロ、ハ (4) ロ、ニ (5) ハ、ニ

9．附属機器に関する次の記述のうち正しいものはどれか。

イ．冷凍装置に使用される受液器には、凝縮器出口側に接続される低圧受液器と、冷却管内蒸発式の満液式蒸発器の出口側に接続される高圧受液器とがある。

ロ．小形の圧縮機を用いたフルオロカーボン冷凍装置では、多量の冷凍機油が圧縮機から吐き出されるため、一般に油分離器を用いる。

ハ．アンモニア冷凍装置では、凝縮器から出た冷媒液を過冷却し、圧縮機に戻る冷媒蒸気を適度に加熱させるために、液ガス熱交換器を用いることが多い。

ニ．変色指示板（モイスチャーインジケータ）付きのサイトグラスは、冷媒中の水分が、安全な許容量内にあるかどうかを変色指示板で判断することができる。

(1) ニ (2) イ、ハ (3) イ、ニ (4) ロ、ハ (5) ロ、ニ

10. 配管に関する次の記述のうち正しいものはどれか。

イ．フルオロカーボン冷凍装置の冷媒配管は、常に冷凍機油が冷媒とともに圧縮機へ戻るようにしなければならない。

ロ．アンモニアは、銅および銅合金を腐食するので、これらをアンモニア冷凍装置の配管材料として使用してはならない。

ハ．圧縮機と凝縮器が同じレベルに設置される場合の圧縮機吐出しガス配管は、立ち上がりをできるだけ低くし、その後、下がり勾配をつけて凝縮器に接続する。

ニ．圧縮機近くの吸込み蒸気配管には、圧縮機再始動時の液圧縮を防止するため、圧縮機近くにUトラップを設ける。

(1) イ、ロ (2) イ、ハ (3) ロ、ニ (4) ハ、ニ (5) イ、ロ、ハ

11. 安全装置に関する次の記述のうち正しいものはどれか。

イ．破裂板は、可燃性ガスや毒性ガスに使用してはならない。

ロ．アンモニアを使用したスクリュー圧縮冷凍装置において、漏えいしたガスが滞留するおそれのある場所には、ガス漏えい検知警報設備を設置しなければならない。

ハ．往復式の圧縮機に取り付ける安全弁の最小口径は、圧縮機のシリンダ容積に応じて定められている。

ニ．溶栓は、容器が所定の温度に上昇したとき作動し、器内の圧力の異常な上昇を防ぐ。

(1) イ、ロ (2) イ、ハ (3) ハ、ニ (4) イ、ロ、ニ (5) ロ、ハ、ニ

12. 圧力容器および材料に関する次の記述のうち正しいものはどれか。

イ．一般の圧力容器に使用される鋼材で、JIS（日本産業規格）のSM400B材の許容引張応力は400N/mm2である。

ロ．薄肉円筒胴圧力容器の胴板の内部に発生する接線方向の引張応力は、長手方向の引張応力の2倍になる。

ハ．圧力容器の鏡板には、さら形、半だ円形、半球形などの形状があるが、同じ設計圧力で、同じ材質の場合、さら形の場合が必要板厚を最も薄くできる。

ニ．フルオロカーボン冷媒は、プラスチック、ゴムなどの有機物を溶解したり、その浸透によって、これらを膨張させたりする。

(1) イ、ロ (2) イ、ニ (3) ロ、ハ (4) ロ、ニ (5) ハ、ニ

13. 冷凍装置の試運転、圧力試験に関する次の記述のうち正しいものはどれか。

イ．耐圧試験の圧力は、気体で行う場合には、設計圧力または許容圧力のいずれか低いほ

うの圧力の1.5倍以上の圧力とする。

ロ．耐圧試験を行い耐圧強度が確認された機器類の機密性能は、個々に確認する必要はなく、各機器類を配管で接続した装置全体の気密試験で漏れの有無を確認すればよい。

ハ．冷媒の充填にあたっては、不必要にフルオロカーボン冷媒を大気中に放出しないように、環境保全に努めなければならない。

ニ．真空試験では、装置全体からの微量の漏れは発見できるが、漏れ箇所を特定することはできない。

(1) イ、ロ　(2) イ、ハ　(3) イ、ニ　(4) ロ、ニ　(5) ハ、ニ

14. 冷凍装置の運転状態に関する次の記述のうち正しいものはどれか。

イ．長期間運転停止中の冷凍装置を運転開始するときには、冷媒系統の各部の弁が開であるか、閉であるかを確認する。ただし安全弁の元弁は常に「開」になっているので、点検の必要はない。

ロ．運転状態の点検と調整において、圧縮機クランクケースの油面を確認し、必要に応じて冷凍機油を補給する。

ハ．ポンプダウンして低圧側の冷媒を受液器に冷媒液として回収するときには、大気圧より10kPa程度低い圧力まで圧力を下げて、冷媒が漏れないようにする。

ニ．冷凍装置の使用目的によって、蒸発温度と被冷却物温度との温度差が設定されているので、運転中の温度差が設定温度差と大きく異なっているときには、何らかの異常があると考えなければならない。

(1) イ、ロ　(2) イ、ハ　(3) ロ、ハ　(4) ロ、ニ　(5) ハ、ニ

15. 冷凍装置の保守管理に関する次の記述のうち正しいものはどれか。

イ．冷媒系統に異物が混入すると、異物が混入した冷凍機油が圧縮機のシャフトシールに入り、シール面を傷つけて冷媒漏れを起こすおそれがある。

ロ．不凝縮ガスが存在していることがわかった場合、ガスパージャにより不凝縮ガスだけを放出することができる。

ハ．冷媒充填量が不足すると、密閉フルオロカーボン往復圧縮機では、吸込み蒸気による電動機の冷却が不十分になり、電動機の巻線を焼損することがある。

ニ．液封状態の配管が、外部から温められると、管内に非常に高い圧力が生じて、弁の破壊などの重大事故が発生するおそれがある。

(1) イ、ロ　(2) ロ、ハ　(3) ハ、ニ　(4) イ、ロ、ニ　(5) イ、ハ、ニ

技術検定

令和3年度第1回

(令和3年7月4日実施)

注意事項

1．問題及び解答用紙の所定欄に「受講番号」、「氏名」等を記入してください。

2．解答は、各問題の下に掲げてある(1)～(5)の解答選択肢の中から、最も適切なものを 1 つ選び、解答用紙に記入してください。

1 問につき 2 つ以上の解答を選択し、解答用紙に記入した場合には、その問については 0 点になります。

(問題　15 問)

1．冷凍の原理およびサイクルに関する次の記述のうち正しいものはどれか。

イ．物質が液体から蒸気に、あるいは蒸気から液体に状態変化する場合に物質に出入りする熱量を顕熱と呼ぶ。

ロ．絶対温度 T(K) は、摂氏温度 t(℃) から 273.15 を差し引いたものである。

ハ．p-h 線図 (圧力－比エンタルピー線図) 上の冷凍サイクルは、冷凍装置における熱の出入りを定量的に示す。

ニ．実際の装置における冷凍サイクルの成績係数は、理論冷凍サイクルの成績係数より大きくなる。

(1) イ　(2) ハ　(3) イ、ロ　(4) ロ、ニ　(5) ハ、ニ

2．熱の移動に関する次の記述のうち正しいものはどれか。

イ．空気の熱伝導率は、鉄筋コンクリートの熱伝導率よりも小さい。

ロ．固体壁を隔てた2流体間を熱が流れるとき、その通り抜けやすさを熱伝達率と呼ぶ。

ハ．一般に、液体の自然対流熱伝達率の値は、気体の自然対流熱伝達率の値よりも大きい。

ニ．熱交換器の伝熱計算に当たっては、高温流体と低温流体との平均温度差として算術平均温度差を用いなければならない。

(1) イ、ロ　(2) イ、ハ　(3) ロ、ハ　(4) ロ、ニ　(5) ハ、ニ

3．冷凍能力、動力および省エネルギーに関する次の記述のうち正しいものはどれか。

イ．往復圧縮機の体積効率の値は、圧縮機の構造 (すきま容積など) によって定まり、運転条件には関係しない。

ロ．冷媒循環量は、圧縮機の吸込み蒸気の比体積が大きくなるほど、増加する。

ハ．実際の圧縮機の駆動軸動力は、理論断熱圧縮動力に圧縮機の全断熱効率を乗じることによって求めることができる。

ニ．実際のヒートポンプ装置の成績係数の値は、圧縮機の機械的摩擦損失仕事が熱となって冷媒に加わる場合には、同じ運転条件の冷凍装置の実際の成績係数よりも1だけ大きい。

(1) イ (2) ニ (3) イ、ロ (4) ロ、ハ (5) ハ、ニ

4．冷媒に関する次の記述のうち正しいものはどれか。

イ．冷媒をフルオロカーボン冷媒とそれ以外の冷媒に大別すると、R290（プロパン）はフルオロカーボン冷媒に分類される。

ロ．フルオロカーボン冷媒のガスは、空気より軽いので、室内に漏えいした場合、天井付近に滞留しやすい。

ハ．アンモニアは鋼に対して腐食性はないが、銅および銅合金に対しては腐食性がある。

ニ．臨界点は、気体と液体の区別がなくなる状態点であり、単一成分冷媒の場合、飽和圧力曲線の高温側の終点として表される。

(1) イ、ロ (2) ロ、ニ (3) ハ、ニ (4) イ、ロ、ハ (5) イ、ハ、ニ

5．圧縮機に関する次の記述のうち正しいものはどれか。

イ．フルオロカーボン冷媒を用いる往復圧縮機では、圧縮機停止中に油温が低くなると、冷凍機油中に冷媒が溶け込む量が増加する。このような状態で圧縮機を始動すると、クランクケース内の冷凍機油に溶け込んでいた冷媒液が気化して、冷凍機油が泡立つオイルフォーミングと呼ばれる現象を起こすことがある。

ロ．往復圧縮機のピストンに付いているコンプレッションリングが著しく摩耗すると、圧縮機からの油上がりが大きくなる。

ハ．圧縮機の容量制御方法には、インバータを用いて圧縮機駆動用電動機への供給電源の周波数を変化させて、圧縮機の回転速度を調節する方法がある。

ニ．圧縮機ケーシング内に電動機を収めた密閉圧縮機には、全密閉圧縮機と半密閉圧縮機がある。両者は密閉式であるので、いずれも圧縮機内部の点検や修理を行うことはできない。

(1) イ、ロ (2) イ、ハ (3) ロ、ハ (4) ロ、ニ (5) ハ、ニ

6．凝縮器に関する次の記述のうち正しいものはどれか。

イ．空冷凝縮器とは、冷媒を冷却して凝縮させるために、空気の顕熱を利用した凝縮器である。

ロ．ブレージングプレート凝縮器は、小形高性能で冷媒充填量が少なくてすむため、地球環境に優しい空冷凝縮器として使用されている。

ハ．フルオロカーボン冷媒用シェルアンドチューブ凝縮器では、冷却管として管内側に細いねじ状の溝を加工した、銅製のローフィンチューブが、広く使用されている。

ニ．水冷凝縮器では、冷却管内水速が大きいほど熱通過率の値は大きくなり、伝熱性能上有利であるが、水速が2倍になっても熱通過率は2倍にならない。

(1) イ、ロ　(2) イ、ニ　(3) ロ、ハ　(4) ロ、ニ　(5) ハ、ニ

7．蒸発器に関する次の記述のうち正しいものはどれか。

イ．乾式の空気冷却用フィンコイル蒸発器において、冷凍・冷蔵用と空調用を比べると、冷凍・冷蔵用のほうが空調用よりも冷却管は細く、フィンピッチは小さい。

ロ．ディストリビュータを使用した蒸発器には、一般に外部均圧形温度自動膨張弁を用いる。

ハ．空調用乾式蒸発器の熱通過率の値は、冷媒側伝熱面積を基準として表す。

ニ．満液式蒸発器は、一般に乾式蒸発器に比べて伝熱面積を小さく、あるいは被冷却物と蒸発温度との平均温度差を小さくすることができるが、油戻し機構等が必要で、装置が複雑になる欠点がある。

(1) イ、ロ　(2) イ、ニ　(3) ロ、ハ　(4) ロ、ニ　(5) ハ、ニ

8．自動制御機器に関する次の記述のうち正しいものはどれか。

イ．外部均圧形温度自動膨張弁では、ダイアフラム下面に蒸発器出口冷媒圧力が伝えられるので、蒸発器内の圧力損失の影響を受けることなく、蒸発器出口冷媒蒸気の過熱度制御を行うことができる。

ロ．温度自動膨張弁の感温筒が取付け配管から外れたり、感温筒内の冷媒が漏れたりすると、膨張弁が閉じて、冷凍装置は冷却作用を行えなくなる。

ハ．蒸発圧力調整弁は、蒸発器の蒸発圧力が設定値よりも下がらないように作動するものであり、温度自動膨張弁の感温筒や均圧管よりも上流側の蒸発器出口配管に取り付ける。

ニ．冷凍装置の自動運転に用いる低圧圧力スイッチでは、接点を開にする圧力と閉にする圧力に差があり、この圧力差をディファレンシャルと呼んでいる。この圧力差があまり小さ過ぎると、圧縮機の運転、停止を短い間隔で繰り返すハンチングが生じることがある。

(1) イ、ロ　(2) イ、ハ　(3) イ、ニ　(4) ロ、ニ　(5) ハ、ニ

9．附属機器に関する次の記述のうち正しいものはどれか。

イ．圧縮機吸込み蒸気配管の距離が長く、配管施工中にごみが入ることが考えられる場合は、冷媒回路内のごみや金属粉などの異物を除去するために、フィルタドライヤを設置する。

ロ．フルオロカーボン冷凍装置では、凝縮器を出た冷媒液を過冷却するとともに、圧縮機に戻る冷媒蒸気を適度に過熱させるために、液ガス熱交換器を設置することがある。

ハ．凝縮した冷媒液を蓄える容器である高圧受液器は、冷凍装置の運転状態の変化などで凝縮器と蒸発器の冷媒量が変わったときに、その変化を吸収する働きをする。

ニ．油分離器は、冷媒中の冷凍機油を分離するため、圧縮機吸込み蒸気配管に取り付ける。

(1) イ、ロ (2) イ、ニ (3) ロ、ハ (4) ロ、ニ (5) ハ、ニ

10．配管に関する次の記述のうち正しいものはどれか。

イ．配管用炭素鋼鋼管（SGP）は、毒性をもつ冷媒、設計圧力が2MPaまでの耐圧部分および温度が150℃までの耐圧部分に使用できる。

ロ．容謙制御装置をもった圧縮機の吸込み蒸気配管では、最小負荷時に返油のために必要な最小蒸気速度が確保できるよう、蒸発器の出口に二重立ち上り管を設けることがある。

ハ．冷媒配管としてアルミニウム管を用いる場合は、継目無管とする。

ニ．吐出し配管は、圧縮機から吐き出された冷凍機油が確実に冷媒ガスに同伴されるガス速度を確保することが重要で、横走り管では1.5m/s以上、立ち上がり管で2.0m/s以上になるように管径を決める。

(1) イ、ロ (2) イ、ニ (3) ロ、ハ (4) ロ、ニ (5) ハ、ニ

11．安全装置と保安に関する次の記述のうち正しいものはどれか。

イ．冷凍保安規則関係例示基準では、1日の冷凍能力が5トン以上の圧縮機（遠心式を除く）には、安全弁を取り付けることが定められている。

ロ．溶栓は、所定の場合を除いて原則として、溶融温度が75℃以下のものを用いる。

ハ．高圧遮断装置は、冷凍装置の異常な高圧圧力を検知し、圧縮機駆動用電動機の電源を遮断し、圧縮機を停止させる。

ニ．冷凍保安規則では、アンモニアは、可燃性ガスであるが、毒性ガスではないので、ガス漏えい検知警報設備を設置しなくてもよいと定められている。

(1) イ、ロ (2) イ、ハ (3) ロ、ハ (4) ロ、ニ (5) ハ、ニ

12．冷凍装置の材料および圧力容器に関する次の記述のうち正しいものはどれか。

イ．フルオロカーボン冷凍装置の配管には、腐食性を考慮して、2%を超えるマグネシウムを含むアルミニウム合金は使用しない。

ロ．圧力容器の必要板厚の計算において、求められた数値の端数を丸めるとき、四捨五入した。

ハ．高圧部圧力容器の設計圧力は、凝縮温度によって異なり、空冷凝縮器の場合、凝縮温度38℃に相当する冷媒の飽和圧力とする。

ニ．材料に外力が加えられたときに、その材料の内部に発生する単位断面積あたりの抵抗する力を応力と呼ぶ。

(1) イ (2) ロ (3) イ、ニ (4) ロ、ハ (5) ハ、ニ

13. 冷凍装置の振動、圧力試験および冷媒ボンベに関する次の記述のうち正しいものはどれか。

イ. 圧縮機を防振支持したときには、圧縮機の振動が配管に伝わり、配管を損傷したり、配管を通じて他に振動を伝えたりすることがあるので、これを防止するために圧縮機の吸込み配管などに、可とう管を用いることがある。

ロ. 耐圧試験は、気密試験の前に行わなければならない。

ハ. 真空試験において、真空度の確認を装置に取り付けられている連成計で行った。

ニ. サイフォン管付きの冷媒ボンベは、立てたままで冷媒蒸気が取り出せる構造であり、サイフォン管がない冷媒ボンベは、立てたままで冷媒液が取り出せる構造である。

(1) イ、ロ (2) イ、ハ (3) ロ、ハ (4) ロ、ニ (5) ハ、ニ

14. 冷凍装置の運転に関する次の記述のうち正しいものはどれか。

イ. 冷凍装置を長期間休止させるときには、冷媒系統全体の漏れを点検し、漏れ箇所があれば完全に修理しておく。

ロ. 圧縮機の吸込み蒸気の圧力は、吸込み蒸気配管などの流れ抵抗により、蒸発器内の冷媒の蒸発圧力よりもいくらか高くなる。

ハ. アンモニア冷媒の圧縮機の吐出しガス温度は、同じ蒸発温度と凝縮温度の運転条件のフルオロカーボン冷媒の吐出しガス温度より低い。

ニ. 長期間運転休止させていた冷凍装置の運転開始前には、高低圧圧力スイッチ、油圧保護圧力スイッチなどの作動も確認する。

(1) イ、ロ (2) イ、ニ (3) ロ、ハ (4) ロ、ニ (5) ハ、ニ

15. 冷凍装置の保守管理に関する次の記述のうち正しいものはどれか。

イ. 冷媒が過充填されると、凝縮した冷媒液が凝縮器の多数の冷却管を浸し、凝縮のために有効に働く伝熱面積が減少するため、凝縮圧力が低くなる。

ロ. 圧縮機吸込み蒸気配管の途中に大きなＵトラップがあると、運転停止中にトラップに凝縮した冷媒液や冷凍機油が溜まり、圧縮機始動時に液戻りを起こすことがある。

ハ. アンモニア冷凍装置の冷媒系統に多量の水分が侵入しても、装置の運転に障害を引き起こすことはない。

ニ. 冷凍装置の冷媒系統に異物が混入すると、それが装置内を循環し、膨張弁やその他の狭い通路につまり、安定した装置の運転ができなくなる。

(1) イ、ロ (2) イ、ニ (3) ロ、ハ (4) ロ、ニ (5) ハ、ニ

令和3年度第2回

（令和4年2月27日実施）

注意事項

1．問題及び解答用紙の所定欄に「受講番号」、「氏名」等を記入してください。

2．解答は、各問題の下に掲げてある(1)～(5)の解答選択肢の中から、最も適切なものを1つ選び、解答用紙に記入してください。

1問につき2つ以上の解答を選択し、解答用紙に記入した場合には、その問については0点になります。（問題　15問）

1．冷凍の原理およびサイクルなどに関する次の記述のうち正しいものはどれか。

イ．高圧の冷媒液が膨張弁を通過するときは、弁の絞りの抵抗により圧力は下がるが、周囲との間で熱と仕事の授受がないので、保有するエネルギーに変化がなく、比エンタルピーが一定で状態変化する。

ロ．ブルドン管圧力計で指示される圧力をゲージ圧力と呼び、ゲージ圧力から絶対圧力を求めるには、絶対圧力＝ゲージ圧力－大気圧とする。

ハ．理論冷凍サイクルの成績係数は、運転温度条件により大きく変化する。

ニ．圧縮機の駆動軸動力4kW、冷凍能力20kWで運転しているヒートポンプ装置の成績係数は5である。

(1)　イ、ロ　(2)　イ、ハ　(3)　ロ、ハ　(4)　ロ、ニ　(5)　ハ、ニ

2．熱の移動に関する次の記述のうち正しいものはどれか。

イ．熱伝導率、熱伝達率、熱通過率について、それぞれ単位を比べたとき、熱通過率の単位のみが他と異なっている。

ロ．アルミニウムの熱伝導率の値は、銅の熱伝導率の値より大きい。

ハ．物体内を高温端から低温端に向かって熱が移動する現象を熱伝導といい、固体壁表面とそれに接して流動する流体との間の伝熱作用を対流熱伝達という。

ニ．固体壁を隔てた2流体間の熱通過抵抗は、固体壁の熱伝導抵抗と各壁面とそれぞれの流体との間の熱伝達抵抗の総和である。

(1)　イ、ロ　(2)　イ、ハ　(3)　ロ、ハ　(4)　ロ、ニ　(5)　ハ、ニ

3．冷凍能力および動力に関する次の記述のうち正しいものはどれか。

イ．圧力比が大きくなると、往復圧縮機の体積効率は大きくなる。

ロ．往復圧縮機の法定冷凍能力は、蒸発温度が－15℃の運転条件で算定されている。このため、空調用圧縮機では、実際の冷凍能力は法定冷凍能力よりはるかに大きい。

ハ．圧縮機の体積効率と断熱効率の積を全断熱効率という。

ニ．実際の冷凍装置の成績係数は、同じ運転温度条件の理論冷凍サイクルの成績係数よりも小さい。

(1) イ、ロ　(2) イ、ハ　(3) イ、ニ　(4) ロ、ニ　(5) ハ、ニ

4．冷媒に関する次の記述のうち正しいものはどれか。

イ．非共沸混合冷媒の蒸気が圧力一定のもとで凝縮するとき、凝縮温度は凝縮始めから凝縮終了時まで一定である。

ロ．R744（二酸化炭素）を用いた冷凍装置では、圧縮機から吐き出された高圧の冷媒は、一般に臨界温度以上となるので、通常の温度の冷却空気や冷却水で冷却しても凝縮しない。

ハ．GWP（地球温暖化係数）が低い冷媒であるR32やR1234yfは微燃性を有するが、冷凍保安規則において特定不活性ガスに分類される。

ニ．アンモニアガスは空気より重いので、室内に漏れたアンモニアガスは床面付近に滞留する傾向がある。

(1) イ、ロ　(2) イ、ニ　(3) ロ、ハ　(4) ハ、ニ　(5) イ、ロ、ニ

5．圧縮機に関する次の記述のうち正しいものはどれか。

イ．圧縮機は、冷媒蒸気を圧縮する方式により容積式と遠心式に大別され、容積式圧縮機には、往復式、スクリュー式、ロータリー式、スクロール式などがある。

ロ．多気筒往復圧縮機の容量制御装置（アンローダ）は、吸込み板弁を開放して作動気筒数を変えることで、圧縮機の容量を段階的に変化させることができる。

ハ．往復圧縮機のピストンに付いているコンプレッションリングが著しく摩耗すると、圧縮機からの油上がりが大きくなる。

ニ．フルオロカーボン冷媒用圧縮機では、始動時のオイルフォーミングを防止するために、冷凍機油の温度を周囲の温度より低くしておくことが効果的である。

(1) イ、ロ　(2) イ、ハ　(3) ロ、ハ　(4) ロ、ニ　(5) ハ、ニ

6．凝縮器に関する次の記述のうち正しいものはどれか。

イ．水冷シェルアンドチューブ凝縮器では、円筒胴内の冷却管外を冷却水が流れ、冷却管内を圧縮機吐出しガスが流れる構造となっている。

ロ．凝縮器で冷媒から熱を奪い凝縮させるとき、奪うべき熱量を凝縮負荷という。理論凝縮負荷は、冷凍能力と理論断熱圧縮動力の和として表すことができる。

ハ．空冷凝縮器の熱通過率は、一般に、水冷凝縮器の熱通過率より大きい。

ニ．水冷凝縮器では、冷却水の汚れや不純物が冷却管に水あかとなって付着することがある。水あかの熱伝導の抵抗は汚れ係数と呼ばれ、汚れ係数が大きくなると凝縮器の熱通過率は小さくなる。

(1) イ、ロ (2) イ、ハ (3) ロ、ハ (4) ロ、ニ (5) ハ、ニ

7．蒸発器に関する次の記述のうち正しいものはどれか。

イ．シェルアンドチューブ満液式蒸発器では、冷媒とともに器内に流入した冷凍機油は圧縮機へ容易に戻るので、油戻し装置を必要としない。

ロ．水やブラインを冷却するシェルアンドチューブ乾式蒸発器では、冷媒側の低い熱伝達率を補うために、冷却管の内側にフィンをもつインナフィンチューブなどの伝熱促進管が用いられることが多い。

ハ．空気冷却用の蒸発器では、空気の流れの方向と冷媒の流れの方向は互いに逆方向（向流）になるようにして、伝熱性能の向上を図っている。

ニ．多数の冷却管をもつ乾式空気冷却器では、各冷却管に送り込まれる冷媒の流量が均等になるように、一般に蒸発器入口にディストリビュータ（分配器）が取り付けられている。

(1) イ、ニ (2) ロ、ハ (3) イ、ロ、ハ (4) イ、ハ、ニ (5) ロ、ハ、ニ

8．自動制御機器に関する次の記述のうち正しいものはどれか。

イ．温度自動膨張弁の容量は、蒸発器の容量に対して過大なものを選定するとハンチングが生じやすくなる。逆に、小さ過ぎるものを選定すると、熱負荷の大きいときに冷媒流量の不足を生じて、過熱度が過大になる。

ロ．内部均圧形温度自動膨張弁は、蒸発器内の冷媒の圧力損失や圧力変動が大きい冷凍装置に用いられる。

ハ．小容量の冷凍・空調装置に使用されるキャピラリチューブは、冷媒の絞り膨張は行えるが、蒸発器出口冷媒の過熱度の制御はできない。

ニ．蒸発圧力調整弁は、蒸発器出口配管に取り付け、温度自動膨張弁の感温筒と均圧管よりも上流に取り付ける。

(1) イ、ロ (2) イ、ハ (3) ロ、ハ (4) ロ、ニ (5) ハ、ニ

9．附属機器に関する次の記述のうち正しいものはどれか。

イ．高圧受液器の役割は、運転状態の変化に伴う凝縮器内の冷媒液量の変動を吸収することと、冷媒設備を修理する際に大気開放する装置部分の冷媒を回収できるようにすることである。

ロ．液分離器には、円筒胴容器内で冷媒の蒸気速度を約 1m/s 以下に落として、蒸気中の液滴を重力で落下させて分離するものがある。

ハ．フィルタドライヤは、ろ筒内部に充填したシリカゲルやゼオライトなどの乾燥剤に冷媒蒸気を通して、冷媒中の水分を除去する。

ニ．油分離器は、圧縮機の吐出し管に設置して、冷媒ガスとともに圧縮機から吐き出される冷凍機油を分離するものであるが、スクリュー圧縮機では油分離器を設けていない場合が多い。

⑴ イ、ロ ⑵ イ、ハ ⑶ イ、ニ ⑷ ロ、ニ ⑸ ハ、ニ

10．配管に関する次の記述のうち正しいものはどれか。

イ．止め弁は、圧力降下が大きいので、冷媒配管中の数をできるだけ少なくし、止め弁のグランド部は下向きになるように取り付ける。

ロ．マグネシウムを1.5％含有したアルミニウム合金は、フルオロカーボン冷媒の配管材料として用いることができる。

ハ．圧縮機の再始動時に液圧縮することを防止するため、圧縮機近くの吸込み横走り配管にはUトラップを設ける。

ニ．フルオロカーボン圧縮機の吸込み立ち上がり配管は、最小負荷時にも確実に冷凍機油を圧縮機に戻せるように、約6m/s以上の蒸気速度を確保できる配管サイズとする。

⑴ イ、ロ ⑵ イ、ハ ⑶ イ、ニ ⑷ ロ、ニ ⑸ ハ、ニ

11．安全装置および保安に関する次の記述のうち正しいものはどれか。

イ．冷凍能力が10トン以上の圧縮機と内容積が400リットル以上の圧力容器には、それぞれ安全弁の取付けが義務づけられている。

ロ．第一種製造者は、1年以内ごとに安全弁の作動の検査を行って、検査記録を残しておく。

ハ．高圧圧力スイッチの作動圧力は、高圧部に取り付けられた安全弁（内蔵形安全弁を除く）の吹始め圧力の最低値以下の圧力で、かつ、高圧部の許容圧力以下に設定しなければならない。

ニ．冷凍空調装置の施設基準（高圧ガス保安協会自主基準）で、冷媒の種類ごとに定められている限界濃度は、人体に失神や重大な障害を与えることなく、緊急処置後に避難できる濃度である。

⑴ イ、ロ ⑵ ハ、ニ ⑶ イ、ロ、ハ ⑷ イ、ハ、ニ ⑸ ロ、ハ、ニ

12．圧力容器および材料に関する次の記述のうち正しいものはどれか。

イ．圧力容器の板厚の設計や材質の選定は、容器に生じる応力が、応力－ひずみ線図における破断強さ以下に収まればよい。

ロ．アンモニアは、とくに水分が共存するとき、銅や銅合金を激しく腐食するので、アンモニア冷凍装置には、一般に銅や銅合金の配管材料は使用できない。

ハ．圧縮機を用いる冷凍装置において、圧縮機により凝縮圧力まで圧縮され、吐き出された冷媒が凝縮器で液化され、蒸発器に到達するまでが高圧部である。

ニ．圧力容器の必要板厚を計算により求めるには、安全側となるように計算結果の数値を必ず切り上げなければならない。

(1) ニ (2) イ、ハ (3) イ、ニ (4) ロ、ハ (5) ロ、ニ

13．冷凍装置の圧力試験および試運転に関する次の記述のうち正しいものはどれか。

イ．液体で行う耐圧試験は、設計圧力または許容圧力のいずれか低いほうの圧力の2倍以上の圧力で行うことが、冷凍保安規則関係例示基準で定められている。

ロ．耐圧試験に合格した容器などの構成部品は、構成部品単体で気密試験を行う。さらに、配管で接続した後に、すべての冷媒系統でも気密試験を行う。

ハ．真空試験や真空乾燥は、法令で定められた試験ではないが、わずかな水分の侵入を嫌うフルオロカーボン冷凍装置では、気密試験の後に実施するのが適切である。

ニ．冷凍機油には、粘度、流動点、冷媒との相溶性などそれぞれ特徴があり、低温用冷凍装置には、通常、流動点の高い冷凍機油を充填する。

(1) イ、ロ (2) イ、ハ (3) ロ、ハ (4) ロ、ニ (5) ハ、ニ

14．冷凍装置の運転に関する次の記述のうち正しいものはどれか。

イ．往復圧縮機を始動するときは、始動前に吐出し止め弁と吸込み止め弁がともに全開であることを確認する。

ロ．冷凍装置を長期間休止させるので、低圧側の冷媒を受液器に回収し、低圧側と圧縮機内にゲージ圧力で10kPa程度のガス圧力を残しておいた。

ハ．冷蔵庫の蒸発器に着霜が進行すると、冷凍能力が減少し、庫内温度が上昇する方向に運転状態は変化する。

ニ．圧縮機吸込み蒸気圧力が低下すると、吸込み蒸気の比体積が大きくなるので、冷媒循環量が増加し、圧縮機の駆動軸動力は増大する。

(1) イ、ロ (2) イ、ハ (3) ロ、ハ (4) ロ、ニ (5) ハ、ニ

15．冷凍装置の保守管理に関する次の記述のうち正しいものはどれか。

イ．フルオロカーボン冷凍装置の冷媒系統内に水分が侵入すると、低温の運転では、水分が膨張弁部に氷結して、冷媒が流れなくなることがある。

ロ．密閉圧縮機を使用した冷凍装置の冷媒系統内に異物が混入しても、電動機の運転に障害を引き起こすことはない。

ハ．空冷凝縮器に冷媒が過充填されると、凝縮した冷媒液により、凝縮に有効に働く伝熱面積が減少するため、凝縮圧力が低くなる。

ニ．冷媒液で満たされた管がその両端にある弁によって封鎖され、管内に液が閉じ込められた状態を液封という。

(1) イ、ロ (2) イ、ハ (3) イ、ニ (4) ロ、ニ (5) ハ、ニ

令和4年度第1回

（令和4年7月3日実施）

注意事項

1．問題及び解答用紙の所定欄に「受講番号」、「氏名」等を記入してください。

2．解答は、各問題の下に掲げてある(1)～(5)の解答選択肢の中から、最も適切なものを1つ選び、解答用紙に記入してください。

1問につき2つ以上の解答を選択し、解答用紙に記入した場合には、その問については0点になります。

（問題　15問）

1．冷凍の原理および冷凍サイクルに関する次の記述のうち正しいものはどれか。

イ．蒸発器において冷媒は、主として、その顕熱によって被冷却媒体を冷却する。

ロ．理論冷凍サイクルにおいて、冷凍装置の冷凍能力ϕ_0は、凝縮器の凝縮負荷ϕ_kと圧縮機の軸動力P_{th}の差（ϕ_k-P_{th}）に等しい。

ハ．p-h線図で乾き度が0である等乾き度線は飽和液線を示す。

ニ．理論ヒートポンプサイクルの成績係数の値は、常に1よりも小さい。

(1)　イ、ロ　(2)　イ、ハ　(3)　ロ、ハ　(4)　ロ、ニ　(5)　ハ、ニ

2．熱の移動に関する次の記述のうち正しいものはどれか。

イ．熱伝導率は、物体内を熱が流れるとき、その流れやすさを表す。その値は、物質固有の値であり、W/(m・K）やkW/(m・K）の単位で表される。

ロ．熱が物体内を高温端から低温端に向かって定常状態で移動する場合、その伝熱量は、高温端と低温端との距離に比例し、その温度差に反比例する。

ハ．熱伝達率の値は、固体壁面の形状や流速などの流れの状態により決まり、流体の種類には無関係である。

ニ．固体壁で隔てられた2流体間の熱通過率の値は、両流体側壁面の熱伝達率と固体壁の熱伝導率を加え合わせた値である。

(1)　イ　(2)　ロ　(3)　ハ　(4)　イ、ロ　(5)　ハ、ニ

3．冷凍能力、動力および省エネルギーに関する次の記述のうち正しいものはどれか。

イ．往復圧縮機のピストン押しのけ量は、気筒径、ピストン行程および気筒数によって決

まる。

ロ．往復圧縮機の体積効率の値は、圧力比や圧縮機の構造などによって異なり、圧力比とシリンダのすきま容積比が大きくなるほど、大きくなる。

ハ．断熱効率と機械効率の積を全断熱効率といい、実際の圧縮機の駆動軸動力は理論断熱圧縮動力を全断熱効率で除して求められる。

ニ．冷凍装置の実際の成績係数は、理論冷凍サイクルの成績係数より大きくなる。

(1) イ　(2) ハ　(3) イ、ロ　(4) ロ、ニ　(5) ハ、ニ

4．冷媒およびブラインの性質に関する次の記述のうち正しいものはどれか。

イ．臨界温度とは、それ以上の温度では冷媒が凝縮しなくなる限界の温度である。フルオロカーボン冷凍装置は、通常、使用する冷媒の臨界温度以下の範囲で作動する。

ロ．二酸化炭素やプロパンは自然冷媒と呼ばれることがある。

ハ．フルオロカーボン冷媒ガスは空気よりも軽いので、室内に漏えいした際に天井付近に滞留する傾向がある。

ニ．塩化カルシウムブラインは、－40℃くらいまでの低温領域で使用され、無害で食品に直接接触する冷却用に広く用いられている。

(1) イ、ロ　(2) イ、ハ　(3) ロ、ハ　(4) ロ、ニ　(5) ハ、ニ

5．圧縮機に関する次の記述のうち正しいものはどれか。

イ．圧縮機は、冷媒蒸気を圧縮する方式により、容積式と遠心式に大別され、往復圧縮機、ロータリー圧縮機、スクロール圧縮機およびスクリュー圧縮機は、容積式に分類される。

ロ．多気筒往復圧縮機の容量制御装置（アンローダ）は、吐出し板弁を開放して作動気筒数を変えることで、圧縮機の容量を段階的に変えることができる。

ハ．インバータを使用して圧縮機の回転速度を調節する容量制御では、圧縮機の体積効率は回転速度によらず常に一定であるので、広い回転速度の範囲において、容量は回転速度に比例する。

ニ，圧縮機始動時にオイルフォーミングが発生すると、圧縮機からの油上がりが多くなり、給油圧力の低下、潤滑不良やオイルハンマを起こすことがある。

(1) イ、ハ　(2) イ、ニ　(3) ロ、ハ　(4) ロ、ニ　(5) ハ、ニ

6．凝縮器および冷却塔に関する次の記述のうち正しいものはどれか。

イ．開放形冷却塔のクーリングレンジとは、冷却塔の出入口の冷却水の温度差のことである。

ロ．空冷凝縮器に入る空気の流速を前面風速といい、その値は通常約1.5m/s～2.5m/sとしている。

ハ．蒸気式凝縮器は、冷却管コイルの上部より冷却水をポンプで散布し、冷却管コイルの中を通る冷媒ガスを凝縮させる。凝縮温度は、外気の湿球温度には関係しない。

ニ．フルオロカーボン冷媒用のシェルアンドチューブ凝縮器では、冷却管の内表面積に対して外表面積の大きい銅製のローフィンチューブを冷却管として使うことが多い。

(1) イ、ロ　(2) イ、ハ　(3) ハ、ニ　(4) イ、ロ、ニ　(5) ロ、ハ、ニ

7．蒸発器（冷却器）に関する次の記述のうち正しいものはどれか。

イ．乾式蒸発器への冷媒流量は、一般に、温度自動膨張弁を用いて制御され、蒸発器出口の冷媒の状態は、通常、過熱蒸気である。

ロ．満液式蒸発器には、冷却管の外側で冷媒が蒸発する蒸発器と、冷却管の内側で冷媒が蒸発する蒸発器がある。

ハ．プレートフィンチューブ冷却器のフィンに霜が厚く付着すると、風量の減少と熱通過率の低下により冷却不良となるため、除霜を行う必要がある。

ニ．除霜方式には、散水方式、ホットガス方式、オフサイクルデフロスト方式などがある。ホットガス方式では、高温の冷媒ガスの顕熱のみで霜を融解させる。

(1) イ、ロ　(2) ロ、ニ　(3) ハ、ニ　(4) イ、ロ、ハ　(5) イ、ハ、ニ

8．自動制御機器に関する次の記述のうち正しいものはどれか。

イ．圧力センサは、インバータによる圧縮機の回転数、電子膨張弁による冷媒流量、熱交換器のファン回転数の制御などに使用される。

ロ．温度自動膨張弁には、弁の均圧方式により、内部均圧形温度自動膨張弁と外部均圧形温度自動膨張弁があり、蒸発器内の冷媒の圧力損失が大きい冷凍装置には内部均圧形温度自動膨張弁が適している。

ハ．蒸発圧力調整弁は、蒸発器入口配管に取り付けられ、蒸発器内の蒸発圧力が所定の圧力よりも低下するのを防止する。

ニ．温度自動膨張弁の感温筒は蒸発器出口配管にしっかりと密着させて取り付ける。もし感温筒が外れてしまうと、膨張弁が大きく開いて液戻りを生じるおそれがある。

(1) イ、ロ　(2) イ、ハ　(3) イ、ニ　(4) ロ、ハ　(5) ハ、ニ

9．附属機器に関する次の記述のうち正しいものはどれか。

イ．横形圧力容器を高圧受液器に用いる場合は、受液器から液と一緒に蒸気が流れ出ないように、液出口管の先端が、受液器の底部位置になるようにする。

ロ．往復圧縮機を使用した大形・低温用フルオロカーボン冷凍装置やアンモニア冷凍装置では、油分離器を用いるが、スクリュー圧縮機を使用した冷凍装置では、油分離器を設けない場合が多い。

ハ．液分離器は、蒸発器から圧縮機の間の吸込み蒸気配管に取り付けて、液圧縮を防止する。

ニ．フルオロカーボン冷凍装置やアンモニア冷凍装置では、圧縮機に戻る冷媒蒸気を適度に過熱させるために、液ガス熱交換器を設けることがある。

(1) イ、ロ (2) イ、ハ (3) イ、ニ (4) ロ、ニ (5) ハ、ニ

10. 冷媒配管に関する次の記述のうち正しいものはどれか。

イ．横走り管は、原則として、冷媒の流れの方向に 1/150 ～ 1/250 の上り勾配を設ける。

ロ．フルオロカーボン冷凍装置の冷媒配管の材料には、2%を超えるマグネシウムを含有したアルミニウム合金を使用してはならない。

ハ．吐出しガス配管における流れの抵抗による圧力降下は、20 kPa を超えないことが望ましい。

ニ．高圧液配管内で冷媒液がフラッシュ（気化）するのを防ぐために、高圧液配管の管径は、流速ができるだけ大きくなるように、さらに、圧力降下が小さくなるように決める。

(1) イ、ロ (2) イ、ハ (3) イ、ニ (4) ロ、ハ (5) ハ、ニ

11. 安全装置と保安に関する次の記述のうち正しいものはどれか。

イ．圧縮機に取り付ける安全弁の最小口径は、標準回転速度における 1 時間当たりのピストン押しのけ量の平方根に比例する。

ロ．許容圧力以下に戻すことができる安全装置として、内容積 750 リットル未満のフルオロカーボン冷媒用シェル形凝縮器および受液器には、溶栓を用いることができる。

ハ．異常な高圧圧力を検知して、圧縮機を駆動している電動機の電源を切る高圧遮断装置は、特に定める場合を除き、原則として手動復帰式にする。

ニ．冷凍空調装置の施設基準（高圧ガス保安協会自主基準）では、冷媒ガスが空気中に漏えいしたとき、人が失神や重大な障害を受けることなく、緊急の処置をとった上で、自らも避難できる程度の濃度を基準に、冷媒ガスの限界濃度を規定している。

(1) イ、ロ (2) ロ、ニ (3) ハ、ニ (4) イ、ロ、ハ (5) イ、ハ、ニ

12. 冷凍装置の材料および圧力容器に関する次の記述のうち正しいものはどれか。

イ．圧力容器で耐圧強度に関係するのは、一般に圧縮応力ではなく引張応力である。

ロ．圧力容器の設計において使用される鋼材の許容引張応力は、一般に日本産業規格（JIS）で定められている引張強さの 1/2 の応力である。

ハ．冷凍装置における高圧部とは、冷媒を吸い込む圧縮機の吸入管から、凝縮器を経て膨張弁の出口までをいう。

ニ．薄肉円筒胴圧力容器の胴板の内部に発生する接線方向の引張応力は、長手方向の引張応力に等しい。

(1) イ (2) ハ (3) イ、ロ (4) ロ、ニ (5) ハ、ニ

13. 冷凍装置の圧力試験および試運転に関する次の記述のうち正しいものはどれか。

イ．冷凍装置の圧縮機、圧力容器、冷媒液ポンプなどは、耐圧試験を実施して強度を確認し漏れがなければ、気密試験を省略できる。

ロ．真空試験では、装置全体からの微量の漏れは発見できるが、漏れ箇所を特定することはできない。

ハ．冷凍機油は、水分を吸収しやすいので、できるだけ密封された容器に入っている油を使い、古い油や長時間空気にさらされた油は使用しない。

ニ．装置内に冷媒が過充填されている場合、充填量を適切な批にするために過剰な冷媒を大気放出してはならない。

(1) イ、ロ (2) イ、ニ (3) ハ、ニ (4) イ、ロ、ハ (5) ロ、ハ、ニ

14. 冷凍装置の運転に関する次の記述のうち正しいものはどれか。

イ．凝縮器に流れる冷却水量が減少する、あるいは冷却水温が上昇することにより、凝縮圧力が上昇すると、圧縮機吐出しガス圧力も上昇する。

ロ．冷凍装置を長期間停止させる場合は、低圧側や圧縮機内が、ゲージ圧力で 10 kPa 程度の圧力に低下するまで、ポンプダウンにより冷媒を受液器に回収する。

ハ．圧縮機の吸込み蒸気圧力が低下すると、圧縮仕事量は減少するので、圧縮機の吸込み蒸気圧力が低いほど、冷凍装置の成績係数は大きくなる。

ニ．圧縮機の運転開始時、圧縮機にノック音が発生した場合、液戻りが疑われるので、直ちに吸込み側止め弁を絞る。

(1) イ、ロ (2) イ、ハ (3) ロ、ハ (4) ハ、ニ (5) イ、ロ、ニ

15. 冷凍機の保守管理に関する次の記述のうち正しいものはどれか。

イ．開放圧縮機を用いた冷凍装置において、冷媒系統中に異物が混入すると、異物が電動機の電気絶縁性を低下させ、電動機の焼損の原因となる。

ロ．フルオロカーボン冷媒は、水分の溶解度が極めて小さいので、低温で運転する冷凍装置では、冷媒系統へ水分が混入すると、膨張弁部で氷結することがある。

ハ．受液器兼用凝縮器を用いた冷凍装置に冷媒が過充填されると、凝縮液が多数の冷却管を浸してしまい、凝縮に有効に働く伝熱面積が減少するため、凝縮圧力が高くなる。

ニ．冷凍負荷が急激に減少すると、蒸発器での冷媒の沸騰が激しくなり、冷媒蒸気が液滴をともなって圧縮機に吸い込まれ、液圧縮を起こしやすい。

(1) イ、ロ (2) イ、ハ (3) ロ、ハ (4) ロ、ニ (5) ハ、ニ

令和4年度第2回

（令和5年2月26日実施）

注意事項

1．問題及び解答用紙の所定欄に「受講番号」、「氏名」等を記入してください。

2．解答は、各問題の下に掲げてある(1)～(5)の解答選択肢の中から、最も適切なものを1つ選び、解答用紙に記入してください。

1問につき2つ以上の解答を選択し、解答用紙に記入した場合には、その問については0点になります。

（問題　15問）

1．冷凍の原理および冷凍サイクルに関する次の記述のうち正しいものはどれか。

イ．蒸発器では、冷媒が周囲から熱エネルギーを受け入れて蒸発し、その潜熱によって周囲の物質を冷却する。

ロ．*p-h* 線図で乾き度の等しい点を連ねた曲線を等乾き度線といい、飽和液線上では乾き度は0（ゼロ）である。

ハ．冷凍装置内の冷媒の圧力は、一般にブルドン管圧力計で計測する。ブルドン管圧力計で指示される圧力は、冷媒圧力と大気圧との差圧で、冷媒の絶対圧力である。

ニ．凝縮器の凝縮負荷は、蒸発器の冷凍能力から圧縮機の駆動軸動力を差し引いたものである。

(1)　ニ　(2)　イ、ロ　(3)　イ、ニ　(4)　ロ、ハ　(5)　イ、ロ、ハ

2．熱の移動に関する次の記述のうち正しいものはどれか。

イ．熱伝導率の逆数を熱伝導抵抗といい、この値が大きくなるほど、物体内を熱が移動しやすくなることを表す。

ロ．対流熱伝達とは、固体壁表面とそれに接して流動する流体との間の伝熱作用をいう。

ハ．空気の熱伝導率は、金属の熱伝導率に比べて著しく小さい。

ニ．熱交換器の伝熱量の計算において使用される高温流体と低温流体との平均温度差には、算術平均温度差と対数平均温度差があり、算術平均温度差のほうが対数平均温度差よりも正確である。

(1)　ハ　(2)　イ、ニ　(3)　ロ、ハ　(4)　ロ、ニ　(5)　イ、ロ、ニ

3．冷凍能力、動力および成績係数に関する次の記述のうち正しいものはどれか。

イ．往復圧縮機の体積効率 η_v は、圧縮機のピストン押しのけ量 V に対する実際の吸込み蒸気撒 q_{vr} の比（q_{vr}/V）で表される。

ロ．圧縮機の全断熱効率は、断熱効率と体積効率の積で表される。

ハ．冷凍装置の実際の成績係数は、理論冷凍サイクルの成績係数と全断熱効率の積で求められる。

ニ．理論ヒートポンプサイクルの成績係数は、同一運転条件での理論冷凍サイクルの成績係数の値よりも1だけ小さな値である。

(1) ロ　(2) イ、ハ　(3) ロ、ニ　(4) ハ、ニ　(5) イ、ロ、ハ

4．冷媒およびブラインに関する次の記述のうち正しいものはどれか。

イ．冷凍・空調装置に用いられる冷媒は、フルオロカーボン冷媒とその他の冷媒とに大別される。

ロ．温度勾配の大きい混合冷媒は、共沸混合冷媒と呼ばれる。

ハ．冷媒は化学的に安定であることが望まれる。冷凍装置内での冷媒は、冷凍機油、微量の水、金属と共存するため、冷媒単体で存在する場合より化学的安定性は高い。

ニ．有機ブラインのプロピレングリコールは毒性をほとんどもたないので、食品、飲料、医薬品、化粧品などの製造工程における冷却用ブラインとして利用されている。

(1) イ　(2) イ、ニ　(3) ロ、ハ　(4) ロ、ニ　(5) イ、ハ、ニ

5．圧縮機に関する次の記述のうち正しいものはどれか。

イ．圧縮機は、冷媒蒸気を圧縮する方式により、容積式と遠心式に大別され、往復式およびロータリー式の圧縮機は容積式に、スクロール式およびスクリュー式の圧縮機は、遠心式に分類される。

ロ．圧縮機と電動機を直結して1つのケーシング内に収めた密閉圧縮機には、全密閉圧縮機と半密閉圧縮機があり、両者はいずれも密閉式であるので、圧縮機内部の点検や修理を行うことはできない。

ハ．多気筒往復圧縮機の容量制御装置（アンローダ）は、負荷の減少に伴い吸込み板弁を開放して作動気筒数を減らすことにより、圧縮機の容量を段階的に減少させることができる。

ニ．フルオロカーボン冷媒用の往復圧縮機では、始動時のオイルフォーミングを防止するため、圧縮機の運転開始前に冷凍機油の温度を周囲の温度より高くしておくことが効果的である。

(1) ロ　(2) イ、ロ　(3) イ、ハ　(4) ハ、ニ　(5) ロ、ハ、ニ

6．凝縮器および冷却塔に関する次の記述のうち正しいものはどれか。

イ．開放形冷却塔では、ファンによって吸い込まれた空気の顕熱で冷却水を冷却する。

ロ．空冷凝縮器は、空気の顕熱を利用して冷媒を凝縮させる凝縮器で、水冷凝縮器に比べて構造が簡単で保守作業はほとんど必要としない。

ハ．水冷凝縮器では、冷却水の流速を 2 倍にすると、冷却水側熱伝達率が 2 倍になるため、凝縮器の熱通過率も 2 倍になる。

ニ．水冷凝縮器には、シェルアンドチューブ凝縮器、二重管凝縮器、ブレージングプレート凝縮器などがある。

⑴ ハ ⑵ イ、ロ ⑶ ロ、ニ ⑷ イ、ロ、ニ ⑸ イ、ハ、ニ

7．蒸発器に関する次の記述のうち正しいものはどれか。

イ．乾式蒸発器では、膨張弁からの冷媒は、液と蒸気が混相した状態で冷却管に流入し、周囲から熱を取り込んで蒸発して乾き飽和蒸気となり、さらに、若干加熱された状態で冷却管から出ていく。

ロ．圧力降下が大きいディストリビュータを使用して蒸発器の冷却管に冷媒を分配する冷凍装置には、内部均圧形温度自動膨張弁を用いる。

ハ．シェルアンドチューブ乾式蒸発器は、冷却管内をブラインが流れ、シェル内の冷媒液と熱交換する構造となっている。

ニ．着霜した冷却器から霜を取り除くことを、冷却器の除霜またはデフロストといい、散水方式における水の温度は 10 ～ 15℃程度がよい。

⑴ ロ ⑵ イ、ハ ⑶ イ、ニ ⑷ ハ、ニ ⑸ イ、ロ、ニ

8. 自動制御機器に関する次の記述のうち正しいものはどれか。

イ．温度自動膨張弁の感温筒は、蒸発器入口配管に密着させて取り付けられ、管壁を介して蒸発器に流入する冷媒の温度を検知する。

ロ．蒸発圧力調整弁は、蒸発器出口配管に取り付けられ、蒸発器内の圧力が所定の蒸発圧力よりも下がるのを防止する。

ハ．1 日の冷凍能力が 10 トン以上の冷凍装置で、高圧圧力スイッチを保安の目的で高圧遮断装置として用いる場合、自動復帰式とする。

ニ．温度自動膨張弁には内部均圧形と外部均圧形がある。内部均圧形の温度自動膨張弁は、蒸発器内の圧力損失が小さい冷凍装置に用いられる。

⑴ イ ⑵ イ、ニ ⑶ ロ、ハ ⑷ ロ、ニ ⑸ イ、ロ、ハ

9. 附属機器に関する次の記述のうち正しいものはどれか。

イ．凝縮器出口側に連結する高圧受液器では、受液器より冷媒液とともに冷媒蒸気が流れ出ないように、液出口管端を受液器の上部位置に設置する。

ロ．油分離器は、圧縮機吐出し管に設け、冷媒ガスとともに吐き出される若干の冷凍機油を分離する。

ハ．液分離器の構造は、円筒形の胴をもった容器で、蒸気速度を約 1m/s 以下に落とし、

蒸気中の液滴を重力で分離し、冷媒液が容器の下部に溜まるようにしたものである。

ニ．冷媒液配管に設けるフィルタドライヤの乾燥剤には、シリカゲルやゼオライトなどを用い、フィルタドライヤのろ筒内に収める。

(1) ニ (2) イ、ロ (3) イ、ハ (4) ロ、ハ (5) ロ、ハ、ニ

10．冷媒配管に関する次の記述のうち正しいものはどれか。

イ．冷媒配管の曲がり部は、できるだけ少なく、かつ、曲がり半径は小さくする。

ロ．吐出しガス配管の管径は、冷媒ガス中に混在している冷凍機油が確実に運ばれるだけのガス速度を最少とし、かつ、過大な圧力降下と騒音を生じないガス速度を上限として決定される。

ハ．フルオロカーボン冷凍装置の冷媒配管には、2％以下のマッグネシウムを含有したアルミニウム合金は使えない。

ニ．横走り吸込み蒸気配管の途中にＵトラップがあると、軽負荷運転時や停止時に冷媒液や冷凍機油が溜まって、圧縮機の再始動時に液圧縮の危険が生じる恐れがある。

(1) ハ (2) イ、ロ (3) イ、ニ (4) ロ、ニ (5) イ、ハ、ニ

11．安全装置と保安に関する次の記述のうち正しいものはどれか。

イ．冷凍保安規則関係例示基準では、圧縮機に取り付ける安全弁の口径は、圧縮機の吐出し側が閉止されても、圧縮機吐出しガスの全量を噴出させることができるように定められている。

ロ．冷凍保安規則関係例示基準では、破裂板の破裂圧力は、耐圧試験圧力以下で、安全弁の作動圧力以上と定められている。

ハ．異常な高圧圧力を検知して、圧縮機を駆動している電動機の電源を切る高圧遮断装置の作動圧力は、高圧部に取り付けられた安全弁（内蔵形安全弁を除く）の吹始め圧力の最低値より高い圧力に設定しなければならない。

ニ．冷凍保安規則において、可燃性ガス、毒性ガスまたは不活性ガスの製造施設には、漏えいしたガスが滞留するおそれがある場所に、ガス漏えい検知警報設備の設置を義務付けている。

(1) ニ (2) イ、ロ (3) イ、ハ (4) イ、ロ、ニ (5) ロ、ハ、ニ

12．冷凍装置の材料および圧力容器に関する次の記述のうち正しいものはどれか。

イ．材料に外力が加えられたときに、その材料の内部に発生する単位断面積当たりの抵抗を応力と呼ぶ。

ロ．圧力容器の耐圧強度に関係するのは、一般に圧縮応力である。

ハ．冷凍保安規則関係例示基準では、冷凍装置の高圧部の設計圧力は、冷媒の種類ごとに、38℃のときの冷媒の飽和圧力をもって規定している。

ニ．アンモニア冷凍装置の配管には、腐食性を考慮して、銅および銅合金を使用してはな

らない。

(1) ロ (2) イ、ニ (3) ロ、ニ (4) ハ、ニ (5) イ、ロ、ハ

13. 冷凍装置の据付け、試験および試運転に関する次の記述のうち正しいものはどれか。

イ. 冷凍装置の配管以外の圧縮機、圧力容器、冷媒液ポンプなどには耐圧試験を、また、配管を含むすべての部分には、気密試験を行わなければならない。

ロ. 多気筒圧縮機の設置にあたっては、据え付ける基礎の質量は圧縮機と駆動機の合計質量の2～3倍程度にする。

ハ. 冷凍機油は、水分をほとんど吸収しないので、古い油や数日間空気にさらされた油でも、問題なく使用できる。

ニ. フルオロカーボン冷媒の追加充填の際、配管内の空気を追い出す場合、冷媒を空気とともに大気中に放出しても問題はない。

(1) ニ (2) イ、ロ (3) イ、ニ (4) ロ、ハ (5) ロ、ハ、ニ

14. 冷凍装置の運転に関する次の記述のうち正しいものはどれか。

イ. 冷凍装置を長期間休止させる場合には、低圧側と圧縮機内にゲージ圧力で10 kPa程度のガス圧力の冷媒ガスを残し、ポンプダウンにより低圧側の冷媒を高圧受液器に回収する。

ロ. 圧縮機を起動するときは、吐出し側止め弁が全閉であることを確認してから、圧縮機を起動する。

ハ. 蒸発圧力が一定のもとで、吐出しガス圧力が上昇すると、体積効率が低下し、吐出しガス温度も上昇するので、冷凍機油を劣化させる恐れがある。

ニ. 圧縮機の吸込み蒸気の圧力は、吸込み蒸気配管などでの冷媒蒸気の流れの抵抗により、蒸発器内の冷媒の蒸発圧力よりもいくらか低い圧力になる。

(1) イ (2) イ、ロ (3) ハ、ニ (4) イ、ハ、ニ (5) ロ、ハ、ニ

15. 冷凍装置の保守管理に関する次の記述のうち正しいものはどれか。

イ. アンモニア冷凍装置の冷媒系統に水分が侵入すると、アンモニアは水分の溶解度が極めて小さいので、わずかな水分量であっても、装置に障害を引き起こすことがある。

ロ. 冷媒配管の溶接、ろう付け時のスラッジ除去が不十分であると、そのスラッジが装置内を循環し、膨張弁やその他の狭い通路に詰まることがある。

ハ. 冷媒を過充填すると、凝縮液が凝縮器の多数の冷却管を浸してしまい、凝縮のために有効に働く伝熱面積が減少するため、凝縮圧力が高くなる。

ニ. 冷凍負荷が急激に増大すると、蒸発器での冷媒の沸騰が激しくなり、冷媒蒸気が液滴をともなって圧縮機に吸い込まれ、液戻りや液圧縮を起こしやすい。

(1) ロ (2) イ、ハ (3) イ、ニ (4) イ、ロ、ニ (5) ロ、ハ、ニ

技術検定

令和5年度第1回

（令和5年7月2日実施）

注意事項

1．問題用紙および解答用紙の所定欄に「受講番号」等を記入してください。

2．解答は、各問題の下に掲げてある（1）～（5）の解答選択肢の中から、最も適切なものを1つ選び、解答用紙に記入してください。

　1問につき2つ以上の解答を選択し、解答用紙に記入した場合には、その問については0点になります。

3．解答を解答用紙に記入する場合は、解答用紙の解答欄にある番号の中から、上記2.において選択したものと同じ番号にマークしてください。検定問題の問番号と異なる問番号にマークした場合には、その問については0点になります。

4．採点はコンピュータで処理しますので、解答用紙にマークする場合には、はみ出さないように黒く塗りつぶしてください。

5．筆記用具は、鉛筆またはシャープペンシル（HBまたはB）以外使用できません。

6．訂正する場合は、消しゴムでていねいに消してから訂正してください。

7．問題の内容に関する質問にはお答えできません。

8．検定開始後、30分間は退室できません。

9．問題用紙は回収します。途中退室する方は退室時に、最後まで受検した方は検定終了時に解答用紙と併せて問題用紙を提出してください。　（問題　15問）

1．冷凍の原理および冷凍サイクルに関する次の記述のうち正しいものはどれか。

イ．一般に、物質が液体から蒸気に、あるいは蒸気から液体に状態変化する場合に、物質に出入りする熱量を顕熱という。

ロ．蒸発器では、冷媒が周囲からの熱エネルギーを受け入れて蒸発する。一方、凝縮器では、冷媒は冷却水や外気に熱エネルギーを放出して凝縮・液化する。

ハ．冷媒蒸気の比体積は、計測しやすい温度と圧力を測定し、冷媒の p-h 線図（圧力－比エンタルピー線図）から求めることができる。

ニ．冷凍能力と理論断熱圧縮動力の比を理論冷凍サイクルの成績係数と呼び、冷凍サイクルの性能を表している。

(1) イ　(2) イ、ハ　(3) ロ、ハ　(4) ロ、ニ　(5) ロ、ハ、ニ

2．熱の移動に関する次の記述のうち正しいものはどれか。

イ．物体内の熱の流れやすさを熱伝導率といい、空気の熱伝導率の値は、水の熱伝導率の値より大きい。

ロ．固体壁表面とそれに接して流動する流体との間の熱の伝わりやすさを熱伝達率という。熱伝達率の値は、表面の状態が同じで自然対流の場合、液体より気体のほうが大きい。

ハ．固体壁を隔てた2流体間で熱が伝わるときの伝わりやすさを熱通過率といい、伝わりにくさを熱通過抵抗という。

ニ．蒸発器や凝縮器の伝熱量の算出においては、入口側温度差と出口側温度差にあまり大きな差がない場合には、対数平均温度差の近似値として算術平均温度差が使われている。

(1) イ、ロ (2) イ、ハ (3) ロ、ハ (4) ロ、ニ (5) ハ、ニ

3．冷凍能力、動力および省エネルギーに関する次の記述のうち正しいものはどれか。

イ．圧縮機のピストン押しのけ量に対する実際の吸込み蒸気量の比を体積効率といい、シリンダのすきま容積比が大きくなるほど、体積効率は大きくなる。

ロ．ヒートポンプ装置の実際の成績係数の値は、圧縮機の機械的摩擦損失仕事が熱となって冷媒に加えられる場合には、同じ条件で運転したときの冷凍装置の実際の成績係数の値よりも1だけ大きい。

ハ．往復圧縮機のピストン押しのけ量は、気筒径、気筒数および回転速度のみで決まる。

ニ．冷凍装置の実際の成績係数は、同じ運転条件の理論冷凍サイクルの成績係数よりも小さい。

(1) イ、ロ (2) イ、ハ (3) イ、ニ (4) ロ、ハ (5) ロ、ニ

4．冷媒およびブラインの性質に関する次の記述のうち正しいものはどれか。

イ．標準沸点は冷媒の種類によって異なる。標準沸点の低い冷媒は、標準沸点の高い冷媒よりも、ある温度において、より高い飽和圧力をもつ傾向がある。

ロ．銅または銅合金は、アンモニアにより腐食するのでアンモニア冷凍装置の冷媒配管などの部品に使用できないが、常に油膜で保護された圧縮機の青銅製軸受に使用することができる。

ハ．フルオロカーボンの冷媒液は冷凍機油よりも軽く、漏えいした冷媒ガスは空気よりも重い。

ニ．ブラインは一般に凍結点が0℃以下の液体で、無機ブラインであるプロピレングリコールブラインは、毒性がないので、飲料などの製造工程における冷却用に利用されている。

(1) イ、ロ (2) イ、ハ (3) ロ、ハ (4) ロ、ニ (5) ハ、ニ

5．圧縮機に関する次の記述のうち正しいものはどれか。

イ．スクロール圧縮機は、スクリュー圧縮機に比べて大容量に適している。

ロ．多気筒の往復圧縮機には、通常、容量制御装置（アンローダ）が取り付けられており、

冷凍機油の油圧が正常に上がるまではアンロード状態で、圧縮機始動時の負荷軽減装置としても使われている。

ハ．往復圧縮機の吐出し弁から高圧部のガスがシリンダ内に漏れると、シリンダ内に絞り膨張して吸込み蒸気と混合して、吸い込まれた蒸気の圧力が高くなって、冷凍能力は増大する。

ニ．フルオロカーボン冷媒用往復圧縮機は、停止中にクランクケース内の冷凍機油の温度が低い場合、冷凍機油に溶ける冷媒量が増え、圧縮機の始動でクランクケースの圧力が下がると、冷凍機油中の冷媒が急激に気化し、オイルフォーミングを起こす。

(1) イ、ロ　(2) イ、ハ　(3) ロ、ハ　(4) ロ、ニ　(5) ハ、ニ

6．凝縮器に関する次の記述のうち正しいものはどれか。

イ．フルオロカーボン冷凍装置用のシェルアンドチューブ凝縮器には、冷却管として管外表面積を拡大したローフィンチューブが一般に使用されている。

ロ．受液器兼用水冷凝縮器を使用した冷凍装置に冷媒を過充填すると、凝縮器内の冷媒液の過冷却度が大きくなるため、凝縮圧力は低下する。

ハ．空冷凝縮器に吸い込まれる空気の流速を前面風速といい、この値が大きいほど伝熱性能上有利であるが、騒音やファン動力を増やさないようにするため、一般に前面風速として1 m/s以下の値が採用されている。

ニ．蒸発式凝縮器は、冷却管コイルに散布する水の蒸発潜熱を利用して冷媒を冷却するので、外気の湿球温度が低いほど、凝縮温度は低下する。

(1) イ、ロ　(2) イ、ニ　(3) ロ、ハ　(4) ロ、ニ　(5) ハ、ニ

7．蒸発器（冷却器）に関する次の記述のうち正しいものはどれか。

イ．乾式蒸発器では、温度自動膨張弁から低温低圧の冷媒が湿り蒸気の状態となって冷却管に流入し、主としてその顕熱によって周囲を冷却した後、若干過熱した状態となって冷却管から出ていく。

ロ．空調用フィンコイル蒸発器の冷却管は、通常、外径5～7mmの内面溝付き銅管に0.1mm程度の厚みのアルミニウム板がフィンとして取り付けられている。

ハ．冷蔵用フィンコイル蒸発器では、冷媒と被冷却流体である空気との平均温度差を通常15～20 Kとし、空調用蒸発器の場合よりも平均温度差を大きくしている。

ニ．シェルアンドチューブ満液式蒸発器は、冷却管内の冷媒が蒸発することによってシェル内を満たしている冷水やブラインを冷却する構造となっている。

(1) イ　(2) ロ　(3) ニ　(4) ロ、ハ　(5) ロ、ニ

8．自動制御機器に関する次の記述のうち正しいものはどれか。

イ．自動膨張弁は、高圧の冷媒液を低圧に絞り膨張させる機能と、冷凍負荷に応じて冷媒流量を調節し、冷凍装置を効率よく運転する機能とをもっている。

ロ．高圧圧力スイッチは、設定圧力よりも圧力が高くなると、接点が開き圧縮機を停止させる。保安目的で用いる場合、原則として自動復帰式を使用する。

ハ．温度自動膨張弁の感温筒が取付け配管から外れると、膨張弁が大きく開いて液戻りを生じ、感温筒内の冷媒が漏れると、膨張弁が閉じて冷凍装置は冷却作用を行えなくなる。

ニ．蒸発圧力調整弁は、蒸発器出口配管に取り付けて、蒸発器内の冷媒の蒸発圧力が所定の蒸発圧力よりも上がるのを防止する働きをする。

(1) イ、ロ　(2) イ、ハ　(3) イ、ニ　(4) ロ、ハ　(5) ロ、ニ

9．附属機器に関する次の記述のうち正しいものはどれか。

イ．フィルタドライヤは、冷媒中の固形物を除去するためにフルオロカーボン冷凍装置の冷媒液配管に設置される。

ロ．高圧受液器は、凝縮器の出口側に取り付けられ、運転状態の変化があっても凝縮器に冷媒液が滞留しないように、冷媒液量の変動を吸収する。

ハ．液分離器は、膨張弁と蒸発器の間の低圧配管に取り付けられ、蒸発器に入る冷媒蒸気から冷媒液を分離する。

ニ．大形･低温のフルオロカーボン冷凍装置では、圧縮機の吐出し管に油分離器を設ける。油分離器は、圧縮機から冷媒ガスとともに吐き出される冷凍機油を分離して圧縮機へ戻し、圧縮機の潤滑不良や凝縮器・蒸発器における伝熱性能低下を防止する。

(1) イ、ロ　(2) イ、ハ　(3) イ、ニ　(4) ロ、ハ　(5) ロ、ニ

10．冷媒配管に関する次の記述のうち正しいものはどれか。

イ．圧縮機の再始動時の液圧縮を防ぐため、圧縮機近くの吸込み蒸気配管（横走り管）にはUトラップを設けない。

ロ．冷媒配管における冷媒の流れ抵抗が小さくなるように、配管の長さはできるだけ短く、止め弁の数や配管の曲がり部はできるだけ少なくし、曲がりの半径はできるだけ大きくする。

ハ．フルオロカーボン冷媒を使用する冷凍装置では、銅および銅合金を配管材料として使用してはならない。

ニ．圧縮機が凝縮器と同じ高さに設置されている場合には、圧縮機吐出しガス配管に下がり勾配をつけるなどの特別な配慮は不要である。

(1) イ、ロ　(2) イ、ハ　(3) イ、ニ　(4) ロ、ハ　(5) ハ、ニ

11．安全装置と保安に関する次の記述のうち正しいものはどれか。

イ．内容積が500リットルの圧力容器に、安全装置として安全弁を取り付けた。

ロ．圧縮機に取り付けるべき安全弁の最小口径は、ピストン押しのけ量の平方根に比例し、冷媒の種類には依存しない。

ハ．可燃性や毒性のあるガスに対して、安全弁もしくは溶栓は使用できるが、破裂板は使

用できない。

ニ．冷凍空調装置の施設基準では、冷媒の種類ごとに限界濃度が規定されている。

(1) イ、ロ (2) イ、ハ (3) イ、ニ (4) ロ、ニ (5) ハ、ニ

12. 冷凍装置の材料および圧力容器に関する次の記述のうち正しいものはどれか。

イ．鋼材に引張荷重を作用させた後、引張荷重を取り除くとひずみがもとに戻る限界を比例限度という。

ロ．日本産業規格（JIS）の溶接構造用圧延鋼材 SM 400 B の最小引張強さは 400 N/mm^2 であり、その許容引張応力は 100 N/mm^2 である。

ハ．冷凍装置では高圧部と低圧部があり、冷媒の種類やその他の条件により、それぞれ設計圧力の定め方が異なる。

ニ．圧力容器の必要板厚の計算において、求められた数値の端数を丸める場合には、四捨五入によらなければならない。

(1) イ、ロ (2) イ、ハ (3) ロ、ハ (4) ロ、ニ (5) ハ、ニ

13. 冷凍装置の圧力試験および試運転に関する次の記述のうち正しいものはどれか。

イ．配管は耐圧試験を行う必要はないが、配管を含むすべての部品を接続した後に、冷媒系統全体について気密試験を行う必要がある。

ロ．耐圧試験を気体で行う場合、試験圧力は設計圧力または許容圧力のいずれか高いほうの圧力の 1.25 倍以上の圧力とする。

ハ．真空試験では、微量の漏れが発見でき、漏れ箇所も特定できる。

ニ．冷凍装置に非共沸混合冷媒を充填するときに、液で充填できるサイフォン管付き冷媒ボンベを使用した。

(1) イ、ロ (2) イ、ハ (3) イ、ニ (4) ロ、ニ (5) ハ、ニ

14. 冷凍装置の運転に関する次の記述のうち正しいものはどれか。

イ．冷凍装置を長期間休止させる場合は、ポンプダウンにより低圧側の冷媒を受液器に回収する。休止期間中のガス漏えいを防止するため、低圧側と圧縮機内は、大気圧に維持しておく。

ロ．冷蔵庫の蒸発器に厚く着霜すると、空気の流れ抵抗が増加して通過風量が減少し、蒸発器の熱伝導抵抗も増加して熱通過率が小さくなり、蒸発圧力が低くなる。

ハ．圧縮機の吐出しガス圧力が高くなると、蒸発圧力が一定のもとでは圧力比が大きくなるので、冷媒循環量が増加して、冷凍装置の冷凍能力も増大する。

ニ．圧縮機の吸込み蒸気の圧力は、吸込み蒸気配管などの流れ抵抗の影響を受けて、蒸発器内の冷媒の蒸発圧力よりいくらか低くなる。

(1) イ、ロ (2) イ、ニ (3) ロ、ハ (4) ロ、ニ (5) ハ、ニ

15. 冷凍装置の保守管理に関する次の記述のうち正しいものはどれか。

イ. フルオロカーボン冷媒は水分の溶解度が極めて小さいので、低温用フルオロカーボン冷凍装置に水分が侵入すると、膨張弁部に氷結して、冷媒が流れなくなることがある。

ロ. 冷凍装置に充填された冷媒が多すぎると、凝縮器の中で冷媒液が溜まり、凝縮に有効な伝熱面積が減少するが、冷媒液温度が低くなるので凝縮圧力も低くなる。

ハ. 冷凍装置の冷媒系統に多量の異物が混入しても、それらを冷凍機油が吸収するので、運転に支障はない。

ニ. 冷凍負荷が急激に増大すると、蒸発器での冷媒の沸騰が激しくなり、蒸気が液滴をともなって圧縮機に吸い込まれ、液戻りが生じる。液戻りが著しくなると、液圧縮を起こすことがある。

(1) イ、ロ (2) イ、ニ (3) ロ、ハ (4) ロ、ニ (5) ハ、ニ

技術検定

令和5年度第2回

（令和6年2月25日実施）

注意事項

1．問題用紙および解答用紙の所定欄に「受講番号」等を記入してください。

2．解答は、各問題の下に掲げてある(1)〜(5)の解答選択肢の中から、最も適切なものを1つ選び、解答用紙に記入してください。

　1問につき2つ以上の解答を選択し、解答用紙に記入した場合には、その問については0点になります。

3．解答を解答用紙に記入する場合は、解答用紙の解答欄にある番号の中から、上記2.において選択したものと同じ番号にマークしてください。検定問題の問番号と異なる問番号にマークした場合には、その問については0点になります。

4．採点はコンピュータで処理しますので、解答用紙にマークする場合には、はみ出さないように黒く塗りつぶしてください。

5．筆記用具は、鉛筆またはシャープペンシル（HBまたはB）以外使用できません。

6．訂正する場合は、消しゴムでていねいに消してから訂正してください。

7．問題の内容に関する質問にはお答えできません。

8．検定開始後、30分間は退室できません。

9．問題用紙は回収します。途中退室する方は退室時に、最後まで受検した方は検定終了時に解答用紙と併せて問題用紙を提出してください。 （問題　15問）

1．冷凍の原理に関する次の記述のうち正しいものはどれか。

イ．周囲の物質を冷却するには、冷媒液が蒸発するときの顕熱として、周囲の物質から熱を取り入れればよい。

ロ．冷凍装置における各種の熱計算では、各機器における出入り口の冷媒の比エンタルピー差と、冷媒の流量とがわかればよい。

ハ．蒸発器で、冷媒1 kgが周囲から奪う熱量を冷凍効果といい、それに冷凍装置の冷媒循環量を乗じたものを、冷凍能力という。

ニ．冷凍効果を圧縮動力で除した値は成績係数と呼ばれ、冷凍サイクルの性能を示す尺度となる。

(1) イ、ロ　(2) イ、ニ　(3) ロ、ハ　(4) ロ、ニ　(5) ハ、ニ

2．熱の移動に関する次の記述のうち正しいものはどれか。

イ．凝縮器などの熱交換器では、冷媒と流体との温度差が、流れの方向に沿って変化するので、伝熱量を厳密に計算するときには、この変化を考慮した算術平均温度差を用いる。

ロ．鉄鋼の熱伝導率の値は、銅の熱伝導率の値よりも大きい。

ハ．固体壁を隔てた2流体間における熱の伝わりやすさを表したものを、熱通過率という。

ニ．固体壁の表面とそれに接して流動する流体との間の伝熱作用を対流熱伝達という。

(1) イ、ロ　(2) イ、ニ　(3) ロ、ハ　(4) ロ、ニ　(5) ハ、ニ

3．冷凍能力、動力および成績係数に関する次の記述のうち正しいものはどれか。

イ．往復圧縮機においては、圧力比やシリンダのすきま容積比が大きくなるほど、体積効率は大きくなる。

ロ．往復圧縮機のピストン押しのけ量は、気筒数と回転速度のみによって決まる。

ハ．圧縮機の駆動軸動力は、理論断熱圧縮動力を全断熱効率で除して求める。

ニ．ヒートポンプ装置の実際の成績係数は、機械的摩擦損失仕事が熱となって冷媒に加えられる場合には、実際の冷凍装置の成績係数よりも1だけ大きな値となる。

(1) イ、ロ　(2) イ、ハ　(3) イ、ニ　(4) ロ、ハ　(5) ハ、ニ

4．冷媒およびブラインに関する次の記述のうち正しいものはどれか。

イ．標準沸点とは、圧力が標準大気圧（101.325kPa）であるときの飽和温度であり、冷媒の種類によって異なる。

ロ．ブラインは二次冷媒とも呼ばれ、塩化カルシウム水溶液などの無機ブラインとエチレングリコール水溶液などの有機ブラインに大別される。

ハ．フルオロカーボン冷媒ガスは空気より軽いため、フルオロカーボン冷媒が冷凍装置から室内に漏えいした場合、冷媒ガスは天井付近に滞留しやすい。

ニ．HFC冷媒のR 134aやHFO冷媒のR 1234yfは微燃性を有するが、特定不活性ガスに分類される。

(1) イ、ロ　(2) イ、ハ　(3) イ、ニ　(4) ロ、ハ　(5) ロ、ニ

5．圧縮機に関する次の記述のうち正しいものはどれか。

イ．フルオロカーボン冷媒用圧縮機の停止中、クランクケース内の冷凍機油温度が低い場合、冷凍機油に溶け込む冷媒量が増え、圧縮機始動時にオイルフォーミングを起こしやすい。

ロ．遠心圧縮機は、大容量の冷凍装置に適しており、主に大規模ビル空調や大形冷蔵倉庫などで使用されている。

ハ．多気筒の往復圧縮機は、吸込み板弁を閉じて、作動気筒数を減らすことにより容量を段階的に変えられる。

ニ．一般の往復圧縮機のピストンには、ピストンリングとして、上部にオイルリング、下

部にコンプレッションリングが付いている。

(1) イ、ロ (2) イ、ハ (3) ロ、ハ (4) ロ、ニ (5) ハ、ニ

6．凝縮器に関する次の記述のうち正しいものはどれか。

イ．凝縮器には、水冷式、空冷式、蒸発式の3種類の形式があり、ブレージングプレート凝縮器は空冷式である。

ロ．二重管凝縮器は、内管と外管との間の環状部に冷却水を通し、内管内を流れる冷媒を冷却凝縮させる。

ハ．空冷凝縮器では、空気と冷却管外面との間の熱伝達率は、冷媒と冷却管内面との間の熱伝達率に比べるとはるかに小さいので、冷却管外面にフィンを付けて表面積を大幅に増やしている。

ニ．蒸発式凝縮器の冷却作用の大部分は水の蒸発潜熱で行われるが、冬季などには散水を止めて空冷凝縮器として使用することがある。

(1) イ、ロ (2) イ、ハ (3) ロ、ハ (4) ロ、ニ (5) ハ、ニ

7．蒸発器（冷却器）に関する次の記述のうち正しいものはどれか。

イ．液体冷却用のシェルアンドチューブ乾式蒸発器では、冷媒は冷却管外を流れながら蒸発し、冷却管内を流れる水やブラインを冷却する。

ロ．空調用の乾式蒸発器（空気冷却器）では、空気と冷媒の平均温度差は通常5～10K程度としている。

ハ．満液式蒸発器は、一般に乾式蒸発器と比べて、冷媒側の熱伝達率が大きいので、伝熱面積を小さくしたり、被冷却流体と冷媒との平均温度差を小さくしたりすることができる。

ニ．ユニットクーラなどにおけるホットガス方式による除霜は、圧縮機から吐き出される高温の冷媒ガスを冷却器に送り、冷却器に付着した霜を融かすことによって行われる。

(1) イ、ロ (2) イ、ハ (3) イ、ニ (4) ロ、ハ (5) ハ、ニ

8．自動制御機器に関する次の記述のうち正しいものはどれか。

イ．乾式蒸発器では一般に温度自動膨張弁や電子膨張弁が使用されており、蒸発器出口冷媒の過熱度を10～15K程度に制御する。

ロ．蒸発器出口の吸込み蒸気配管の外径が20mm以下の場合、感温筒は伝熱がよくなるように管の真下に完全に密着させ、銅バンドで確実に締めつける。

ハ．蒸発圧力調整弁は、温度自動膨張弁の感温筒と均圧管よりも下流側に取り付ける。

ニ．低圧圧力スイッチのディファレンシャルを小さくし過ぎると、圧縮機の運転、停止を短い間隔で繰り返すハンチングが生じ、電動機焼損の原因になることがある。

(1) イ、ロ (2) イ、ハ (3) ロ、ハ (4) ロ、ニ (5) ハ、ニ

9．附属機器に関する次の記述のうち正しいものはどれか。

イ．油分離器は、圧縮機の吐出し管に設置して、冷媒ガスとともに圧縮機から吐き出される冷凍機油を分離するものであるが、小形のフルオロカーボン冷凍装置では油分離器を設けていない場合が多い。

ロ．液分離器は、圧縮機の吐出し管に設置して、吐出しガス中に冷媒液が混入したときに冷媒液を分離する。

ハ．アンモニア冷凍装置では、凝縮器から出た冷媒液を過冷却するとともに、圧縮機に戻る冷媒蒸気を適度に過熱させるために、液ガス熱交換器を設けることが多い。

ニ．フィルタドライヤは、冷媒液配管に設けて冷媒液を通し、ろ筒内部に充填したシリカゲルやゼオライトなどの乾燥剤で冷媒中の水分を除去する。

(1) イ、ロ　(2) イ、ハ　(3) イ、ニ　(4) ロ、ハ　(5) ロ、ニ

10．配管に関する次の記述のうち正しいものはどれか。

イ．冷媒の流れ抵抗を極力小さくするため、冷媒配管の曲がり部は、できるだけ少なく、かつ、曲がり半径は大きくする。

ロ．低圧（低温）配管には、低温ぜい性の生じない材料を使用する。なお、圧力配管用炭素鋼鋼管（STPG）は－25℃、配管用炭素鋼鋼管（SGP）は－50℃まで使用できる。

ハ．アンモニアの冷媒配管には配管用炭素鋼鋼管（SGP）を使用しないようにした。

ニ．圧縮機の再始動時に液圧縮することを防止するため、圧縮機近くの吸込み横走り配管にはＵトラップを設ける。

(1) イ、ロ　(2) イ、ハ　(3) イ、ニ　(4) ロ、ハ　(5) ロ、ニ

11．安全装置および保安に関する次の記述のうち正しいものはどれか。

イ．冷凍保安規則関係例示基準によれば、容器に取り付ける安全弁または破裂板の最小口径は、冷媒の種類によらず、容器の内容積の平方根に比例する計算式で求められる。

ロ．第一種製造者は、１年以内ごとに安全弁の作動の検査を行い、その検査記録を残すこととした。

ハ．冷凍保安規則関係例示基準によれば、溶栓の口径は、安全弁を取り付ける場合の最小口径の計算値以上の値でなければならない。

ニ．高圧遮断装置は、一般に、異常な高圧圧力を検知して、圧縮機を駆動している電動機の電源を切り、圧縮機を停止させるように作動する高圧圧力スイッチのことである。

(1) イ、ロ　(2) イ、ハ　(3) ロ、ハ　(4) ロ、ニ　(5) ハ、ニ

12．附属機器に関する次の記述のうち正しいものはどれか。

イ．日本産業規格（JIS）に定められている鉄鋼材料の引張強さの、一般に1/4の応力を許容引張応力とし、材料に生じる引張応力がこの値以下となるように設計する。

ロ．2%を超えるマグネシウムを含有するアルミニウム合金は、フルオロカーボン冷凍装

置（冷媒設備）に使用することはできない。

ハ．アンモニア冷凍装置の高圧部の設計圧力を定める基準凝縮温度の目安は、空冷凝縮器であれば、43℃あるいは50℃、水冷凝縮器であれば、55℃あるいは60℃である。

ニ．冷凍装置の受液器の必要板厚を計算した結果、9.14mmの値となった。この厚さの板は市販されていなかったので、材料規格の9mmの板を使用することにした。

(1) イ、ロ (2) イ、ハ (3) ロ、ハ (4) ロ、ニ (5) ハ、ニ

13. 試験および試運転に関する次の記述のうち正しいものはどれか。

イ．圧力容器の耐圧試験は、一般には液圧で行う試験であり、気密試験の前に行わなければならない。

ロ．気密試験は、ガス圧で行う試験であり、使用するガスは、空気、窒素ガスまたは酸素ガスである。

ハ．真空ポンプを用いて真空試験を行えば、微量な漏れを発見することができ、その漏れの場所も特定できる。

ニ．非共沸混合冷媒は、必ず液でチャージしなければならず、追加充填は好ましくない。

(1) イ、ロ (2) イ、ハ (3) イ、ニ (4) ロ、ニ (5) ハ、ニ

14. 冷凍装置の運転に関する次の記述のうち正しいものはどれか。

イ．往復圧縮機を用いる冷凍装置の毎日の運転開始前の準備の１つとして、圧縮機クランクケースの冷凍機油の油面の高さや清浄さの点検を行った。

ロ．往復圧縮機を用いる一般的な冷凍装置の運転開始時には、圧縮機の吐出し側止め弁を全開にするとともに、吸込み側止め弁は閉じた状態で圧縮機を始動する。

ハ．フルオロカーボン冷媒は、温度が高いと冷媒の分解や冷凍機油の劣化が促進されるので、一般に圧縮機吐出しガスの上限温度は140～150℃程度とされている。

ニ．一定の凝縮圧力のもとで、圧縮機の吸込み蒸気圧力が低下すると、吸込み蒸気の比体積が大きくなるので、冷媒循環量が増加し、冷凍能力と圧縮機の駆動軸動力が増大する。

(1) イ、ロ (2) イ、ハ (3) イ、ニ (4) ロ、ニ (5) ハ、ニ

15. 冷凍装置の保守管理に関する次の記述のうち正しいものはどれか。

イ．フルオロカーボン冷凍装置に水分が侵入すると、冷媒系統中に酸性物質などを生成し、金属を腐食することがある。

ロ．冷凍装置に充填された冷媒量が多いと、凝縮器で冷媒を冷却するために有効に働く伝熱面積が増大するので、凝縮温度は低くなる。

ハ．温度自動膨張弁の感温筒が吸込み蒸気配管から外れると、膨張弁が閉まり、冷媒液が蒸発器に流れなくなり、蒸発圧力が低くなる。

ニ．冷凍装置の冷媒系統中に異物が混入すると、圧縮機の各摺動部に侵入して、シリンダ、ピストン、軸受などの摩耗を早める。

(1) イ、ロ　(2) イ、ニ　(3) ロ、ハ　(4) ロ、ニ　(5) ハ、ニ

解　説　編

法　　令

平成30年度

（平成30年11月11日実施）

設問中の「都道府県知事等」とは、地域の自主性及び自立性を高めるための改革の推進を図るための関係法律の整備に関する法律（第5次地方分権一括法）の施行に伴い、高圧ガス保安法令が改正され、平成30年4月1日から、これまで都道府県知事が行ってきた高圧ガス保安法に基づく許認可等の事務について、事業所の所在地が地方自治法の指定都市の区域（コンビナート等保安規則に基づくコンビナート区域等を除く。）にあっては、当該指定都市の長が処理することになったことから、都道府県知事又は高圧ガス保安法の事務を処理する指定都市の長を「都道府県知事等」と称することにしたものである。

1　正解　(2)　ハ

イ…×　〔法〕第1条（目的）において、高圧ガスによる災害を防止するとともに、公共の安全を確保するために、「高圧ガスの製造、貯蔵、販売、移動、その他の取扱及び消費並びに容器の製造及び取扱を規制する」ことに加え、「民間事業者及び高圧ガス保安協会による自主的な保安活動を促進すること」を定めている。

設問は、「高圧ガス保安協会よる自主的な保安活動を促進すること」は定めていないとしているので、誤りである。

ロ…×　〔法〕第2条（定義）第1号において、圧縮アセチレンガスを除く圧縮ガスについて高圧ガスの定義をしているが、その前段で、「常用の温度において圧力が1メガパスカル以上となる圧縮ガスであって現にその圧力が1メガパスカル以上である圧縮ガス」を、後段において、「温度35度において圧力が1メガパスカル以上となる圧縮ガス」を定めている。前段、後段は個別の定義であり、いずれかに該当するものは高圧ガスであることを定めている。（第2号及び第3号においても同じ。）

設問の圧縮ガスは「後段」に該当することから高圧ガスである。したがって、高圧ガスではないとすることは誤りである。

また、第1号において、保安法令における圧力は、特に定める場合を除き、「ゲージ圧力」であることを定義している。

ハ…○　〔法〕第2条（定義）第3号後段において、圧力が0.2メガパスカルとなる場合の温度が35度以下である液化ガスは、高圧ガスであること定めている。

したがって、設問は正しい。

２　正解　(4)　ロ、ハ

イ…×　〔法〕第５条（製造の許可等）第１項第２号において、事業所ごとに許可を受けなければならない者として、冷凍のため高圧ガスの製造をしようとする設備でその１日の冷凍能力が20トン以上のもの（第56条の７第２項の認定を受けた設備を除く。）を使用して高圧ガスの製造を行う者が定められている。設問の認定指定設備は、第56条の７第２項の認定を受けた設備であることから、１日の冷凍能力が20トン以上のものから除かれており、これのみを使用して高圧ガスの製造を行う場合にあっては、その冷凍能力を問わず許可を受け受けなければならない者から除外されている。したがって、設問は誤りである。

なお、設問の認定指定設備のみを使用する者は、第二種製造者として法第５条第２項第２号の規定に基づき所定の届出を行わなければならない。

ロ…○　〔法〕第３条（適用除外）第１項第８号に基づく〔政令〕第２条（適用除外）第３項第３号において、１日の冷凍能力が３トン未満の冷凍設備内における高圧ガスをその種類を問わずを適用除外すること定められている。したがって、設問は正しい。

ハ…○　〔法〕第57条（冷凍設備に用いる機器の製造）において、設問の主旨が定められている。したがって、設問は正しい。

なお、〔冷凍則〕第63条において、もっぱら冷凍設備に用いられる機器について、１日の冷凍能力が３トン以上（二酸化炭素及び可燃性を除くフルオロカーボンにあっては５トン以上。）の冷凍機とすることが定められ、〔冷凍則〕第64条において、所定の技術上の基準が定められている。

３　正解　(3)　イ、ハ

イ…○　〔法〕第25条（廃棄）に基づく〔冷凍則〕第33条（廃棄に係る技術上の基準に従うべき高圧ガスの指定）において、基準に従って廃棄しなければならない高圧ガスとして、可燃性ガス、毒性ガス及び特定不活性ガスが定められている。したがって、設問は正しい。

なお、冷凍設備内の高圧ガス以外の高圧ガスについては、〔一般則〕第61条において、基準に従って廃棄しなければならない高圧ガスとして、可燃性ガス、毒性ガス、特定不活性ガス及び酸素が定められている。

ロ…×　〔法〕第21条（製造等の廃止等の届出）第１項において、第一種製造者は、製造を開始し、又は廃止したときはその旨を都道府県知事等に届け出なければならないことが定められている。したがって、設問は誤りである。

なお、第２項において、第二種製造者は、製造を廃止したときはその旨を都道府県知事等に届け出なければならないことが定められている。

ハ…○　〔法〕第14条（製造のための施設等の変更）第１項本則において、製造のための施設の位置、構造若しくは設備の変更の工事をしようとするときは、都道府県知事等の許可を受けなければならないこと定められ、ただし書きにおいて、製造のための施設の位置、構造若しくは設備について省令で定める軽微な変更の工事をしようとするときは許可を要しないことが定められている。したがって、設問は正しい。

4　正解　(3)　イ、ハ

イ…○　〔法〕第15条（貯蔵）第1項に基づく〔一般則〕第18条（貯蔵の方法に係る技術上の基準）第2号ホにおいて、消火の用に供する不活性ガス等特に定めるものを除き、高圧ガスの種類に係わらず、車両に積載した容器によりしないことが定められている。

したがって、設問は正しい。

ロ…×　〔法〕第15条（貯蔵）第1項に基づく〔一般則〕第18条（貯蔵の方法に係る技術上の基準）第2号ロにおいて準用する〔一般則〕第6条第2項第8号イにおいて、充填容器等は、高圧ガスの種類を問わず充填容器及び残ガス容器にそれぞれ区分して容器置場に置くことが定められている。したがって、設問は誤りである。

なお、〔一般則〕第6条（定置式製造設備に係る技術上の基準）第1項第42号において充填容器及び残ガス容器を「充填容器等」ということが定められている。

ハ…○　〔法〕第15条（貯蔵）第1項に基づく〔一般則〕第18条（貯蔵の方法に係る技術上の基準）第2号ロにおいて準用する〔一般則〕第6条第2項第8号チにおいて、可燃性ガスの容器置場には、携帯電燈以外の燈火を携えて立ち入らないことが定められている。したがって、設問は正しい。

5　正解　(1)　イ

イ…○　〔法〕第23条第2項（移動）に基づく〔一般則〕第50条（その他の場合における移動に係る技術上の基準等）第9号において、設問の主旨が定められている。ただし書きにおいて、特に定める充填容器等による場合は適用が除外されているが、柱書の容器（内容積が48リットルのもの）は、適用除外に該当しない。したがって、設問は正しい。

ロ…×　〔法〕第23条第2項（移動）に基づく〔一般則〕第50条（その他の場合における移動に係る技術上の基準等）第5号において、内容積が5リットルを超える充填容器等には、ガスの種類を問わず、転落、転倒等による衝撃及びバルブの損傷を防止する措置を講じ、粗暴な取扱いをしないことが定められている。したがって、設問は誤りである。

ハ…×　〔法〕第23条第2項（移動）に基づく〔一般則〕第50条（その他の場合における移動に係る技術上の基準等）第1号本則において、柱書の充填容器等（内容積が48リットルのもの）を車両に積載して移動するときは、高圧ガスの種類を問わず、ただし書きに掲げるもののみを積載した車両等の場合を除き当該車両の見やすい箇所に警戒標を掲げることが定められている。したがって、設問は誤りである。

6　正解　(5)　イ、ロ　ハ

イ…○　〔法〕第45条（刻印等）第1項に基づく〔容器則〕第8条（刻印等の方式）第1項において、刻印しなければならない事項が定められており、その一つとして同項第6号において内容積（記号　V、単位　リットル）が定められている。したがって、設問は正しい。

ロ…○　〔法〕第46条（表示）第1項に基づく〔容器則〕第10条（表示の方式）第1項第1号において、液化アンモニアを充てんする容器には、白色の塗色をその容器の見やすい箇所に、容器の表面積の二分の一以上について行うものとすることが定められている。したがって、設問は正しい。

また、同条同項第2号イにおいて充てんすることができる高圧ガスの種類を明示することが、ロにおいて充てんすることができる高圧ガスが可燃性ガス及び毒性ガスの場合にあっては、当該高圧ガスの性質を示す文字（可燃性ガス「燃」、毒性ガス「毒」）を明示することが定められている。

ハ…○ 〔法〕第48条（充てん）第1項第5号に基づく〔容器則〕第24条（容器再検査の期間）第1項第1号において、溶接容器については、製造後の経過年数20年未満のものは5年、経過年数20年以上のものは2年と定められている。したがって、設問は正しい。

7 正解 (3) イ、ハ

イ…○ 〔法〕第5条（製造の許可等）第3項に基づく〔冷凍則〕第5条（冷凍能力の算定基準）第1号において、設問の主旨が定められている。したがって、設問は正しい。

ロ…× 〔法〕第5条第3項に基づく〔冷凍則〕第5条（冷凍能力の算定基準）第4号において、遠心式圧縮機を使用する製造設備（第1号）、吸収式製造設備（第2号）、自然還流式製造設備及び自然循環式冷凍設備（第3号）以外の製造設備については算式R=V／Cによるものをもって1日の冷凍能力としている。設問の製造設備は、この算式中のVについて「その他の製造設備」に区分されることから、圧縮機の標準回転数における1時間のピストン押しのけ量（単位 立方メートル）の数値が適用される。設問は数値について、冷媒設備内の冷媒ガスの充填量があるとしているが、これは、いずれの冷凍能力の算定基準に必要な数値としても定められていない。したがって、設問は誤りである。

ハ…○ 〔法〕第5条第3項に基づく〔冷凍則〕第5条（冷凍能力の算定基準）第4号において、遠心式圧縮機以外の圧縮機を使用する製造設備ついては算式R=V／Cによるものをもって1日の冷凍能力としている。この算式中のVについてその他の製造設備にあっては設問の数値が定められている。したがって、設問は正しい。

8 正解 (5) イ、ロ、ハ

第二種製造者は、〔法〕第10条の2において、第5条第2項の各号に掲げる者と定義されている。

イ…○ 〔法〕第5条（製造の許可等）第2項に基づいて、事業所ごとにその旨を届け出なければならない者として、第2号において冷凍のため高圧ガスの製造をする設備でその1日の冷凍能力3トン以上のものを使用して高圧ガスを製造する者並びに政令で定めるガスの種類に該当するものである場合にあっては、当該政令で定めるガスの種類ごとに政令で定める値以上のものを使用して高圧ガスを製造しようとする者が定められ、同号に基づく政令第4条において、不活性のフルオロカーボンについては20トン以上50トン未満（50トン以上が許可を受けなければならない。）と定められている。したがって、設問は正しい。

また、不活性のものを除くフルオロカーボン及びアンモニアについては、5トン以上50

トン未満（50トン以上が許可を受けなければならない。）と定められている。

ロ…○〔法〕第12条第2項において、第二種製造者は、省令で定める技術上の基準に従って高圧ガスを製造しなければならないことが定められ、同項に基づく冷凍則第14条第1号において、設問の主旨が定められている。したがって、設問は正しい。

ハ…○〔法〕第27条の4（冷凍保安責任者）第1項第2号において、第二種製造者であって、冷凍のために高圧ガスを製造しようとする者は、省令で定める場合を除き冷凍保安責任者を選任しなければならないことが定められている。選任の必要がない第二種製造者については、〔冷凍則〕第36条（冷凍保安責任者の選任等）第3項第1号において1日の冷凍能力が省令で定める値以下のものとして、不活性のフルオロカーボンにあっては20トン以上、アンモニア又は不活性以外のフルオロカーボンにあっては5トン以上20トン未満のもの及びフルオロカーボン並びにアンモニア以外のものにあっては3トン以上のものを使用して高圧ガスを製造しようとする者が定められ、第2号において、製造のための施設が省令で定める者として、〔冷凍則〕第36条（冷凍保安責任者の選任等）第3項第1号のアンモニアを冷媒ガスとする製造施設であって、1日の冷凍能力が20トン以上の50トン未満のものを使用して高圧ガスを製造しようとする者が定められている。したがって、設問は正しい。

これにより、冷凍能力20トン以上であるアンモニア又は不活性でないフルオロカーボンを冷媒ガスとする第二種製造者は、冷凍保安責任者を選任しなければならない。

また、その代理者については、〔法〕第33条（保安統括者等の代理者）第1項において第27条の4第1項第2号に基づき冷凍保安責任者を選任しなければならない者は、あらかじめ冷凍保安責任者の代理者を選任しなければならないことが定められている。

9　正解　(4)　イ、ハ

イ…○〔法〕第27条の4（冷凍保安責任者）第1項に基づく〔冷凍則〕第36条（冷凍保安責任者の選任等）第1項において、1日の冷凍能力が100トン未満の製造施設については、第一種冷凍機械責任者免状、第二種冷凍機械責任者免状又は第三種冷凍機械責任者免状のうちいずれかの製造保安責任者免状の交付を受けている者であって所定の製造に関する経験を有する者のうちから、冷凍保安責任者を選任しなければならないことが定められている。したがって、設問は正しい。

ロ…×〔法〕第33条（保安統括者等の代理者）第1項に基づく〔冷凍則〕第39条（冷凍保安責任者の代理者の選任等）第1項において、冷凍保安責任者を選任しなければならない第一種製造者又は第二種製造者は、〔冷凍則〕第36条の表の上欄に掲げる製造施設の区分に応じ、それぞれ中欄に掲げる製造保安責任者免状の交付を受けている者であって、同表の下欄に掲げる高圧ガスの製造に関する経験を有する者のうちから、冷凍保安責任者の代理者を選任しなければならないことが定められている。冷凍保安責任者に第一種冷凍機械責任者免状の交付を受けている者を選任している場合の特例は定められていない。

したがって、設問は誤りである。

ハ…○〔法〕第27条の4（冷凍保安責任者）第2項において冷凍保安責任者の選任又は

解任について、〔法〕第33条第3項において冷凍保安責任者の代理者の選任又は解任について、いずれも、〔法〕第27条の2第5項の規定を準用することが定められ、〔法〕第27条の2第5項において、選任したときは、遅滞なく、所定の事項を都道府県知事に届け出なければならないこと。これを解任したときも、同様とすることが定められている。したがって、設問は正しい。

10 正解 ⑸ イ、ロ、ハ

第一種製造者は、〔法〕第9条において、第5条第1項の許可を受けた者と定義されている。

イ…○ 〔法〕第35条（保安検査）第1項において、第一種製造者は、特定施設について、定期に、都道府県知事が行う保安検査を受けなければならないことが定められ、ただし書きに基づく第1号において、「協会」（法第20条第1項において高圧ガス保安協会を「協会」と定義。）又は「指定保安検査機関」が行う保安検査を受け、その旨を都道府県等に届け出た場合、知事の行う保安検査を受けなくても良いことが定められている。特定施設については、〔冷凍則〕第40条（特定施設の範囲等）第1項において特定施設とならない製造施設として、第1号でヘリウム、R21又はR114を冷媒とする製造施設を、第2号で製造施設のうち認定指定設備の部分が定められている。したがって、設問は正しい。

ロ…○ 〔法〕第35条（保安検査）第2項において、保安検査は、特定施設が第8条第1号の技術上の基準（製造のための施設の位置、構造及び設備に係る技術上の基準）に適合しているかどうかについて行うことが定められている。したがって、設問は正しい。

なお、〔法〕第8条第1号の技術上の基準は、〔冷凍則〕第6条、第7条及び第8条に定められている。

ハ…○ 〔法〕第35条（保安検査）第1項本文に基づく〔冷凍則〕第40条（特定施設の範囲等）第2項において、都道府県知事等が行う保安検査は、3年以内に少なくても1回以上行うものとすることが定められている。したがって、設問は正しい。

11 正解 ⑶ イ、ハ

イ…○〔法〕第35条の2（定期自主検査）に基づく〔冷凍則〕第44条（定期自主検査を行う製造施設等）第3項において、第一種製造者の製造施設にあっては、第8条第1号の技術上の基準（耐圧試験に係るものを除く。）に適合しているかどうかについて、行わなければならないことが定められている。したがって、設問は正しい。

ロ…× 〔法〕第35条の2（定期自主検査）に基づく〔冷凍則〕第44条（定期自主検査を行う製造施設等）第3項において、製造施設について1年に1回以上行わなければならないことが定められている。したがって、設問は誤りである。

ハ…○〔法〕第35条の2（定期自主検査）に基づく〔冷凍則〕第44条（定期自主検査を行う製造施設等）第4項において、第一種製造者は、冷凍保安責任者の選任不要の第一種製造者を除き、自主検査を行うときは、その選任した冷凍保安責任者に当該自主検査の実施について監督を行わせなければならないことが定められている。したがって、設問は正しい。

12　正解　(2)　イ、ロ

イ…○　〔法〕第26条（危害予防規程）第1項において、第一種製造者は、所定の事項について記載した危害予防規程を定め、所定の方法により都道府県知事等に届け出なければならないこと。変更したときも、同様とすることが定められている。したがって、設問は正しい。

ロ…○　〔法〕第26条（危害予防規程）第1項に基づく〔冷凍則〕第35条（危害予防規程の届出等）第2項第6号において、製造施設が危険な状態になったときの措置及びその訓練方法に関することが定められているので、したがって、設問は正しい。

ハ…×　〔法〕第26条（危害予防規程）第1項に基づく〔冷凍則〕第35条（危害予防規程の届出等）第2項第8号において、従業者に対する当該危害予防規程の周知方法及び当該危害予防規程に違反した者に対する措置に関することが定められている。したがって、設問は誤りである。

13　正解　(3)　イ、ロ

イ…○　〔法〕第27条（保安教育）第1項において、保安教育計画を定めなければならないこと及び第3項においてこれを忠実に実行しなければならないことが定められているが、届け出ることは定められていない。したがって、設問は正しい。

ロ…○　〔法〕第36条（危険時の措置及び届出）第1項おいて、所有又は占有する製造施設が危険な状態になったときは、応急の措置を講じなければならないことが定められ、同項に基づく〔冷凍則〕第45条第1号において、応急の措置が、第2号において第1号の応急の措置を講ずることができないときは従業者又は必要に応じ付近の住民に退避するよう警告することが定められている。たがって、設問は正しい。

ハ…×　〔法〕第63条（事故届）第1項において、届けなければならない場合ついて、第1号において、所有し、又は占有する高圧ガスについて災害が発生したときが、第2号において、所有し、又は占有する高圧ガス又は容器を喪失し、又は盗まれたときが定められている。したがって、盗まれたときは、届け出る必要はないという設問は誤りである。

14　正解　(5)　イ、ロ、ハ

イ…○　〔法〕第14条（製造のための施設等の変更）第1項ただし書に基づく〔冷凍則〕第17条（第一種製造者に係る軽微な変更の工事等）第1項第4号において、認定指定設備の設置の工事が定められている。したがって、設問は正しい。

なお、当該認定指定設備について第一種製造者の製造設備とブラインを共通に使用するものとしているが、ブラインを共通に使用していない場合にあっても第一種製造者の製造のための施設の位置、構造若しくは設備の変更の工事として行う認定指定設備の設置の工事は第一種製造者に係る軽微な変更の工事である。

ロ…○　〔法〕第14条（製造のための施設等の変更）第2項において、設問の主旨が定められている。したがって、設問は正しい。なお、軽微な変更の工事については、〔冷凍則〕

第17条（第一種製造者に係る軽微な変更の工事等）第1項において定められている。

ハ…○〔法〕第20条（完成検査）第3項本則において、設問の主旨が定められている。したがって、設問は正しい。

特定変更工事に該当しない工事については、〔冷凍則〕第23条（完成検査を要しない変更の工事の範囲）において、製造設備（耐震設計構造物として適用を受ける製造設備を除く。）の取替え（可燃性ガス及び毒性ガスを冷媒とする冷媒設備を除く。）の工事（冷媒設備に係る切断、溶接を伴う工事を除く。）であって、当該設備の冷凍能力の変更が告示で定める範囲であるものとすることが定められ、当該設備の冷凍能力の変更の範囲は、「製造細目告示」第12条の14号において変更前の当該製造設備の冷凍能力の20%以内の範囲と定められている。

15 正解 (1) イ

イ…○〔法〕第8条（許可の基準）第1号に基づく〔冷凍則〕第7条（定置式製造設備に係る技術上の基準）第1項第3号において、可燃性ガス、毒性ガス又は特定不活性ガスの製造設備に係る圧縮機、油分離器、凝縮器若しくは受液器又はこれらの間の配管を設置する室は、冷媒ガスが漏えいしたときに滞留しないような構造とすることが定められている。したがって、設問は正しい。

なお、「滞留しないような構造」を満たす技術的内容は、冷凍保安規則関係例示基準（以下、「例示基準」という。）№3に示されている。

ロ…（×）〔冷凍則〕第7条（定置式製造設備に係る技術上の基準）第1項第8号において、冷媒ガスの種類にかかわらず、冷媒設備には、その設備内の冷媒ガスの圧力が許容圧力を超えた場合に直ちに許容圧力以下に戻すことができる安全装置を設けることが定められ、第9号において、この安全装置のうち冷媒ガスを大気に放出する安全弁又は破裂板には、不活性ガスを冷媒ガスとする冷媒設備及び特に定める吸収式アンモニア冷凍機に設けたものを除き、放出する冷媒ガスの性質に応じた適切な位置を開口部とする放出管を設けることが定められており、例外規定は定められていない。したがって、設問は誤りである。

なお、「安全弁、破裂板の放出管の開口部の位置」を満たす技術的内容は、「例示基準」№9に示されている。

ハ…×〔冷凍則〕第7条（定置式製造設備に係る技術上の基準）第1項第10号において、可燃性ガス及び毒性ガスを冷媒ガスとする冷凍設備に係る受液器に設ける液面計には、丸形ガラス管液面計以外のものを使用することが定められ、同項第11号において、受液器にガラス管液面計を設ける場合には、当該ガラス管液面計にはその破損を防止するための措置を講じ、可燃性ガス及び毒性ガスを冷媒ガスとする冷凍設備に係る受液器にあっては、当該受液器と当該ガラス管液面計を接続する配管には、当該ガラス管液面計の破損による漏えいを防止するための措置を講ずることが定められている。したがって、液面計の破損を防止する措置又は液面計の破損による漏えいを防止するための措置のいずれかを講じることが定められているとする設問は誤りである。

なお、「液面計の破損及び破損による漏えいを防止するための措置」を満たす技術的内容は、「例示基準」№10に示されている。

16 正解 (3) イ、ハ

イ…○ 〔冷凍則〕第7条（定置式製造設備に係る技術上の基準）第1項第12号において、設問の主旨が定められている。したがって、設問は正しい。

なお、「適切な消火設備」を満たす技術的内容は、「例示基準」№11に示されている。

ロ…× 〔冷凍則〕第7条（定置式製造設備に係る技術上の基準）第1項第13号において、毒性ガスを冷媒ガスとする冷媒設備に係る受液器であって内容積が10,000リットル以上のものの周囲には、液状の当該ガスが漏えいした場合にその流出を防止するための措置を講ずることが定められている。したがって、設問は誤りである。

なお、「液化ガスの流出を防止するため措置」を満たす技術的内容は、「例示基準」№12に示されている。

ハ…○ 〔冷凍則〕第7条（定置式製造設備に係る技術上の基準）第1項第15号において、吸収式アンモニア冷凍機に係る施設を除く可燃性ガス、毒性ガス又は特定不活性ガスの製造施設には、当該施設から漏えいしたガスが滞留する恐れのある場所に、当該ガスの漏えいを検知し、かつ、警報するための設備を設けることが定められている。したがって、設問は正しい。

なお、「ガス漏えい検知警報設備とその設置場所」を満たす技術的内容は、「例示基準」№13に示されている。

17 正解 (5) イ、ロ、ハ

イ…○ 〔冷凍則〕第7条（定置式製造設備に係る技術上の基準）第1項第1号において、圧縮機、油分離器、凝縮器及び受液器並びにこれらの間の配管は、冷媒ガスの種類を問わず、ただし書きの措置を講じた場合を除き、引火性又は発火性の物（作業に必要なものを除く。）をたい積した場所及び火気(当該製造設備内のものを除く。）の付近にないことが定められている。したがって、設問は正しい。

なお、「火気に対して安全な措置」を満たす技術的内容は、「例示基準」№1に示されている。

ロ…○ 〔冷凍則〕第7条（定置式製造設備に係る技術上の基準）第1項第5号において、冷媒ガスの種類にかかわらず、縦置円筒形で胴部の長さが5メートル以上の凝縮器、内容積が5,000リットル以上の受液器及び特に定める配管並びにこれらの支持構造物及び基礎は、所定の耐震基準により地震の影響に対して安全な構造とすることが定められている。したがって、設問は正しい。

なお、所定の耐震基準は、「高圧ガス設備等耐震設計基準」として告示で定められている。

ハ…○ 〔冷凍則〕第7条（定置式製造設備に係る技術上の基準）第1項第6号において、冷媒ガスの種類を問わず、冷媒設備は、所定の気密試験及び所定の耐圧試験又は経済産業大臣がこれら同等以上のものと認めた高圧ガス保安協会が行う試験に合格するものでなければならないことが定められている。したがって、設問は正しい。

なお、「耐圧試験」を満たす技術的内容は、「例示基準」№5に「気密試験」を満たす技術的内容は、「例示基準」№6示されている。

18 正解 (4) ロ、ハ

イ…× 〔冷凍則〕第7条（定置式製造設備に係る技術上の基準）第1項第7号において、強制潤滑方式であって潤滑油圧力に対して保護装置を有する圧縮機の油圧系統を除き、圧縮機の油圧系統を含む冷媒設備には、圧力計を設けることが定められている。したがって、設問は誤りである。

なお、「圧力計」を満たす技術的内容は、「例示基準」№7に示されている。

ロ…○ 〔冷凍則〕第7条（定置式製造設備に係る技術上の基準）第1項第8号において、冷媒設備には、当該設備内の冷媒ガスの圧力が許容圧力を超えた場合に直ちに許容圧力以下に戻すことができる安全装置を設けることが定められている。

したがって、設問は正しい。

なお、「許容圧力以下に戻すことができる安全装置」を満たす技術的内容は、「例示基準」№8に示されている。

ハ…○ 〔冷凍則〕第7条（定置式製造設備に係る技術上の基準）第1項第17号において、製造設備に設けたバルブ又はコック（自動制御で開閉されるものを除く。）には、冷媒ガスの種類を問わず、作業員が当該バルブ又はコックを適切に操作できるような措置を講ずることが定められている。したがって、設問は正しい。

なお、「バルブ等の操作に係る適切な措置」を満たす技術的内容は、「例示基準」№15に示されている。

19 正解 (2) イ、ロ

イ…○〔冷凍則〕第9条（製造の方法に係る技術上の基準）第3号ニにおいて、設問の主旨が定められている。したがって、設問は正しい。

ロ…○〔冷凍則〕第9条（製造の方法に係る技術上の基準）第1号おいて、安全弁に付帯して設けた止め弁は、安全弁の修理等のため特に必要な場合を除き、常に全開しておくことが定められている。したがって、設問は正しい。

ハ…× 〔冷凍則〕第9条（製造の方法に係る技術上の基準）第2号において、製造する高圧ガスの種類及び製造設備の態様に応じ、1日に1回以上当該製造設備の属する製造施設の異常の有無を点検しなければならないことが定められており、点検頻度に例外規定が定められていない。したがって、設問は誤りである。

20 正解 (3) イ、ハ

イ…○ 〔法〕第56条の7（指定設備の認定）第2項に基づく〔冷凍則〕第57条（指定

設備に係る技術上の基準）第5号において、指定設備の冷媒設備は、事業所において試運転を行い、使用場所に分割されずに搬入されるものであることが定められている。

したがって、設問は正しい。

ロ…×〔法〕第56条の7（指定設備の認定）第2項に基づく〔冷凍則〕第57条（指定設備に係る技術上の基準）第4号において、指定設備の冷媒設備は、事業所で行う第7条第1項第6号に規定する試験に合格するものであることが定められている。

したがって、その試験を行うべき場所は定められていないとする設問は誤りである。

ハ…○〔冷凍則〕第62条（指定設備認定証が無効となる設備の変更の工事等）第2項において、認定指定設備を設置した者は、その認定指定設備に変更の工事を施したとき、又は認定指定設備の移設等（転用を除く。）を行ったときは、第1項ただし書きの場合を除き、第61条の規定により当該指定設備に係る指定設備認定証を返納しなければならないが定められている。したがって、設問は正しい。

なお、返納に該当しない場合は、〔冷凍則〕第62条第1項第1号において、当該変更の工事が同等の部品への交換のみである場合及び第2号において認定指定設備の移設等（転用を除く。）を行った場合であって、当該認定指定設備の指定設備認定証を交付した指定設備認定機関等により調査を受け、認定指定設備技術基準適合書の交付を受けた場合が定められている。

令和元年度

(令和元年11月10日実施)

設問中の「都道府県知事等」とは、地域の自主性及び自立性を高めるための改革の推進を図るための関係法律の整備に関する法律（第5次地方分権一括法）の施行に伴い、高圧ガス保安法令が改正され、平成30年4月1日から、これまで都道府県知事が行ってきた高圧ガス保安法に基づく許認可等の事務について、事業所の所在地が地方自治法の指定都市の区域（コンビナート等保安規則に基づくコンビナート区域等を除く。）にあっては、当該指定都市の長が処理することになったことから、都道府県知事又は高圧ガス保安法の事務を処理する指定都市の長を「都道府県知事等」と称することにしたものである。

1　正解　(3)　イ、ロ

イ…○〔法〕第1条（目的）において設問の主旨が定められている。したがって、設問は正しい。

ロ…○〔法〕第2条（定義）第1号において、圧縮ガス（圧縮アセチレンガスを除く。以下同じ。）について高圧ガスの定義をしているが、その前段で、常用の温度において圧力が1メガパスカル以上となる圧縮ガスであって現にその圧力が1メガパスカル以上であるものを、後段において、温度35度において圧力が1メガパスカル以上となる圧縮ガスを定めている。前段、後段は個別の定義であり、いずれかに該当するものは高圧ガスである。

(第2号及び第3号においても同じ。)

設問は「後段」に該当することから高圧ガスである。したがって、設問は正しい。

また、第1号において、保安法令における圧力は、特に定める場合を除き、「ゲージ圧力」であることを定義している。

ハ…×〔法〕第2条（定義）第3号において、液化ガスについて高圧ガスの定義をしているが、その後段において、圧力が0.2メガパスカルになる場合の温度が35度以下であるものを定めている。設問は、これに該当するものであるにも係わらず、高圧ガスでないとしており、誤りである。

2　正解　(2)　イ、ロ

イ…○〔法〕第5条（製造の許可等）第1項第2号において、事業所ごとに都道府県

知事等の許可を受けなければならない者として、冷凍のためガスを圧縮し、又は液化して高圧ガスの製造をする設備でその1日の冷凍能力が20トン以上のもの（第56条の7第2項

の認定を受けた設備を除く。）を使用して高圧ガスの製造をしようとする者及び政令で定めるガスの種類に該当するものである場合にあっては、当該政令で定めるガスの種類ごとに政令で定める値以上のものを使用して高圧ガスを製造しようとする者が定められ、同号に基づく政令第4条第2号においてアンモニアについては、1日の冷凍能力が50トンと定められている。したがって、設問は正しい。

ロ…○〔法〕第3条（適用除外）第1項第8号に基づく〔政令〕第2条（適用除外）第3項第4号において、適用を除外する高圧ガスとして、1日の冷凍能力が3トン以上5トン未満の冷凍設備内における不活性のフルオロカーボンが定められている。

したがって、設問は正しい。

ハ…×　法〕第57条（冷凍設備に用いる機器の製造）に基づく〔冷凍則〕第63条において、もっぱら冷凍設備に用いる機器について、1日の冷凍能力が3トン以上（二酸化炭素及び可燃性を除くフルオロカーボンにあっては5トン以上。）の冷凍機とすることが定められている。したがって、設問は誤りである。

なお、〔冷凍則〕第64条（機器の製造に係る技術上の基準）において、所定の技術上の基準が定められている。

3　正解　(3)　ハ

イ…×〔法〕第14条（製造のための施設等の変更）第1項本則において、第一種製造者は、製造する高圧ガスの種類を変更しようとするときは、都道府県知事等の許可を受けなければならないこと定められており、製造をする高圧ガスの種類の変更は、ただし書きの軽微な変更には該当しない。したがって、設問は誤りである。

ロ…×〔法〕第25条（廃棄）に基づく〔冷凍則〕第33条（廃棄に係る技術上の基準に従うべき高圧ガスの指定）において、基準に従って廃棄しなければならない高圧ガスは、可燃性ガス、毒性ガス及び特定不活性ガスとすることが定められている。

したがって、設問は誤りである。

なお、冷凍設備内の高圧ガス以外の高圧ガスについては、〔一般則〕第61条において、基準に従って廃棄しなければならない高圧ガスとして、可燃性ガス、毒性ガス、特定不活性ガス及び酸素が定められている。

ハ…○〔法〕第10条（承継）第1項において、第一種製造者について相続、合併又は分割があった場合において、所定の相続人等は、第一種製造者の地位を承継することが定められており、第2項において、第一種製造者の地位を承継した者は、遅滞なく、その事実を証する書面を添えて、その旨を都道府県知事等に届け出なければならないことが定められている。したがって、設問は正しい。

4　正解　(1)　イ

イ…○〔法〕第15条（貯蔵）第1項に基づく〔一般則〕第18条（貯蔵の方法に係る技術上の基準）第2号ロにおいて準用する〔一般則〕第6条第2項第8号イにおいて、充填容器等は、高圧ガスの種類を問わず充填容器及び残ガス容器にそれぞれ区分して容器置場に置くことが定められている。したがって、設問は正しい。なお、「充填容器等」とは、〔一般則〕第6条（定置式製造設備に係る技術上の基準）第1項第42号において充填容器及び残ガス容器ということが定められている。

ロ…×〔法〕第15条（貯蔵）第1項に基づく〔一般則〕第18条（貯蔵の方法に係る技術上の基準）第2号ホにおいて、貯蔵は、高圧ガスの種類に係わらず、消火の用に供する不活性ガス及び緊急時に使用する高圧ガスを充填してあるもの等特に定めるものを除き、車両に積載した容器によりしないことが定められている。

したがって、設問は誤りである。

ハ…×〔法〕第15条（貯蔵）第1項に基づく〔一般則〕第18条（貯蔵の方法に係る技術上の基準）第2号ロにおいて準用する〔一般則〕第6条第2項第8号ホにおいて、柱書の「充填容器等」は、ガスの種類を問わず、常に温度40度以下に保つことが定められている。したがって、設問は誤りである。

5　正解　(5)　イ、ロ　ハ

イ…○〔法〕第23条（移動）第2項に基づく〔一般則〕第50条（その他の場合における移動に係る技術上の基準等）第1号本則において、柱書の容器（内容積が48リットルのもの）である充填容器等を車両に積載して移動するときは、高圧ガスの種類を問わず、当該車両の見やすい箇所に警戒標を掲げることが定められている。

したがって、設問は正しい。

ロ…○〔法〕第23条（移動）第2項に基づく〔一般則〕第50条（その他の場合における移動に係る技術上の基準等）第8号において、設問の主旨が定められている。

したがって、設問は正しい。

ハ…○〔法〕第23条（移動）第2項に基づく〔一般則〕第50条（その他の場合における移動に係る技術上の基準等）第14号本則により準用する〔一般則〕第49条（車両に固定した容器による移動に係る技術上の基準等）第1項第22号において、柱書の容器（内容積が48リットルのもの）を車両に積載した移動するときは、設問の主旨が定められている。したがって、設問は正しい。

この解説の条文記述（〔一般則〕第50条第14号本則により準用する〔一般則〕第49条第1項第22号は、平成30年1月16日付で改正されたものであり、「冷凍関係法規集第58時改訂版」（公益社団法人日本冷凍空調学会発行）は、この改正が反映されてないため、改正前の第49条第1項第21号と記述されている。

6　正解　(5)　イ、ロ　ハ

イ…○〔法〕第45条（刻印等）第1項に基づく〔容器則〕第8条（刻印等の方式）第1項第3号において、柱書の容器はその他の容器に該当するため、充填すべき高圧ガスの種類について、高圧ガスの名称、略称又は分子式のいづれかを刻印等しなければならないことが定められている。したがって、設問は正しい。

なお、「刻印等」とは、〔法〕第45条（刻印等）第3項において「刻印若しくは標章の掲示をいう。」ことが定められている。

ロ…○〔法〕第46条（表示）第1項に基づく〔容器則〕第10条（表示の方式）第1項第1号において、液化アンモニアを充填する容器には、白色の塗色をその容器の見やすい箇所に、容器の表面積の2分の1以上について行うものとすることが定められている。

したがって、設問は正しい。

また、同条同項第2号イにおいて充填することができる高圧ガスの種類を明示することが、ロにおいて充てんすることができる高圧ガスが可燃性ガス又は毒性ガスの場合にあっては、当該高圧ガスの性質を示す文字（可燃性ガス「燃」、毒性ガス「毒」）を明示することが定められている。

ハ…○〔法〕第56条（くず化その他の処分）第5項において、設問の主旨が定められている。したがって、設問は正しい。

7　正解　(5)　イ、ロ、ハ

イ…○〔法〕第5条（製造の許可等）第3項に基づく〔冷凍則〕第5条（冷凍能力の算定基準）第4号において、遠心式圧縮機を使用する製造設備（第1号）、吸収式製造設備（第2号）、自然還流式製造設備及び自然循環式冷凍設備（第3号）以外の製造設備あっては算式R＝V／Cによるものをもって1日の冷凍能力とすることが定められている。したがって、設問の遠心式圧縮機以外の圧縮機は、この算式によることになる。

したがって、設問は正しい。

ロ…○〔法〕第5条（製造の許可等）第3項に基づく〔冷凍則〕第5条（冷凍能力の算定基準）第1号において、設問の主旨が定められている。したがって、設問は正しい。

ハ…○〔法〕第5条（製造の許可等）第3項に基づく〔冷凍則〕第5条（冷凍能力の算定基準）第2号において、設問の主旨が定められている。したがって、設問は正しい。

8　正解　(2)　ロ

第二種製造者は、〔法〕第10条の2において、第5条第2項の各号に掲げる者と定義されている。

イ…×〔法〕第5条（製造の許可等）第2項において、事業所ごとにその旨を届け出なければならない者として、第2号において冷凍のためガスを圧縮し又は液化して高圧ガスの製造をする設備でその1日の冷凍能力3トン以上のものを使用して高圧ガスを製造する者並びに政令で定めるガスの種類に該当するものである場合にあっては、当該政令で定めるガスの種類ごとに政令で定める値以上のものを使用して高圧ガスを製造しようとする者が定められ、同号に基づく政令第4条第1号において、二酸化炭素及び不活性のフルオロカーボンについては20トン以上50トン未満（50トン以上は、許可を受けなければならない。）、第1号において、不活性のものを除くフルオロカーボン及びアンモニアについては、5トン以上

50 トン未満（50 トン以上は許可を受けなければならない。）と定められている。したがって、設問は誤りである。

ロ…○〔法〕第 12 条第 2 項において、第二種製造者は、〔冷凍則〕で定める技術上の基準に従って高圧ガスを製造しなければならないことが定められ、同項に基づく冷凍則第 14 条第 1 号において、設問の主旨が定められている。したがって、設問は正しい。

なお、設問の工事を行なう場合にあっては、〔法〕第 14 条第 4 項において、ただし書きの軽微な変更に該当する場合を除き、あらかじめ、都道府県知事等に届け出なければならないことが定められている。

ハ…×〔法〕第 27 条の 4（冷凍保安責任者）第 1 項第 2 号において、第二種製造者であって、冷凍のために高圧ガスを製造しようとする者は、〔冷凍則〕で定める場合を除き冷凍保安責任者を選任しなければならないことが定められている。選任の必要がない第二種製造者については、〔冷凍則〕第 36 条（冷凍保安責任者の選任等）第 3 項第 1 号において 1 日の冷凍能力が省令で定める値以下のものとして、①「二酸化炭素又はフルオロカーボン（可燃性ガスを除く）にあっては 20 トン以上」、②「アンモニア又はフルオロカーボン（可燃性ガスに限る。）にあっては 5 トン以上 20 トン未満のもの」及び③「①、②以外にあっては、3 トン以上のもの」を使用して高圧ガスを製造しようとする者が定められ、第 2 号において、製造のための施設が省令で定める者として、〔冷凍則〕第 36 条（冷凍保安責任者の選任等）第 2 項第 1 号のアンモニアを冷媒ガスとする製造施設であって、1 日の冷凍能力が 20 トン以上 50 トン未満のものを使用して高圧ガスを製造しようとする者が定められている。

したがって、冷凍のため高圧ガスの製造をする全ての第二種製造者は、選任しなくてよいとする設問は誤りである。

なお、冷凍保安責任者を選任しなければならない第二種製造者は、冷媒ガスがアンモニア又はフルオロカーボン（可燃性ガスに限る。）であって、冷凍能力が 20 トン以上 50 トン未満を使用して高圧ガスを製造しようとする者である。

この解説の条文記述〔冷凍則〕第 36 条第 3 項第 1 号中、「二酸化炭素」「(可燃性ガスを除く。)」及び「(可燃性ガスに限る)」については、平成 29 年 11 月 15 日付で改正されたものであり、「冷凍関係法規集第 58 時改訂版」（公益社団法人日本冷凍空調学会発行）は、この改正が反映されてないため、それぞれ、「二酸化炭素は記載なし」「(不活性のものに限る)」及び「(不活性のものを除く。)」とされている。

また、その代理者については、〔法〕第 33 条（保安統括者等の代理者）第 1 項において第 27 条の 4 第 1 項第 2 号に基づき冷凍保安責任者を選任しなければならない者は、あらかじめ冷凍保安責任者の代理者を選任しなければならないことが定められている。

9　正解　⑷　ロ、ハ

イ…×〔法〕第 27 条の 4（冷凍保安責任者）第 1 項に基づく〔冷凍則〕第 36 条（冷凍保安責任者の選任等）第 1 項第 2 号において、製造施設の区分が 1 日の冷凍能力が 100 トン以上 300 トン未満の区分に該当する冷凍保安責任者を選任しなければならない第一種製造者等については、第一種冷凍機械責任者免状又は第二種冷凍機械責任者免状のうちいずれかの製造保安責任者免状の交付を受けている者であって、所定の製造に関する経験を有する者のうちから、冷凍保安責任者を選任しなければならないことが定められている。

したがって、設問誤りである。

ロ…○〔法〕第 32 条（保安統括者等の職務等）第 10 項において、設問の主旨が定められている。したがって、設問は正しい。

ハ…○〔法〕第 33 条（保安統括者等の代理者）第 1 項において、設問の主旨が定められている。したがって、設問は正しい。

10 正解 (1) イ

第一種製造者は、〔法〕第 9 条において、第 5 条第 1 項の許可を受けた者と定義されている。

イ…○〔法〕第 35 条（保安検査）第 1 項本文に基づく〔冷凍則〕第 40 条（特定施設の範囲等）第 2 項において、都道府県知事等が行う保安検査は、3 年以内に少なくても 1 回以上行うものとすることが定められている。したがって、設問は正しい。

ロ…×〔法〕第 35 条（保安検査）第 1 項において、第一種製造者は、特定施設について、定期に、都道府県知事等が行う保安検査を受けなければならないことが定められ、ただし書きに基づく第 1 号において、「協会」（法第 20 条第 1 項において高圧ガス保安協会を「協会」と定義。）又は「指定保安検査機関」が行う保安検査を受け、その旨を都道府県知事等に届け出た場合、知事の行う保安検査を受けなくても良いことが定められている。したがって、設問は誤りである。

なお、〔法〕第 35 条（保安検査）第 3 項において、協会又は指定保安検査機関は、保安検査を行ったときは、遅滞なく、その結果を都道府県知事等に所定の報告をしなければならないことが定められている。

また、特定施設については、〔冷凍則〕第 40 条（特定施設の範囲等）第 1 項において特定施設とならない製造施設として、第 1 号でヘリウム、R21 又は R114 を冷媒とする製造施設を、第 2 号で製造施設のうち認定指定設備の部分が定められている。

ハ…×〔法〕第 35 条（保安検査）第 2 項において、保安検査は、特定施設が〔法〕第 8 条第 1 号の技術上の基準（製造のための施設の位置、構造及び設備に係る技術上の基準）に適合しているかどうかについて行うことが定められているが、製造の方法が〔法〕第 8 条第 2 号の技術上の基準（製造の方法が技術上の基準）に適合しているかどうかについて行うことは定められていない。したがって、設問は誤りである。

なお、〔法〕第 8 条第 1 号の技術上の基準は、〔冷凍則〕第 6 条、第 7 条及び第 8 条に定められ、〔法〕第 8 条第 2 号の技術上の基準は、〔冷凍則〕第 9 条に定められている。

11 正解 (3) イ、ハ

イ…○〔法〕第 35 条の 2（定期自主検査）に基づく〔冷凍則〕第 44 条（定期自主検査を行う製造施設等）第 5 項第 4 号において、設問に主旨が定められている。

したがって、設問は正しい。

ロ…×〔法〕第35条の2（定期自主検査）に基づく〔冷凍則〕第44条（定期自主検査を行う製造施設等）第3項において、自主検査は、第一種製造者の製造施設にあっては、〔法〕第8条第1号に基づく〔冷凍則〕第7条に定める技術上の基準（耐圧試験に係わるものを除く。）に適合しているかどうかについて、製造するガスの種類を問わず、1年に1回以上行わなければならないことが定められている。したがって、設問は誤りである。

ハ…○〔法〕第35条の2（定期自主検査）において、第一種製造者、〔法〕第56条の7第2項の認定を受けた設備（認定指定設備）を使用する第二種製造者若しくは第二種製造者であって特に定めるものは、定期に、保安のための自主検査を行い、その検査記録を作成し、これを保存しなければならないことが定められているが、都道府県知事等に届け出ることは定められていない。したがって、設問は正しい。

12 正解 (4) ロ、ハ

イ…×〔法〕第26条（危害予防規程）第1項において、第一種製造者は、所定の事項について記載した危害予防規程を定め、所定の方法により都道府県知事等に届け出なければならないことが、これを変更したときも、同様とすることが定められている。

したがって、設問は誤りである。

ロ…○〔法〕第26条（危害予防規程）第1項に基づく〔冷凍則〕第35条（危害予防規程の届出等）第2項第7号において、協力会社の作業の管理に関することが定められている。したがって、設問は正しい。

ハ…○〔法〕第27条（保安教育）第1項において、第一種製造者は、その従業者に対する保安教育計画を定めなければならないことが、第3項においてこれを忠実に実行しなければならないことが定められているが、届け出ることは定められていない。

したがって、設問は正しい。

13 正解 (5) イ、ロ、ハ

イ…○〔法〕第36条（危険時の措置及び届出）第2項において、設問の主旨が定められている。したがって、設問は正しい。

ロ…○〔法〕第60条（帳簿）第1項に基づく〔冷凍則〕第65条（帳簿）において、設問の主旨が定められている。したがって、設問は正しい。

ハ…○〔法〕第63条（事故届）第1項において、第一種製造者は災害等が発生した場合は、遅滞なく、都道府県知事等又は警察官に届け出なければならないが、その場合ついて、第1号において、所有し、又は占有する高圧ガスについて災害が発生したときが、第2号において、所有し、又は占有する高圧ガス又は容器を喪失し、又は盗まれたときが定められている。

したがって、設問は正しい。

14 正解 (3) イ、ハ

イ…○〔法〕第14条（製造のための施設等の変更）第1項ただし書に基づく〔冷凍則〕第17条（第1種製造者に係る軽微な変更の工事等）第1項において、軽微な変更の工事等が定められているが、製造設備の冷凍能力の変更を伴わない工事であり、冷媒設備に係る切断、溶接を伴わない工事であっても、可燃性ガス及び毒性ガスを冷媒ガスとする冷媒設備の取替えの工事は第17条第1項第2号により軽微な変更の工事からに除外されている。したがって、設問は正しい。

ロ…×〔法〕第20条（完成検査）第3項第1号において、特定変更工事について高圧ガス保安協会の完成検査を受け、所定の技術上の基準に適合していると認められ、その旨を都道府県知事等に届け出た場合に、第20条（完成検査）第3項ただし書きが適用され、都道府県知事等の完成検査を受けることなく使用することができることが定められている。

したがって、設問は誤りである。

なお、〔法〕第20条（完成検査）第4項において、協会又は指定完成検査機関は、完成検査を行ったときは、遅滞なく、その結果を都道府県知事等に所定の報告をしなければならないことが定められている。

ハ…○〔法〕第20条（完成検査）第3項本則において、特定変更工事について完成したときは、所定の完成検査を受け、所定の技術上の基準に適合していると認められた後でなければ、これを使用してはならないことが定められている。

特定変更工事に該当しない工事については、〔冷凍則〕第23条（完成検査を要しない変更の工事の範囲）において、製造設備（耐震設計構造物として適用を受ける製造設備を除く。）の取替え（可燃性ガス及び毒性ガスを冷媒とする冷媒設備を除く。）の工事（冷媒設備に係る切断、溶接を伴う工事を除く。）であって、当該設備の冷凍能力の変更が告示で定める範囲であるものとすることが定められており、設問のアンモニアを冷媒ガスとする製造設備は、特定変更工事に該当しない工事にはならない。したがって、設問は正しい。

なお、当該設備の冷凍能力の変更の範囲は、「製造細目告示」第12条の14号において変更前の当該製造設備の冷凍能力の20%以内の範囲と定められている。

15 正解 (4) ロ、ハ

イ…×〔法〕第8条（許可の基準）第1号に基づく、〔冷凍則〕第7条（定置式製造設備に係る技術上の基準）第1項第12号において、可燃性ガスの製造施設には、その規模に応じて、適切な消火設備を適切な箇所に設けることが定められている。したがって、設問は誤りである。なお、「適切な消火設備」を満たす技術的内容は、「例示基準」№11に示されている。

ロ…○〔法〕第8条（許可の基準）第1号に基づく、〔冷凍則〕第7条（定置式製造設備に係る技術上の基準）第1項第16号において、吸収式アンモニア冷凍機を除く毒性ガスの製造設備には、当該ガスが漏えいしたときに安全、かつ、速やかに除害するための措置を講ずることが定められている。したがって、設問は正しい。

なお、「除害のための措置」を満たす技術的内容は、「例示基準」№14に示されている。

ハ…○〔法〕第8条（許可の基準）第1号に基づく、〔冷凍則〕第7条（定置式製造設備に係る技術上の基準）第1項第9号において、安全装置のうち冷媒ガスを大気に放出する安全弁又は破裂板には、不活性ガスを冷媒ガスとする冷媒設備並びに特に定める吸収式アンモニア冷凍機に設けたものを除き放出管を設けることが、放出管の開口部の位置は、放出する冷媒ガスの性質に応じた適切な位置であることが定められている。

したがって、設問は正しい。

なお、「安全弁、破裂板の放出管の開口部の位置」を満たす技術的内容は、「冷凍保安規則関係例示基準No.9」に示されている。

16 正解 (3) イ、ロ

イ…○〔法〕第8条（許可の基準）第1号に基づく、〔冷凍則〕第7条（定置式製造設備に係る技術上の基準）第1項第15号において、吸収式アンモニア冷凍機に係る施設を除く可燃性ガス、毒性ガス又は特定不活性ガスの製造施設には、当該施設から漏えいしたガスが滞留する恐れのある場所に、当該ガスの漏えいを検知し、かつ、警報するための設備を設けることが定められている。したがって、設問は正しい。

なお、「ガス漏えい検知警報設備とその設置場所」を満たす技術的内容は、「例示基準」No.13に示されている。

ロ…○〔法〕第8条（許可の基準）第1号に基づく、〔冷凍則〕第7条（定置式製造設備に係る技術上の基準）第1項第10号において、可燃性ガス又は毒性ガスを冷媒ガスとする冷凍設備に係る受液器に設ける液面計には、丸形ガラス管液面計以外のものを使用することが定められている。したがって、設問は正しい。

又、同項第11号において、受液器にガラス管液面計を設ける場合には、当該ガラス管液面計にはその破損を防止するための措置を講じ、可燃性ガス及び毒性ガスを冷媒ガスとする冷凍設備に係る受液器にあっては、当該受液器と当該ガラス管液面計を接続する配管には、当該ガラス管液面計の破損による漏えいを防止するための措置を講ずることが定められている。

なお、「液面計の破損及び破損による漏えいを防止するための措置」を満たす技術的内容は、「例示基準」No.10に示されている。

ハ…×〔法〕第8条（許可の基準）第1号に基づく、〔冷凍則〕第7条（定置式製造設備に係る技術上の基準）第1項第13号において、毒性ガスを冷媒ガスとする冷媒設備に係る受液器であって内容積が10,000リットル以上のものの周囲には、液状の当該ガスが漏えいした場合にその流出を防止するための措置を講ずることが定められている。

したがって、設問は誤りである。

なお、「液化ガスの流出を防止するため措置」を満たす技術的内容は、「例示基準」No.12に示されている。

17 正解 (2) ロ

イ…×〔法〕第8条（許可の基準）第1号に基づく、〔冷凍則〕第7条（定置式製造設備に係る技術上の基準）第1項第8号において、冷媒設備には、当該設備内の冷媒ガスの圧力が許容圧力を超えた場合に直ちに許容圧力以下に戻すことができる安全装置を設けることが定められている。

また、この安全装置は、許容圧力以下に戻すことを目的としており、運転を停止するものではない。したがって、設問は誤りである。

なお、「許容圧力以下に戻すことができる安全装置」を満たす技術的内容は、「例示基準」№.8に示されている。

ロ…○〔法〕第8条（許可の基準）第1号に基づく、〔冷凍則〕第7条（定置式製造設備に係る技術上の基準）第1項第1号において、設問の主旨が定められている。

したがって、設問は正しい。

なお、「火気に対して安全な措置」を満たす技術的内容は、「例示基準」№.1に示されている。

ハ…×〔法〕第8条（許可の基準）第1号に基づく、〔冷凍則〕第7条（定置式製造設備に係る技術上の基準）第1項第6号において、冷媒設備は、許容圧力以上で行う気密試験又は経済産業大臣がこれと同等以上のものと認めた高圧ガス保安協会が行う試験に合格するものであることが定められている。したがって、設問は誤りである。

なお、「気密試験」を満たす技術的内容は、「例示基準」№.6に示されている。

18　正解　(1)　イ

イ…○〔法〕第8条（許可の基準）第1号に基づく、〔冷凍則〕第7条（定置式製造設備に係る技術上の基準）第1項第7号において、冷媒設備には、当該圧縮機が強制潤滑方式であって、潤滑油圧力に対して保護装置を有する圧縮機の油圧系統を除いた油圧系統を含め、圧縮機には、圧力計を設けることが定められている。したがって、設問は正しい。

なお、「圧力計」を満たす技術的内容は、「例示基準」№.7に示されている。

ロ…×〔法〕第8条（許可の基準）第1号に基づく、〔冷凍則〕第7条（定置式製造設備に係る技術上の基準）第1項第6号において、配管以外の冷媒設備について行わなければならない耐圧試験は、水その他の安全な液体を使用して行うことが困難であると認められるときは、許容圧力の1.25倍以上の圧力で空気、窒素等の気体を使用して行う耐圧試験又は経済産業大臣がこれと同等以上のものと認めた高圧ガス保安協会が行う試験に合格するものであることが定められている。したがって、設問は誤りである。

なお、「耐圧試験」を満たす技術的内容は、「例示基準」№.5に示されている。

ハ…×〔法〕第8条（許可の基準）第1号に基づく、〔冷凍則〕第7条（定置式製造設備に係る技術上の基準）第1項第5号において、縦置円筒形で胴部の長さが5メートル以上の凝縮器、内容積が5,000リットル以上の受液器及び特に定める配管並びにこれらの支持構造物及び基礎は、所定の耐震に関する性能を有することが定められている。

したがって、設問は誤りである。

なお、所定の耐震基準は、「高圧ガス設備等耐震設計基準」として告示で定められている。

19 正解 (4) ロ、ハ

イ…×〔法〕第8条（許可の基準）第2号に基づく〔冷凍則〕第9条（製造の方法に係る技術上の基準）第1号おいて、安全弁に付帯して設けた止め弁は、安全弁の修理等のため特に必要な場合を除き、常に全開しておくことが定められている。

したがって、設問は誤りである。

ロ…○〔法〕第8条（許可の基準）第2号に基づく〔冷凍則〕第9条（製造の方法に係る技術上の基準）第3号イにおいて、設問の主旨が定められている。

したがって、設問は正しい。

ハ…○〔法〕第8条（許可の基準）第2号に基づく〔冷凍則〕第9条（製造の方法に係る技術上の基準）第2号において、設問の主旨が定められている。

したがって、設問は正しい。

20 正解 (5) イ、ロ、ハ

イ…○〔法〕第56条の7（指定設備の認定）第2項に基づく〔冷凍則〕第57条（指定設備に係る技術上の基準）第13号において、冷凍のための指定設備には、自動制御装置を設けることが定められている。したがって、設問は正しい。

ロ…○〔法〕第56条の7（指定設備の認定）第2項に基づく〔冷凍則〕第57条（指定設備に係る技術上の基準）第12号において、冷凍のための指定設備の日常の運転操作に必要となる冷媒ガスの止め弁には、手動式のものを使用しないことが定められている。

したがって、設問は正しい。

ハ…○〔冷凍則〕第62条（指定設備認定証が無効となる設備の変更の工事等）第1項において、認定指定設備に変更の工事を施したとき、又は認定指定設備の移設等（転用を除く。）を行ったときは、第1項ただし書きに基づく第1号又は第2号に掲げる場合を除き、当該指定設備に係る指定設備認定証は無効とすることが定められている。

したがって、設問は正しい。

法　令

令和２年度

（令和２年11月８日実施）

設問中の「都道府県知事等」とは、地域の自主性及び自立性を高めるための改革の推進を図るための関係法律の整備に関する法律（第５次地方分権一括法）の施行に伴い、高圧ガス保安法令が改正され、平成30年４月１日から、これまで都道府県知事が行ってきた高圧ガス保安法に基づく許認可等の事務について、事業所の所在地が地方自治法の指定都市の区域（コンビナート等保安規則に基づくコンビナート区域等を除く。）にあっては、当該指定都市の長が処理することになったことから、都道府県知事又は高圧ガス保安法の事務を処理する指定都市の長を「都道府県知事等」と称することにしたものである。

1　正解　⑶　イ、ロ

イ…○〔法〕第２条（定義）第１号において、圧縮ガス（圧縮アセチレンガスを除く。）について高圧ガスの定義をしているが、その前段で、「常用の温度において圧力が１メガパスカル以上となる圧縮ガスであって現にその圧力が１メガパスカル以上であるもの」を、後段において、「温度35度において１メガパスカル以上となる圧縮ガス」を定めている。前段、後段は個別の定義であり、いずれかに該当するものは高圧ガスである。

（第２号及び第３号においても同じ。）

設問は「前段」に該当することから高圧ガスである。したがって、設問は正しい。

また、第１号において、保安法令における圧力は、特に定める場合を除き、「ゲージ圧力」であることを定義している。

ロ…○〔法〕第２条（定義）第３号後段において、圧力が0.2メガパスカルとなる場合の温度が35度以下である液化ガスは、高圧ガスであること定めている。

したがって、設問は正しい。

ハ…×〔法〕第１条（目的）において、高圧ガスによる災害を防止するとともに、公共の安全を確保するために、「高圧ガスの製造、貯蔵、販売、移動、その他の取扱及び消費並びに容器の製造及び取扱を規制する」ことに加え、「民間事業者及び高圧ガス保安協会による自主的な保安活動を促進すること」を定めている。

「高圧ガス保安協会よる自主的な保安活動を促進すること」は定めていないとしている設問は誤りである。

2　正解　⑷　ロ、ハ

イ…×〔法〕第5条（製造等の許可）第1項第2号において、事業所ごとに許可を受けなければならない者として、冷凍のためガスを圧縮し、又は液化して高圧ガスの製造をする設備でその1日の冷凍能力が20トン以上のもの及び政令で定めるガスに該当する場合は、ガスの種類ごとに政令で定める値以上のもの（第56条の7第2項の認定を受けた設備を除く。）を使用して高圧ガスを製造しようとする者が定められ、同号に基づく政令第4条第1号及び第2号において二酸化炭素、フルオロカーボン及びアンモニアについては、1日の冷凍能力が50トンと定められている。したがって、設問は誤りである。

ロ…○〔法〕第3条（適用除外）第1項第8号に基づく〔政令〕第2条（適用除外）第3項第3号において、1日の冷凍能力が3トン未満の冷凍設備内における高圧ガスをその種類を問わず適用除外することが定められている。したがって、設問は正しい。

ハ…○〔法〕第57条（冷凍設備に用いる機器の製造）おいて、もっぱら冷凍設備に用いる機器であって、同条に基づく〔冷凍則〕第63条において定める1日の冷凍能力が3トン以上（二酸化炭素及び可燃性を除くフルオロカーボンにあっては5トン以上。）のものの製造を行なう者（「機器製造事業者」）は、〔冷凍則〕第64条（機器の製造に係る技術上の基準）に定める所定の技術上の基準に従って製造しなければならないことが定められている。したがって、設問は正しい。

3 正解 (5) イ、ロ、ハ

第一種製造者は、〔法〕第9条において、第5条第1項の許可を受けた者と定義されている。

イ…○〔法〕第14条（製造のための施設等の変更）第1項本則において、製造のための施設の位置、構造若しくは設備の変更の工事をしようとするときは、都道府県知事等の許可を受けなければならないこと定められ、ただし書において、製造のための施設の位置、構造若しくは設備について省令で定める軽微な変更の工事をしようとするときは許可を受けなくてもよいことが定められている。したがって、設問は正しい。

ロ…○〔法〕第25条（廃棄）に基づく〔冷凍則〕第33条（廃棄に係る技術上の基準に従うべき高圧ガスの指定）において、基準に従って廃棄しなければならない高圧ガスは、可燃性ガス、毒性ガス及び特定不活性ガスとすることが定められている。

したがって、設問は正しい。

なお、冷凍設備内の高圧ガス以外の高圧ガスについては、〔一般則〕第61条において、基準に従って廃棄しなければならない高圧ガスとして、可燃性ガス、毒性ガス、特定不活性ガス及び酸素が定められている。

ハ…○〔法〕第20条の4（販売事業の届出）において、液化石油ガス法第2条第3項の液化石油ガス販売事業を除く高圧ガスの販売事業を営もうとする者ついて、設問の主旨が定められている。したがって、設問は正しい。

4 正解 (2) イ、ロ

イ…○〔法〕第15条（貯蔵）第1項に基づく〔一般則〕第18条（貯蔵の方法に係る技

術上の基準）第2号イにおいて、可燃性ガス又は毒性ガスの充填容器等により貯蔵する場合は、通風の良い場所ですることが定められている。したがって、設問は正しい。

なお、「充填容器等」とは、〔一般則〕第6条（定置式製造設備に係る技術上の基準）第1項第42号において充填容器及び残ガス容器（以下「充填容器等」という。）ことが定められている。

ロ…○〔法〕第15条（貯蔵）第1項に基づく〔一般則〕第18条（貯蔵の方法に係る技術上の基準）第2号ホにおいて、貯蔵は、高圧ガスの種類に係わらず、消火の用に供する不活性ガス及び緊急時に使用する高圧ガスを充填してあるもの等特に定めるものを除き、船、車両もしくは鉄道車両に固定し、又は積載した容器によりしないことが定められている。したがって、設問は正しい。

ハ…×〔法〕第15条（貯蔵）第1項に基づく〔一般則〕第18条（貯蔵の方法に係る技術上の基準）第2号ロにおいて準用する〔一般則〕第6条第2項第8号ホにおいて、超低温容器等特に定める容器を除き「充填容器等」は、ガスの種類を問わず、常に温度40度以下に保つことが定められている。したがって、設問は誤りである。

5 正解 (5) イ、ロ、ハ

イ…○〔法〕第23条（移動）第2項に基づく〔一般則〕第50条（その他の場合における移動に係る技術上の基準等）第1号本則において、柱書の容器（内容積が48リットルのもの）である充填容器等を車両に積載して移動するときは、高圧ガスの種類を問わず、当該車両の見やすい箇所に警戒標を掲げることが定められている。

したがって、設問は正しい。

ロ…○〔法〕第23条第2項（移動）に基づく〔一般則〕第50条（その他の場合における移動に係る技術上の基準等）第5号において、内容積が5リットルを超える充填容器等には、ガスの種類を問わず、転落、転倒等による衝撃及びバルブの損傷を防止する措置を講じ、粗暴な取扱いをしないことが定められている。

したがって、設問は正しい。

ハ…○〔法〕第23条第2項（移動）に基づく〔一般則〕第50条（その他の場合における移動に係る技術上の基準等）第9号及び第10号において、設問の主旨が定められている。なお、第9号ただし書において、特に定める充填容器等のみによる場合は適用が除外されているが、柱書の容器（内容積が48リットルのもの）は、適用除外に該当しない。

したがって、設問は正しい。

6 正解 (1) イ

イ…○〔法〕第46条（表示）第1項に基づく〔容器則〕第10条（表示の方式）第1項第2号ロにおいて、充てんすることができる高圧ガスが可燃性ガス及び毒性ガスの場合にあっては、当該高圧ガスの性質を示す文字（可燃性ガスにあっては「燃」、毒性ガスにあっては「毒」）を明示することが定められている。したがって、設問は正しい。

なお、同号イにおいて、充てんすることができる高圧ガスの種類を明示することが定められている。

ロ…×〔法〕第46条（表示）第1項に基づく〔容器則〕第10条（表示の方式）第1項第1号において、容器に行う塗色は、高圧ガスの種類に応じて、定められた塗色をその容器の外面の見やすい箇所に、容器の表面積の2分の1以上について行うものとすることが定められている。液化フルオロカーボンは、その他の種類の高圧ガスに該当することから、「ねずみ色」の塗色をしなければならない。したがって、設問は誤りである。

ハ…×〔法〕第56条（くず化その他の処分）第5項において、容器又は附属品の廃棄をする者は、くず化し、その他容器又は附属品として使用できないように処分しなければならないことが定められている。したがって、設問は誤りである。

7 正解 (1) イ

イ…○〔法〕第5条（製造の許可等）第3項に基づく〔冷凍則〕第5条（冷凍能力の算定基準）第4号において、遠心式圧縮機を使用する製造設備（第1号)、吸収式製造設備（第2号)、自然還流式製造設備及び自然循環式冷凍設備（第3号）以外の製造設備については算式R＝V／Cによるものをもって1日の冷凍能力とすることが定められ、設問の製造設備はこれに該当する。したがって、設問は正しい。

ロ…×〔法〕第5条（製造の許可等）第3項に基づく〔冷凍則〕第5条（冷凍能力の算定基準）第1号において、遠心式圧縮機を使用する製造設備にあっては、当該圧縮機の原動機の定格出力1.2キロワットをもっての1日の冷凍能力1トンとすることが定められている。したがって、設問は誤りである。

ハ…×〔法〕第5条（製造の許可等）第3項に基づく〔冷凍則〕第5条（冷凍能力の算定基準）第4号において、遠心式圧縮機を使用する製造設備（第1号)、吸収式冷凍設備（第2号)、自然還流式製造設備及び自然循環式冷凍設備（第3号）以外の製造設備にあっては、算式R＝V／Cによるものをもって1日の冷凍能力とすることが定められている。設問の製造設備は、「その他の製造設備」に区分されることから、この算式中のVについて、圧縮機の標準回転数における1時間のピストン押しのけ量（単位　立方メートル）の数値が適用される。設問は、1日の冷凍能力の算出に必要な数値として冷媒設備内の冷媒ガスの充填量があるとしているが、これは、いずれの製造設備の冷凍能力の算定基準に必要な数値としても定められていない。したがって、設問は誤りである。

8 正解 (4) ロ、ハ

第二種製造者は、〔法〕第10条の2において、第5条第2項の各号に掲げる者と定義されている。

イ…×〔法〕第35条の2（定期自主検査）において、第56条の7第2項の認定を受けた設備（認定指定設備）を使用する第二種製造者若しくは第二種製造者であって1日の冷凍能力が省令で定める値以上である者は、省令で定めるところにより、保安のための自主検査を行い、その検査記録を作成、これを保存しなければならないことが定められている。したがって、設問は誤りである。

なお、第二種製造者であって1日の冷凍能力が省令で定める値以上である者は、〔冷凍則〕第44条第1項において、アンモニア又は不活性のものを除くフルオロカーボンにあっては、20トンとすることが定められている。

ロ･･･○〔法〕第12条第1項において、第二種製造者は、製造のための施設をその位置、構造及び設備が省令で定める技術上の基準に適合するように維持しなければならないことが定められている。したがって、設問は正しい。

なお、〔冷凍則〕第11条において、技術上の基準が定められている。

ハ･･･○〔法〕第5条（製造の許可等）第2項において、届出の時期については、「当該各号に定める日の20日前まで」と定め、冷凍のため高圧ガスを製造する第2種製造者については、同項第2号において、各号に定める日を「製造開始の日」とすることが定められている。したがって、設問は正しい。

9　正解　(3)　イ、ロ

イ･･･○〔法〕第27条の4（冷凍保安責任者）に基づく〔冷凍則〕第36条（冷凍保安責任者の選任等）第1項第3号において、設問の主旨が定められている。

したがって、設問は正しい。

ロ･･･○〔法〕第33条（保安統括者等の代理者）第2項において、設問の主旨が定められている。したがって、設問は正しい。

ハ･･･×〔法〕第27条の4（冷凍保安責任者）第2項において冷凍保安責任者の選任又は解任ついて、〔法〕第33条第3項において冷凍保安責任者の代理者の選任又は解任について、いずれも、〔法〕第27条の2第5項の規定を準用することが定められ、〔法〕第27条の2第5項では、選任又は解任したときは、遅滞なく、所定の事項を都道府県知事に届け出なければならないことが定められている。したがって、冷凍保安責任者の代理者を選任及び解任したときには届け出る必要はないとする設問は誤りである。

10　正解　(4)　ロ、ハ

イ･･･×　保安検査を行うことができる者は、〔法〕第35条（保安検査）第1項本文において都道府県知事等が、同項ただし書きに基づき同項第1号において高圧ガス保安協会及び経済産業大臣の指定する者（「指定完成検査機関」）が定められている。第一種製造者は、これらの者のいづれかの保安検査を受けなければならない。したがって、設問は誤りである。

また、同項第2号において自ら保安検査を行うことができる者として経済産業大臣の認定を受けている者（「認定保安検査実施者」）が定められている。

ロ･･･○〔法〕第35条（保安検査）第2項において、保安検査は、特定施設が第8条第1号の技術上の基準に適合しているかどうかについて行うことが定められている。したがって、設問は正しい。

なお、〔法〕第8条第1号の技術上の基準は、〔冷凍則〕第6条、第7条及び第8条に定められている。

また、〔冷凍則〕第40条（特定施設の範囲等）第1項において特定施設とならない製造施設として、第1号でヘリウム、R21又はR114を冷媒とする製造施設を、第2号で製造施設のうち認定指定設備の部分が定められている。

ハ…○〔法〕第35条（保安検査）第1項ただし書に基づく第1号において、設問の主旨が定められている。したがって、設問は正しい。

11 正解 (4) ロ、ハ

イ…×〔法〕第35条の2（定期自主検査）において、第一種製造者、認定指定設備を使用する第二種製造者若しくは特に定める第二種製造者は定期自主検査を行わなければならない者として定められており、定期自主検査を行わなければならない施設は、〔冷凍則〕第44条（定期自主検査を行う製造施設等）第2項において定められているが、第一種製造者が行う定期自主検査について、不活性ガスの製造施設を除外することは定められていない。

したがって、設問は誤りである。

ロ…○〔法〕第35条の2（定期自主検査）に基づく〔冷凍則〕第44条（定期自主検査を行う製造施設等）第3項において、第一種製造者の製造施設にあっては、第8条第1号の技術上の基準（耐圧試験に係るものを除く。）に適合しているかどうかについて、1年に1回以上行わなければならないことが定められている。したがって、設問は正しい。

ハ…○〔法〕第35条の2（定期自主検査）において、第一種製造者は、定期に、保安のための自主検査を行い、その検査記録を作成し、これを保存しなければならないことが定められている。したがって、設問は正しい。

なお、〔冷凍則〕第44条（定期自主検査を行う製造施設等）第5項において、検査記録に記載しなければならない事項が定められている。

12 正解 (1) イ

イ…○〔法〕第26条（危害予防規程）第3項において、設問の主旨が定められている。

したがって、設問は正しい。

ロ…×〔法〕第26条（危害予防規程）第1項に基づく〔冷凍則〕第35条（危害予防規程の届出等）第2項において、危害予防規程に定めなければならない事項が定められており、第3号において製造設備の安全な運転及び操作に関することが、第10号において、危害予防規程の変更の手続きに関することが定められている。

したがって、設問は、危害予防規程の変更の手続きに関することは定める必要がないとしており、誤りである。

ハ…×〔法〕第27条（保安教育）第1項において、第一種製造者は、その従業者に対する保安教育計画を定めなければならないことが、第3項においてこれを忠実に実行しなければならないことが定められているが、届け出ることは定められていない。

したがって、設問は誤りである。

13　正解　(1)　イ

イ…○〔法〕第36条（危険時の措置及び届出）第1項において、高圧ガスの製造のための施設が危険な状態になったときは、当該施設の所有者又は占有者は、直ちに、応急の措置を講じなければならないことが、同条第2項において、この事態を発見した者は、何人であっても、直ちに、その旨を都道府県知事等又は警察官、消防吏員若しくは消防団員若しくは海上保安官に届け出なければならないことが定められている。したがって、設問は正しい。

ロ…×〔法〕第60条（帳簿）第1項に基づく〔冷凍則〕第65条（帳簿）において、第一種製造者は、事業所ごとに、製造施設に異常があった年月日及びそれに対してとった措置を記録した帳簿を備え、記載の日から10年間保存しなければならないことが定められている。したがって、「製造開始の日から10年間」としている設問は、誤りである。

ハ…×〔法〕第63条（事故届）第1項において、第一種製造者は、災害等が発生した場合は、遅滞なく、都道府県知事等又は警察官に届け出なければならないことが定められ、その場合ついて、第1号において、所有し、又は占有する高圧ガスについて災害が発生したときが、第2号において、所有し、又は占有する高圧ガス又は容器を喪失し、又は盗まれたときが定められている。

したがって、「残ガス容器を喪失したときは、その必要はない」としている設問は、誤りである。

14　正解　(5)　イ、ロ、ハ

イ…○〔法〕第14条（製造のための施設等の変更）第1項ただし書において、軽微な変更の工事については許可を受けなくてもよいことが定められ、同項ただし書に基づく〔冷凍則〕第17条（第1種製造者に係る軽微な変更の工事等）第1項第2号において、設問の変更工事が軽微な変更の工事として定められている。したがって、設問は正しい。

ロ…○〔法〕第20条（完成検査）第3項及び同項第1号において、認定完成検査実施者でない第一種製造者が受ける製造施設の特定変更工事に係る完成検査について、設問の主旨が定められている。したがって、設問は正しい。

ハ…○〔法〕第20条（完成検査）第3項本則において、特定変更工事について完成したときは、所定の完成検査を受け、所定の技術上の基準に適合していると認められた後でなければ、これを使用してはならないことが定められている。したがって、特定変更工事に該当しない変更の工事は、完成検査を受けることなくその施設を使用することができることから設問は正しい。

特定変更工事に該当しない工事については、〔冷凍則〕第23条（完成検査を要しない変更の工事の範囲）において、製造設備（耐震設計構造物として適用を受ける製造設備を除く。）の取替え（可燃性ガス及び毒性ガスを冷媒とする冷媒設備を除く。）の工事（冷媒設備に係る切断、溶接を伴う工事を除く。）であって、当該設備の冷凍能力の変更が告示で定める範囲であるものとすることが定められており、その範囲は、「製造細目告示」第12条の14号において、冷凍能力の変更が変更前の当該製造設備の冷凍能力の20％以内の範囲と定められている。

15 正解 (2) ロ

イ…×〔法〕第8条（許可の基準）第1号に基づく、〔冷凍則〕第7条（定置式製造設備に係る技術上の基準）第1項第3号において、可燃性ガス、毒性ガス又は特定不活性ガスの製造設備に係る圧縮機、油分離器、凝縮器若しくは受液器又はこれらの間の配管を設置する室は、冷媒ガスが漏えいしたときに滞留しないような構造とすることが定められている。したがって、凝縮器及び受液器を設置する室に限られているとしている設問は誤りである。

なお、「滞留しないような構造」を満たす技術的内容は、「冷凍保安規則関係例示基準」№3に示されている。

ロ…○〔法〕第8条（許可の基準）第1号に基づく、〔冷凍則〕第7条（定置式製造設備に係る技術上の基準）第1項第15号において、吸収式アンモニア冷凍機に係る施設を除く可燃性ガス、毒性ガス又は特定不活性ガスの製造施設には、当該施設から漏えいするガスが滞留する恐れのある場所に、当該ガスの漏えいを検知し、かつ、警報するための設備を設けることが定められ、設問の措置等を講じているか否かにかかわらず、本条は適用される。したがって、設問は正しい。

なお、「ガス漏えい検知警報設備とその設置場所」を満たす技術的内容は、「冷凍保安規則関係例示基準」№13に示されている。

ハ…×〔法〕第8条（許可の基準）第1号に基づく、〔冷凍則〕第7条（定置式製造設備に係る技術上の基準）第1項第10号において、可燃性ガス又は毒性ガスを冷媒ガスとする冷凍設備に係る受液器に設ける液面計には、丸形ガラス管液面計以外のものを使用することが定められている。

又、同項第11号において、受液器にガラス管液面計を設ける場合には、当該ガラス管液面計にはその破損を防止するための措置を講じ、可燃性ガス及び毒性ガスを冷媒ガスとする冷凍設備に係る受液器にあっては、当該受液器と当該ガラス管液面計を接続する配管には、当該ガラス管液面計の破損による漏えいを防止するための措置を講ずることが定められている。

設問は、ガラス管液面計に破損を防止する措置か、受液器とそのガラス管液面計とを接続する配管にその液面計の破損による漏えいを防止する措置のいづれかを講じることとしていることから、誤りである。

なお、「液面計の破損及び破損による漏えいを防止するための措置」を満たす技術的内容は、「冷凍保安規則関係例示基準」№10に示されている。

16 正解 (4) イ、ハ

イ…○〔法〕第8条（許可の基準）第1号に基づく、〔冷凍則〕第7条（定置式製造設備に係る技術上の基準）第１項第13号において、毒性ガスを冷媒ガスとする冷媒設備に係る受液器であって、その内容積が10,000リットル以上のものの周囲には、液状の当該ガスが漏えいした場合にその流出を防止するための措置を講ずることが定められている。

したがって、設問は正しい。

なお、「液化ガスの流出を防止するため措置」を満たす技術的内容は、「冷凍保安規則関係例示基準」№12に示されている。

ロ･･･×〔法〕第８条（許可の基準）第１号に基づく、〔冷凍則〕第７条（定置式製造設備に係る技術上の基準）第１項第12号において、可燃性ガスの製造施設には、その規模に応じて、適切な消火設備を適切な箇所に設けることが定められている。

したがって、設問は誤りである。

なお、「適切な消火設備を」満たす技術的内容は、「冷凍保安規則関係例示基準」№11に示されている。

ハ･･･○〔法〕第８条（許可の基準）第１号に基づく、〔冷凍則〕第７条（定置式製造設備に係る技術上の基準）第１項第16号において、吸収式アンモニア冷凍機を除く毒性ガスの製造設備には、当該ガスが漏えいしたときに安全、かつ、速やかに除害するための措置を講ずることが定められている。したがって、設問は正しい。

なお、「除害のための措置」を満たす技術的内容は、「冷凍保安規則関係例示基準」№14に示されている。

17 正解 ⑶ イ、ハ

イ･･･○〔冷凍則〕第７条（定置式製造設備に係る技術上の基準）第１項第17号において、製造設備に設けたバルブ又はコック（操作ボタン等によるものを含み、自動制御で開閉されるものを除く。）には、冷媒ガスの種類を問わず、作業員が当該バルブ又はコックを適切に操作できるような措置を講ずることが定められている。したがって、設問は正しい。

なお、「バルブ等の操作に係る適切な措置」を満たす技術的内容は、「冷凍保安規則関係例示基準」№15に示されている。

ロ･･･×〔法〕第８条（許可の基準）第１号に基づく、〔冷凍則〕第７条（定置式製造設備に係る技術上の基準）第１項第１号において、圧縮機、油分離器、凝縮器及び受液器並びにこれらの間の配管は、冷媒ガスの種類を問わず、当該火気に対して安全な措置を講じた場合を除き、引火性又は発火性の物（作業に必要なものを除く。）をたい積した場所及び火気（当該製造設備内のものを除く。）の付近にないことが定められている。

したがって、設問は誤りである。

なお、「火気に対して安全な措置」を満たす技術的内容は、「冷凍保安規則関係例示基準」№１に示されている。

ハ･･･○〔法〕第８条（許可の基準）第１号に基づく、〔冷凍則〕第７条（定置式製造設備に係る技術上の基準）第１項第６号において、冷媒設備は、許容圧力以上で行う気密試験に合格するものであることが定められている。したがって、設問は正しい。

なお、「気密試験」を満たす技術的内容は、「冷凍保安規則関係例示基準」№6示されている。

18 正解 (4) ロ、ハ

イ…×〔法〕第8条（許可の基準）第1号に基づく、〔冷凍則〕第7条（定置式製造設備に係る技術上の基準）第1項第7号において、当該圧縮機が強制潤滑方式であって、潤滑油圧力に対して保護装置を有する圧縮機の油圧系統を除き、圧縮機の油圧系統を含む冷媒設備には、圧力計を設けることが定められている。したがって、設問は誤りである。

なお、「圧力計」を満たす技術的内容は、「冷凍保安規則関係例示基準」№7に示されている。

ロ…○〔法〕第8条（許可の基準）第1号に基づく、〔冷凍則〕第7条（定置式製造設備に係る技術上の基準）第1項第6号において、配管以外の冷媒設備について行わなければならない耐圧試験は、水その他の安全な液体を使用して行うことが困難であると認められるときは、許容圧力の1.25倍以上の圧力で空気、窒素等の気体を使用して行う耐圧試験又は経済産業大臣がこれと同等以上のものと認めた高圧ガス保安協会が行う試験に合格するものであることが定められている。したがって、設問は正しい。

なお、「耐圧試験」を満たす技術的内容は、「冷凍保安規則関係例示基準」№5示されている。

ハ…○〔法〕第8条（許可の基準）第1号に基づく、〔冷凍則〕第7条（定置式製造設備に係る技術上の基準）第1項第5号において、縦置円筒形で胴部の長さが5メートル以上の凝縮器、内容積が5,000リットル以上の受液器及び特に定める配管並びにこれらの支持構造物及び基礎を「耐震設計構造物」といい、所定の耐震に関する性能を有することが定められている。したがって、設問は正しい。

19 正解 (1) イ

イ…○〔法〕第8条（許可の基準）第2号に基づく〔冷凍則〕第9条（製造の方法に係る技術上の基準）第1号おいて、安全弁に付帯して設けた止め弁は、安全弁の修理又は清掃(以下「修理等」という。)のため特に必要な場合を除き、常に全開しておくことが定められている。したがって、設問は正しい。

ロ…×〔法〕第8条（許可の基準）第2号に基づく〔冷凍則〕第9条（製造の方法に係る技術上の基準）第3号イにおいて、冷媒設備の修理等をするときはあらかじめ、修理等の作業計画及び作業責任者を定め、修理等は、当該作業計画に従い、かつ、当該作業責任者の監視の下に行うことが定められている。なお、「修理等」とは、〔冷凍則〕第9条（製造の方法に係る技術上の基準）第1号おいて、修理又は清掃を「修理等」ということが定められている。したがって、冷媒設備を開放して清掃のみ行うときも、修理等に含まれることから、設問は誤りである。

ハ…×〔法〕第8条（許可の基準）第2号に基づく〔冷凍則〕第9条（製造の方法に係

る技術上の基準）第2号において、製造する高圧ガスの種類及び製造設備の態様に応じ、1日に1回以上当該製造設備の属する製造施設の異常の有無を点検することが定められており、点検頻度について例外規定が定められていない。したがって、設問は誤りである。

20 正解 (2) ハ

イ・・・×〔法〕第56条の7（指定設備の認定）第2項に基づく〔冷凍則〕第57条（指定設備に係る技術上の基準）第12号において、冷凍のための指定設備の日常の運転操作に必要となる冷媒ガスの止め弁には、手動式のものを使用しないことが定められている。

したがって、設問は誤りである。

ロ・・・×〔法〕第56条の7（指定設備の認定）第2項に基づく〔冷凍則〕第57条（指定設備に係る技術上の基準）第5号において、指定設備の冷媒設備は、事業所において試運転を行い、使用場所に分割されずに納入されるものであることが定められている。

したがって、設問は誤りである。

ハ・・・○〔冷凍則〕第62条（指定設備認定証が無効となる設備の変更の工事等）第2項において、認定指定設備を設置した者は、その認定指定設備に変更の工事を施したとき、又は認定指定設備の移設等（転用を除く。）を行ったときは、第1項ただし書の場合を除き、第61条の規定により当該指定設備に係る指定設備認定証を返納しなければならないことが定められている。したがって、設問は正しい。

なお、返納に該当しない場合は、〔冷凍則〕第62条第1項ただし書に基づく第1号において、当該変更の工事が同等の部品への交換のみである場合及び第2号において認定指定設備の移設等（転用を除く。）を行った場合であって、当該認定指定設備の指定設備認定証を交付した指定設備認定機関等により調査を受け、認定指定設備技術基準適合書の交付を受けた場合が定められている。

令和3年度

（令和3年11月14日実施）

設問中の「都道府県知事等」とは、地域の自主性及び自立性を高めるための改革の推進を図るための関係法律の整備に関する法律（第5次地方分権一括法）の施行に伴い、高圧ガス保安法令が改正され、平成30年4月1日から、これまで都道府県知事が行ってきた高圧ガス保安法に基づく許認可等の事務について、事業所の所在地が地方自治法の指定都市の区域（コンビナート等保安規則に基づくコンビナート区域等を除く。）にあっては、当該指定都市の長が処理することになったことから、都道府県知事又は高圧ガス保安法の事務を処理する指定都市の長を「都道府県知事等」と称することにしたものである。

1　正解　(5)　イ、ロ、ハ

イ…○〔法〕第1条（目的）において、高圧ガスによる災害を防止するとともに、公共の安全を確保するために、「高圧ガスの製造、貯蔵、販売、移動その他の取扱及び消費並びに容器の製造及び取扱を規制する」ことに加え、「民間事業者及び高圧ガス保安協会による自主的な保安活動を促進すること」も定められている。したがって、設問は正しい。

ロ…○〔法〕第2条（定義）第1号において、圧縮ガス（圧縮アセチレンガスを除く。）について高圧ガスの定義をしているが、その前段で、「常用の温度において圧力が1メガパスカル以上となる圧縮ガスであって現にその圧力が1メガパスカル以上であるもの」を、後段において、「温度35度において1メガパスカル以上となる圧縮ガス」が定められている。前段、後段は個別の定義であり、いずれかに該当するものは高圧ガスである。

（第2号及び第3号において同じ。）

設問は「後段」に該当することから高圧ガスである。したがって、設問は正しい。

また、第1号において、保安法令における圧力は、特に定める場合を除き、「ゲージ圧力」であることを定義している。

ハ…○〔法〕第2条（定義）第3号後段において、圧力が0.2メガパスカルとなる場合の温度が35度以下である液化ガスは、高圧ガスであることが定められている。

したがって、設問は正しい。

2　正解　(2)　ロ

イ…×〔法〕第5条（製造の許可等）第1項第2号において、事業所ごとに許可を受けなければならない者として、冷凍のためガスを圧縮し、又は液化して高圧ガスの製造をする設備でその1日の冷凍能力が20トン以上のもの及び政令で定めるガスに該当する場合は、ガスの種類ごとに政令で定める値以上のもの（第56条の7第2項の認定を受けた設備を除く。）を使用して高圧ガスの製造をしようとする者が定められ、同号に基づく政令第4条第1号及び第2号において二酸化炭素、フルオロカーボン及びアンモニアについては、1日の冷凍能力が50トンと定められている。したがって、設問は誤りである。

ロ…○〔法〕第3条（適用除外）第1項第8号に基づく〔政令〕第2条（適用除外）第3項第3号において、1日の冷凍能力が3トン未満の冷凍設備内における高圧ガスをその種類を問わず適用除外とすることが定められ、同項第4号において、冷凍能力が3トン以上5トン未満の高圧ガスである冷凍設備内における二酸化炭素及びフルオロガーボン（不活性のものに限る。）が定められている。したがって、設問は正しい。

ハ…×〔法〕第57条（冷凍設備に用いる機器の製造）において、もっぱら冷凍設備に用いる機器であって、その機器を用いた設備が所定の技術上の基準に適合するように製造しなければならないことが定められ、その機器について、同法に基づく〔冷凍則〕第63条において、1日の冷凍能力が3トン以上（二酸化炭素及び可燃性ガスを除くフルオロカーボンにあっては5トン以上。）の冷凍機とすることが定められている。したがって、設問は誤りである。

なお、〔冷凍則〕第64条（機器の製造に係る技術上の基準）において、所定の技術上の基準が定められている。

3 正解 (1) イ

第一種製造者は、〔法〕第9条において、第5条第1項の許可を受けた者と定義されている。

イ…○〔法〕第14条（製造のための施設等の変更）第1項本則において、第一種製造者は、製造する高圧ガスの種類を変更しようとするときは、その製造設備の変更の工事の有無にかかわらず、都道府県知事等の許可を受けなければならないことが定められている。

したがって、設問は正しい。

なお、ただし書きにおいて、製造のための施設の位置、構造若しくは設備について所定の軽微な変更の工事をしようとするときは、許可を受けなくてもよいことが定められているが、製造する高圧ガスの種類を変更しようとするときはこれに該当しない。

ロ…×〔法〕第21条（製造等の廃止等の届出）第1項において、第一種製造者は、高圧ガスの製造を開始し、又は廃止したときは、遅滞なく、その旨を都道府県知事等に届け出なければならないことが定められている。したがって、設問は誤りである。

ハ…×〔法〕第20条の4（販売事業の届出）において、高圧ガスの販売事業（液化石油ガス法第2条第3項の液化石油ガス販売事業を除く。）を営もうとする者ついて、特に定める場合を除き、販売所ごとに、事業開始の日の20日前までに、その旨を都道府県知事等に届け出なければならないことが定められている。したがって、届け出の時期を「事業開始後遅滞なく」としている設問は誤りである。

4　正解　(4)　ロ、ハ

イ･･･×〔法〕第15条（貯蔵）第1項において、高圧ガスの種類を問わず、高圧ガスの貯蔵は、特に定める場合を除き、〔一般則〕第18条（貯蔵の方法に係る技術上の基準）に従ってしなければならないことが定められている。特に定める場合のうち「省令で定める容積以下の高圧ガス」については、〔一般則〕第19条第1項において容積は、ガスの種類を問わず0.15立方メートルとすることが、第2項において、貯蔵する高圧ガスが液化ガスであるときは、質量10キログラムをもって容積1立方メートルみなすことが定められている。したがって、貯蔵の方法に係る技術上の基準に従うべき高圧ガスは、可燃性ガス及び毒性ガスの2種類に限られているとしている設問は誤りである。

ロ･･･○〔法〕第15条（貯蔵）第1項に基づく〔一般則〕第18条（貯蔵の方法に係る技術上の基準）第2号イにおいて、可燃性ガス又は毒性ガスの充填容器等により貯蔵する場合は、通風の良い場所ですることが定められている。したがって、設問は正しい。

なお、「充填容器等」とは、〔一般則〕第6条（定置式製造設備に係る技術上の基準）第1項第42号において充填容器及び残ガス容器（以下「充填容器等」。）ということが定められている。

ハ･･･○〔法〕第15条（貯蔵）第1項に基づく〔一般則〕第18条（貯蔵の方法に係る技術上の基準）第2号ロにおいて準用する〔一般則〕第6条第2項第8号トにおいて、内容積5リットルを超える充填容器等については、転落、転倒等による衝撃及びバルブの損傷を防止する措置を講じ、かつ、粗暴な取り扱いをしないことが定められている。

したがって、設問は正しい。

5　正解　(4)　ロ、ハ

イ･･･×〔法〕第23条（移動）第1項及び第2項において、その容器についての保安上の措置及び車両（道路運送車両法）に積載して高圧ガスを移動するにはその積載方法及び移動方法について、〔一般則〕第50条（その他の場合における移動に係る技術上の基準等）に従ってしなければならないことが定められているが、不活性であるフルオロカーボンについて適用を除外することは定められていない。したがって、設問は誤りである。

ロ･･･○〔法〕第23条（移動）第1項及び第2項に基づく〔一般則〕第50条（その他の場合における移動に係る技術上の基準等）第14号本則により準用する〔一般則〕第49条（車両に固定した容器による移動に係る技術上の基準等）第1項第21号において、柱書の容器（内容積が48リットルのもの）により液化アンモニアを車両に積載して移動するときは、設問の主旨が定められている。したがって、設問は正しい。

ハ･･･○〔法〕第23条第1項及び第2項（移動）に基づく〔一般則〕第50条（その他の場合における移動に係る技術上の基準等）第5号において、内容積が5リットルを超える充填容器等には、ガスの種類を問わず、転落、転倒等による衝撃及びバルブの損傷を防止する措置を講じ、粗暴な取扱いをしないことが定められている。

したがって、設問は正しい。

6　正解　(1)　イ

イ・・・○〔法〕第45条（刻印等）第1項に基づく〔容器則〕第8条（刻印等の方式）第1項第3号において充填すべき高圧ガスの種類が定められている。したがって、設問は正しい。柱書の容器はその他の容器に該当するため高圧ガスの名称、略称又は分子式のいづれかを刻印等しなければならない。

なお、「刻印等」とは、〔法〕第45条（刻印等）第3項において「刻印若しくは標章の掲示をいう。」ことが定められている。

ロ・・・×〔法〕第46条（表示）第1項に基づく〔容器則〕第10条（表示の方式）第1項第1号において、液化アンモニアを充填する容器には、白色の塗色をその容器の見やすい箇所に、容器の表面積の2分の1以上について行うものとすることが定められている。

したがって、設問は誤りである。

ハ・・・×〔法〕第46条（表示）第1項に基づく〔容器則〕第10条（表示の方式）第1項第2号ロにおいて、充てんすることができる高圧ガスが可燃性ガス及び毒性ガスの場合にあっては、当該高圧ガスの性質を示す文字（可燃性ガスにあっては「燃」、毒性ガスにあっては「毒」）を明示することが定められている。したがって、設問は誤りである。

なお、同号イにおいて、充てんすることができる高圧ガスの種類を明示することが定められている。

7　正解　(1)　イ

イ・・・○〔法〕第5条（製造の許可等）第3項に基づく〔冷凍則〕第5条（冷凍能力の算定基準）第2号において、吸収式冷凍設備にあっては、発生器を加熱する1時間の入熱量27,800キロジュールをもって1日の冷凍能力1トンとすることが定められている。したがって、設問は正しい。

ロ・・・×〔法〕第5条（製造の許可等）第3項に基づく〔冷凍則〕第5条（冷凍能力の算定基準）第1号において、遠心式圧縮機を使用する製造設備にあっては、当該圧縮機の原動機の定格出力1.2キロワットをもっての1日の冷凍能力1トンとすることが定められている。したがって、設問は誤りである。

ハ・・・×〔法〕第5条（製造の許可等）第3項に基づく〔冷凍則〕第5条（冷凍能力の算定基準）第3号において、自然還流式冷凍設備及び自然循環式冷凍設備にあっては、算式R=QAによるものをもって1日の冷凍能力とすることが定められている。蒸発器の冷媒ガスに接する側の表面積の数値は、算式のAに該当する。したがって、設問は誤りである。

8　正解　(3)　イ、ロ

第二種製造者は、〔法〕第10条の2において、第5条第2項の各号に掲げる者と定義されている。

イ・・・○〔法〕第5条（製造の許可等）第2項において、届出の時期については、「当該各号に定める日の20日前まで」と定め、冷凍のため高圧ガスを製造する第2種製造者については、同項第2号において、各号に定める日を「製造開始の日」とすることが定められている。したがって、設問は正しい。

ロ…○〔法〕第12条第2項において、第二種製造者は、〔冷凍則〕で定める技術上の基準に従って高圧ガスを製造しなければならないことが定められ、同項に基づく〔冷凍則〕第14条第1号において、設問の主旨が定められている。したがって、設問は正しい。

なお、設問の工事を行なう場合にあっては、〔法〕第14条第4項において、ただし書きの軽微な変更に該当する場合を除き、あらかじめ、都道府県知事等に届け出なければならないことが定められている。

ハ…×〔法〕第27条の4（冷凍保安責任者）第1項第2号において、第二種製造者であって、冷凍のために高圧ガスを製造しようとする者は、〔冷凍則〕で定める場合を除き冷凍保安責任者を選任しなければならないことが定められている。選任の必要がない第二種製造者については、〔冷凍則〕第36条（冷凍保安責任者の選任等）第3項第1号において1日の冷凍能力が省令で定める値以下のものとして、①「二酸化炭素又はフルオロカーボン（可燃性ガスを除く）にあっては20トン以上」、②「アンモニア又はフルオロカーボン（可燃性ガスに限る。）にあっては5トン以上20トン未満のもの」及び③「①、②以外にあっては、3トン以上のもの」を使用して高圧ガスを製造しようとする者が定められ、第2号において、製造のための施設が省令で定める者として、〔冷凍則〕第36条（冷凍保安責任者の選任等）第2項第1号のアンモニアを冷媒ガスとする製造施設であって、1日の冷凍能力が20トン以上50トン未満のものを使用して高圧ガスを製造しようとする者が定められている。

したがって、冷凍のため高圧ガスの製造をする全ての第二種製造者は、選任しなくてよいとする設問は誤りである。

なお、冷凍保安責任者を選任しなければならない第二種製造者は、冷媒ガスがアンモニア又はフルオロカーボン（可燃性ガスに限る。）であって、冷凍能力が20トン以上50トン未満を使用して高圧ガスを製造しようとする者である。

また、その代理者については、〔法〕第33条（保安統括者等の代理者）第1項において第27条の4第1項第2号に基づき冷凍保安責任者を選任しなければならない者は、あらかじめ冷凍保安責任者の代理者を選任しなければならないことが定められている。

9 正解 (3) イ、ロ

イ…○〔法〕第27条の4（冷凍保安責任者）第1項に基づく〔冷凍則〕第36条（冷凍保安責任者の選任等）第1項第3号において、製造施設の区分が1日の冷凍能力が100トン未満の区分に該当する冷凍保安責任者を選任しなければならない第一種製造者等については、第一種冷凍機械責任者免状、第二種冷凍機械責任者免状又は第三種冷凍機械責任者免状のうちいずれかの製造保安責任者免状の交付を受けている者であって、所定の製造に関する経験を有する者のうちから、冷凍保安責任者を選任しなければならないことが定められている。したがって、設問は正しい。

ロ…○〔法〕第35条の2（定期自主検査）に基づく〔冷凍則〕第44条（定期自主検査

を行う製造施設等）第4項において、定期自主検査を行うときは、選任した冷凍保安責任者に当該自主検査の実施について監督を行わせなければならないことが定められ、〔法〕第33条（保安統括者等の代理者）第1項において、冷凍保安責任者が旅行、疾病その他の事故によってその職務を行うことができない場合に、あらかじめ選任した冷凍保安責任者の代理者にその職務を代行させなければならないことが定められている。したがって、設問は正しい。

ハ・・・×〔法〕第27条の4（冷凍保安責任者）第2項において冷凍保安責任者の選任又は解任ついて、〔法〕第33条第3項において冷凍保安責任者の代理者の選任又は解任について、いずれも、〔法〕第27条の2第5項の規定を準用することが定められ、〔法〕第27条の2第5項では、選任又は解任したときは、遅滞なく、所定の事項を都道府県知事等に届け出なければならないことが定められている。したがって、冷凍保安責任者の代理者を選任及び解任したときには届け出る必要はないとする設問は誤りである。

10　正解　(4)　ロ、ハ

イ・・・×〔法〕第32条（保安統括者等の職務等）第6号において、冷凍保安責任者の職務について、高圧ガスの製造に係る保安に関する業務を管理することが定められているが、第一種製造者が受けなければならない保安検査を監督することは定められていない。したがって、設問は誤りである。

ロ・・・○〔法〕第35条（保安検査）第1項において、第一種製造者は、特定施設について、定期に、都道府県知事等、高圧ガス保安協会又は経済産業大臣の指定する者（「指定完成検査機関」）のいづれかが行う保安検査を受けなければならないことが定められ、特定施設については、〔冷凍則〕第40条（特定施設の範囲等）第1項において特定施設とならない製造施設として、第1号でヘリウム、R21又はR114を冷媒とする製造施設を、第2号で製造施設のうち認定指定設備の部分が定められている。したがって、設問は正しい。

ハ・・・○〔法〕第35条（保安検査）第1項において、第一種製造者は、特定施設について、定期に、都道府県知事等が行う保安検査を受けなければならないことが定められ、ただし書きに基づく第1号において、「協会」（法第20条第1項において高圧ガス保安協会を「協会」と定義。）又は経済産業大臣の指定する者（「指定保安検査機関」）が行う保安検査を受け、その旨を都道府県知事等に届け出た場合、知事の行う保安検査を受けなくても良いことが定められている。したがって、設問は正しい。

また、同項第2号において自ら保安検査を行うことができる者（第一種製造者）として経済産業大臣の認定を受けている者（「認定保安検査実施者」）が定められている。

11　正解　(2)　ハ

イ・・・×〔法〕第35条の2（定期自主検査）において、第一種製造者、〔法〕第56条の7第2項の認定を受けた設備（認定指定設備）を使用する第二種製造者若しくは第二種製造者であって特に定めるものは、定期に、保安のための自主検査を行い、その検査記録を作成し、これを保存しなければならないことが定められているが、都道府県知事等に届け出ることは定められていない。したがって、設問は誤りである。

ロ…×〔法〕第35条の2（定期自主検査）に基づく〔冷凍則〕第44条（定期自主検査を行う製造施設等）第3項において、自主検査は、第一種製造者の製造施設にあっては、〔法〕第8条第1号に基づく〔冷凍則〕第7条に定める技術上の基準（耐圧試験に係わるものを除く。）適合しているかどうかについて、製造する高圧ガスの種類を問わず、1年に1回以上行わなければならないことが定められている。したがって、設問は誤りである。

ハ…○〔法〕第35条の2（定期自主検査）に基づく〔冷凍則〕第44条（定期自主検査を行う製造施設等）第3項において、第一種製造者の製造施設にあっては、第8条第1号の技術上の基準（耐圧試験に係るものを除く。）に適合しているかどうかについて、1年に1回以上行わなければならないことが定められている。したがって、設問は正しい。

12 正解 (3) イ、ハ

イ…○〔法〕第26条（危害予防規程）第1項に基づく〔冷凍則〕第35条（危害予防規程の届出等）第2項において、危害予防規程に定めなければならない事項が定められており、第4号において製造施設の保安に係る巡視及び点検に関することが定められている。

したがって、設問は正しい。

ロ…×〔法〕第27条（保安教育）第1項において、第一種製造者は、その従業者に対する保安教育計画を定めなければならないことが、第3項においてこれを忠実に実行しなければならないことが定められているが、その計画及びその実行の結果を届け出なければならないことは定められていない。したがって、設問は誤りである。

ハ…○〔法〕第26条（危害予防規程）第2項において、都道府県知事等は、公共の安全の維持または災害の発生の防止のため必要があると認められるときは、危害予防規程の変更を命ずることができることが定められている。したがって、設問は正しい。

13 正解 (1) イ

イ…○〔法〕第63条（事故届）第1項において、第一種製造者は災害等が発生した場合は、遅滞なく、都道府県知事等又は警察官に届け出なければならないが、その場合について、第1号において、所有し、又は占有する高圧ガスについて災害が発生したときが、第2号において、その所有し、又は占有する高圧ガス又は容器を喪失し、又は盗まれたときが定められている。したがって、設問は正しい。

ロ…×〔法〕第60条（帳簿）第1項に基づく〔冷凍則〕第65条（帳簿）において、第一種製造者は、事業所ごとに、製造施設に異常があった年月日及びそれに対してとった措置を記載した帳簿を備え、記載の日から10年間保存しなければならないことが定められている。したがって、保存期間を「製造開始の日から10年間」としている設問は誤りである。

ハ…×〔法〕第36条（危険時の措置及び届出）第1項において、高圧ガスの製造のための施設が危険な状態になったときは、当該施設の所有者又は占有者は、直ちに、応急の措置を講じなければならないことが、同条第2項において、この事態を発見した者は、何人であっても、直ちに、その旨を都道府県知事等又は警察官、消防吏員若しくは消防団員若しくは海上保安官に届け出なければならないことが定められている。したがって、所定の機関に届け出る必要はないとする設問は誤りである。

14 正解 (4) ロ、ハ

イ…×〔法〕第14条（製造のための施設等の変更）第1項ただし書において、軽微な変更の工事については許可を受けなくてもよいことが定められ、同項ただし書に基づく〔冷凍則〕第17条（第1種製造者に係る軽微な変更の工事等）第1項第2号において、設問の変更工事が軽微な変更の工事として定められている。したがって、設問は誤りである。

なお、特性不活性ガスについては、〔冷凍則〕第2条（用語の定義）3の2号に定められている。

ロ…○〔法〕第20条（完成検査）第3項第1号において、特定変更工事について高圧ガス保安協会の完成検査を受け、所定の技術上の基準に適合していると認められ、その旨を都道府県知事等に届け出た場合に、第20条（完成検査）第3項ただし書きが適用され、都道府県知事等の完成検査を受けることなく使用することができることが定められている。

したがって、設問は正しい。

なお、〔法〕第20条（完成検査）第4項において、協会又は指定完成検査機関は、完成検査を行ったときは、遅滞なく、その結果を都道府県知事等に所定の報告をしなければならないことが定められている。

ハ…○〔法〕第14条（製造のための施設等の変更）第1項において、同項ただし書に基づく〔冷凍則〕第17条（第1種製造者に係る軽微な変更の工事等）第1項に定める軽微な変更の工事を行おうとするときは、許可を要しないことが定められているが、設問の工事は、軽微な変更に該当しないことから許可を受けなければならない。また、〔法〕第20条（完成検査）第3項に基づく〔冷凍則〕第23条において、完成検査を要しない変更の工事の範囲が定められているが、設問の工事はこれに該当しないことから所定の完成検査を受け、所定の基準に適合していると認められた後でなければ、これを使用してはならない。

したがって、設問は正しい。

なお、完成検査を受けなければならない変更の工事は、「特定変更工事」という。

15 正解 (3) イ、ロ

イ…○〔法〕第8条（許可の基準）第1号に基づく、〔冷凍則〕第7条（定置式製造設備に係る技術上の基準）第1項第9号において、第8号に定める安全装置のうち、当該冷媒設備から大気に冷媒ガスを放出することのないもの及び不活性ガスを冷媒ガスとする冷媒設備に設けたもの並びに特に定める吸収式アンモニア冷凍機に設けたものを除き、安全弁又は破裂板には放出管を設けることが、放出管の開口部の位置は、放出する冷媒ガスの性質に応じた適切な位置であることが定められている。したがって、設問は正しい。

なお、「安全弁、破裂板の放出管の開口部の位置」を満たす技術的内容は、「冷凍保安規則関係例示基準（以下、「例示基準」という。）No.9」に示されている。

ロ…○〔法〕第8条（許可の基準）第1号に基づく、〔冷凍則〕第7条（定置式製造設備に係る技術上の基準）第1項第12号において、可燃性ガスの製造施設には、その規模に応じて、適切な消火設備を適切な箇所に設けることが定められている。したがって、設問は正しい。

なお、「適切な消火設備」を満たす技術的内容は、「例示基準」No.11に示されている。

ハ…×〔法〕第8条（許可の基準）第1号に基づく、〔冷凍則〕第7条（定置式製造設備に係る技術上の基準）第1項第16号において、吸収式アンモニア冷凍機を除く毒性ガスの製造設備には、当該ガスが漏えいしたときに安全、かつ、速やかに除害するための措置を講ずることが定められているが、製造設備が専用機械室に設置された場合に適用を除外することは定められていない。したがって、設問は誤りである。

なお、「除害のための措置」を満たす技術的内容は、「例示基準」No.14に示されている。

16　正解　(5)　イ、ロ、ハ

イ…○〔法〕第8条（許可の基準）第1号に基づく、〔冷凍則〕第7条（定置式製造設備に係る技術上の基準）第1項第13号において、毒性ガスを冷媒ガスとする冷媒設備に係る受液器であって、その内容積が10,000リットル以上のものの周囲には、液状の当該ガスが漏えいした場合にその流出を防止するための措置を講ずることが定められている。

したがって、設問は正しい。

なお、「液化ガスの流出を防止するため措置」を満たす技術的内容は、「例示基準」No.12に示されている。

ロ…○〔法〕第8条（許可の基準）第1号に基づく〔冷凍則〕第7条（定置式製造設備に係る技術上の基準）第1項第3号において、可燃性ガス、毒性ガス又は特定不活性ガスの製造設備に係る圧縮機、油分離器、凝縮器若しくは受液器又はこれらの間の配管を設置する室は、冷媒ガスが漏えいしたときに滞留しないような構造とすることが定められている。したがって、設問は正しい。

なお、「滞留しないような構造」を満たす技術的内容は、「例示基準」No.3に示されている。

ハ…○〔法〕第8条（許可の基準）第1号に基づく、〔冷凍則〕第7条（定置式製造設備に係る技術上の基準）第1項第10号において、可燃性ガス又は毒性ガスを冷媒ガスとする冷凍設備に係る受液器に設ける液面計には、丸形ガラス管液面計以外のものを使用することが定められている。又、同項第11号において、受液器にガラス管液面計を設ける場合には、当該ガラス管液面計にはその破損を防止するための措置を講じ、可燃性ガス及び毒性ガスを冷媒ガスとする冷凍設備に係る受液器にあっては、当該受液器と当該ガラス管液面計を接続する配管には、当該ガラス管液面計の破損による漏えいを防止するための措置を講ずることが定められている。したがって、設問は正しい。

なお、「液面計の破損及び破損による漏えいを防止するための措置」を満たす技術的内容は、「例示基準」No.10に示されている。

17 正解 (3) イ、ハ

イ・・・○〔法〕第8条（許可の基準）第1号に基づく、〔冷凍則〕第7条（定置式製造設備に係る技術上の基準）第1項第6号において、冷媒設備は、許容圧力以上で行う気密試験に合格するものであることが定められている。したがって、設問は正しい。

なお、「気密試験」を満たす技術的内容は、「例示基準」№6示されている。

ロ・・・×〔法〕第8条（許可の基準）第1号に基づく、〔冷凍則〕第7条（定置式製造設備に係る技術上の基準）第1項第17号において、製造設備に設けたバルブ又はコック（操作ボタン等によるものを含み、自動制御で開閉されるものを除く。）には、冷媒ガスの種類を問わず、作業員が当該バルブ又はコックを適切に操作できるような措置を講ずることが定められている。したがって、設問は誤りである。

なお、「バルブ等の操作に係る適切な措置」を満たす技術的内容は、「例示基準」№15に示されている。

ハ・・・○〔法〕第8条（許可の基準）第1号に基づく、〔冷凍則〕第7条（定置式製造設備に係る技術上の基準）第1項第6号において、配管以外の冷媒設備について行わなければならない耐圧試験は、水その他の安全な液体を使用して行うことが困難であると認められるときは、許容圧力の1.25倍以上の圧力で空気、窒素等の気体を使用して行う耐圧試験又は経済産業大臣がこれと同等以上のものと認めた高圧ガス保安協会が行う試験に合格するものであることが定められている。したがって、設問は正しい。

なお、「耐圧試験」を満たす技術的内容は、「例示基準」№5示されている。

18 正解 (4) ロ、ハ

イ・・・×〔法〕第8条（許可の基準）第1号に基づく、〔冷凍則〕第7条（定置式製造設備に係る技術上の基準）第1項第8号において、冷媒設備には、当該設備内の冷媒ガスの圧力が許容圧力を超えた場合に直ちに許容圧力以下に戻すことができる安全装置を設けることが定められている。したがって、設問は誤りである。

なお、「許容圧力以下に戻すことができる安全装置」を満たす技術的内容は、「例示基準」№8に示されている。

ロ・・・○〔法〕第8条（許可の基準）第1号に基づく、〔冷凍則〕第7条（定置式製造設備に係る技術上の基準）第1項第7号において、冷媒設備には、圧縮機の油圧系統（圧縮機が強制潤滑方式であって潤滑油圧力に対して保護装置を有するものの油圧系統を除く。）を含め、圧力計を設けることが定められている。したがって、設問は正しい。

なお、「圧力計」を満たす技術的内容は、「例示基準」№7に示されている。

ハ・・・○〔法〕第8条（許可の基準）第1号に基づく、〔冷凍則〕第7条（定置式製造設備に係る技術上の基準）第1項第5号において、縦置円筒形で胴部の長さが5メートル以上の凝縮器、内容積が5,000リットル以上の受液器及び特に定める配管並びにこれらの支持構造物及び基礎を「耐震設計構造物」といい、所定の耐震に関する性能を有することが定められているが、設問の横型円筒形の凝縮器は、「耐震設計構造物」には該当しない。したがって、設問は正しい。

なお、「耐震設計構造物」の耐震に関する性能は、高圧ガス設備等耐震設計基準（告示）に定められている。

19　正解　(5)　イ、ロ、ハ

イ…○〔法〕第8条（許可の基準）第2号に基づく〔冷凍則〕第9条（製造の方法に係る技術上の基準）第1号おいて、安全弁に付帯して設けた止め弁は、安全弁の修理又は清掃（以下「修理等」という。）のため特に必要な場合を除き、常に全開しておくことが定められている。したがって、設問は正しい。

ロ…○〔法〕第8条（許可の基準）第2号に基づく〔冷凍則〕第9条（製造の方法に係る技術上の基準）第3号イにおいて、冷媒設備の修理等をするときはあらかじめ、修理等の作業計画及び作業責任者を定め、修理等は、当該作業計画に従い、かつ、当該作業責任者の監視の下に行うか、又は異常があったときに直ちにその旨をその責任者に通報するための措置を講じて行わなければならないことが定められている。したがって、設問は正しい。なお、「修理等」とは、〔冷凍則〕第9条（製造の方法に係る技術上の基準）第1号おいて、修理又は清掃を「修理等」ということが定められている。

ハ…○〔法〕第8条（許可の基準）第2号に基づく〔冷凍則〕第9条（製造の方法に係る技術上の基準）第2号において、製造する高圧ガスの種類及び製造設備の態様に応じ、1日に1回以上当該製造設備の属する製造施設の異常の有無を点検することが定められている。したがって、設問は正しい。

20　正解　(4)　ロ、ハ

イ…×〔法〕第56条の7（指定設備の認定）第2項に基づく〔冷凍則〕第57条（指定設備に係る技術上の基準）第12号において、冷凍のための指定設備の日常の運転操作に必要となる冷媒ガスの止め弁には、手動式のものを使用しないことが定められている。

したがって、設問は誤りである。

ロ…○〔法〕第56条の7（指定設備の認定）第2項に基づく〔冷凍則〕第57条（指定設備に係る技術上の基準）第4号において、指定設備の冷媒設備は、事業所で行う第7条第1項第6号に規定する試験に合格するものであることが定められている。当該試験は〔冷凍則〕第7条第1項第6号において、許容圧力以上の圧力で行う気密試験及び配管以外の部分について行う許容圧力の1.5倍以上の圧力で行う耐圧試験等が定められている。

したがって、設問は正しい。

ハ…○〔法〕第56条の7（指定設備の認定）第2項に基づく〔冷凍則〕第57条（指定設備に係る技術上の基準）第3号において、指定設備の冷媒設備は、事業所において脚上又は1つの架台上組み立てられていることが定められている。したがって、設問は正しい。

令　和　4　年　度

（令和 4 年 11 月 13 日実施）

設問中の「都道府県知事等」とは、地域の自主性及び自立性を高めるための改革の推進を図るための関係法律の整備に関する法律（第 5 次地方分権一括法）の施行に伴い、高圧ガス保安法令が改正され、平成 30 年 4 月 1 日から、これまで都道府県知事が行ってきた高圧ガス保安法に基づく許認可等の事務について、事業所の所在地が地方自治法の指定都市の区域（コンビナート等保安規則に基づくコンビナート区域等を除く。）にあっては、当該指定都市の長が処理することになったことから、都道府県知事又は高圧ガス保安法の事務を処理する指定都市の長を「都道府県知事等」と称することにしたものである。

1　正解　(4)　イ、ハ

イ・・・○〔法〕第 1 条（目的）において設問の主旨を定めている。したがって、設問は正しい。

ロ・・・×〔法〕第 2 条（定義）第 1 号において、圧縮ガス（圧縮アセチレンガスを除く。）について高圧ガスの定義をしているが、その前段で、「常用の温度において圧力が 1 メガパスカル以上となる圧縮ガスであって現にその圧力が 1 メガパスカル以上であるもの」を、後段において、「温度 35 度において 1 メガパスカル以上となる圧縮ガス」を定めている。前段、後段は個別の定義であり、いずれかに該当するものは高圧ガスである。

（第 2 号及び第 3 号においても同じ。）

設問は「後段」に該当することから高圧ガスである。したがって、高圧ガスではないとする設問は誤りである。

また、第 1 号において、保安法令における圧力は、特に定める場合を除き、「ゲージ圧力」であることを定義している。

ハ・・・○〔法〕第 2 条（定義）第 3 号後段において、圧力が 0.2 メガパスカルとなる場合の温度が 35 度以下である液化ガスを定めている。したがって、設問は正しい。

2　正解　(5)　イ、ロ、ハ

イ・・・○〔法〕第 5 条（製造等の許可）第 1 項第 2 号において、事業所ごとに許可を受けなければならない者として、冷凍のためガスを圧縮し、又は液化して高圧ガスの製造をする設備でその 1 日の冷凍能力が 20 トン以上のもの及び当該ガスが政令で定めるガスの種類に該当するものである場合にあっては、当該ガスの種類ごとに 20 トンを超える政令で定める値以上のもの（第56条の7第2項の認定を受けた設備を除く。）を使用して高圧ガスを製造しようとする者を定め、同号に基づく政令第4条第1号及び第2号において二酸化炭素、フルオロカーボン及びアンモニアについては、1日の冷凍能力が50トンと定めている。

したがって、設問は正しい。

ロ…○〔法〕第10条（承継）第1項において、第一種製造者について相続、合併又は当該第一種製造者のその許可に係る事業所承継させるものに限る分割があった場合において、所定の相続人等は、第一種製造者の地位を承継することを定め、第2項において、第一種製造者の地位を承継した者は、遅滞なく、その事実を証する書面を添えて、その旨を都道府県知事等に届け出なければならないことを定めている。したがって、設問は正しい。

ハ…○〔法〕第25条（廃棄）に基づく〔冷凍則〕第33条（廃棄に係る技術上の基準に従うべき高圧ガスの指定）において、基準に従って廃棄しなければならない高圧ガスは、可燃性ガス、毒性ガス及び特定不活性ガスとすることを定めている。

したがって、設問は正しい。

なお、冷凍設備内の高圧ガス以外の高圧ガスについては、〔一般則〕第61条において、基準に従って廃棄しなければならない高圧ガスは、可燃性ガス、毒性ガス、特定不活性ガス及び酸素とすることを定めている。

3　正解　⑸　イ、ロ、ハ

第一種製造者は、〔法〕第9条において、第5条第1項の許可を受けた者と定義している。

イ…○〔法〕第20条の4（販売事業の届出）において、液化石油ガス法第2条第3項の液化石油ガス販売事業を除く高圧ガスの販売事業を営もうとする者ついて、設問の主旨を定めている。したがって、設問は正しい。

ロ…○〔法〕第14条（製造のための施設等の変更）第1項ただし書きにおいて、同項ただし書に基づく〔冷凍則〕第17条（第1種製造者に係る軽微な変更の工事等）第1項に定める軽微な変更の工事を行おうとするときは、許可を要しないことを定めている。設問の工事は冷凍能力の増加を伴う圧縮機の取替えであり〔冷凍則〕第17条第1項第2号に基づき軽微な変更に該当しないことから、許可を受けなければならない。したがって、設問は正しい。

ハ…○〔法〕第57条（冷凍設備に用いる機器の製造）に基づく〔冷凍則〕第63条（冷凍設備に用いる機器の指定）において、もっぱら冷凍設備に用いる機器について、1日の冷凍能力が3トン以上（二酸化炭素及び可燃性を除くフルオロカーボンにあっては5トン以上。）の冷凍機とすることを定めている。したがって、設問は正しい。

なお、〔冷凍則〕第64条（機器の製造に係る技術上の基準）において、所定の技術上の基準が定められている。

4　正解　⑶　イ、ロ

イ…○〔法〕第15条（貯蔵）第1項本文において高圧ガスの貯蔵は、省令で定める技術上の基準に従ってしなければならないことを定め、規制を受けない容積について、ただし書きに基づく〔一般則〕第19条（貯蔵の規制を受けない容積）第1項において0.15立方メートルと定め、同条第2項において液化ガスについては、質量10キログラムをもって1立方メートルとみなすことを定めている。したがって、設問は正しい。

ロ・・・○〔法〕第15条（貯蔵）第1項に基づく〔一般則〕第18条（貯蔵の方法に係る技術上の基準）第2号イにおいて、可燃性ガス又は毒性ガスの充填容器等により貯蔵する場合は、通風の良い場所ですることを定めている。したがって、設問は正しい。

なお、「充填容器等」とは、〔一般則〕第6条（定置式製造設備に係る技術上の基準）第1項第42号において充填容器及び残ガス容器（以下「充填容器等」という。）と定めている。

ハ・・・×〔法〕第15条（貯蔵）第1項に基づく〔一般則〕第18条（貯蔵の方法に係る技術上の基準）第2号ホにおいて、貯蔵は、高圧ガスの種類に係わらず、消火の用に供する不活性ガス及び緊急時に使用する高圧ガスを充填してあるもの等特に定めるものを除き、車両に積載した容器によりしないことが定められている。

したがって、設問は誤りである。

5 正解 (3) ハ

イ・・・×〔法〕第23条（移動）第1項及び第2項に基づく〔一般則〕第50条（その他の場合における移動に係る技術上の基準等）第1号本則において、柱書の容器により柱書の高圧ガスの充填容器等を車両に積載して移動するときは、高圧ガスの種類を問わず、当該車両の見やすい箇所に警戒標を掲げることを定めている。

したがって、設問は誤りである。

ロ・・・×〔法〕第23条（移動）第1項及び第2項に基づく〔一般則〕第50条（その他の場合における移動に係る技術上の基準等）第5号において、内容積が5リットルを超える充填容器等には、ガスの種類を問わず、転落、転倒等による衝撃及びバルブの損傷を防止する措置を講じ、粗暴な取扱いをしないことを定めている。

したがって、設問は誤りである。

ハ・・・○〔法〕第23条（移動）第1項及び第2項に基づく〔一般則〕第50条（その他の場合における移動に係る技術上の基準等）第8号において、設問の主旨が定められている。したがって、設問は正しい。

6 正解 (5) イ、ロ、ハ

イ・・・○〔法〕第48条（充填）第4項第1号において、設問の主旨を定めている。

したがって、設問は正しい。

なお、具体的な計算方法については、〔法〕第48条（充填）第4項第1号に基づく〔容器則〕第22条（液化ガスの質量の計算の方法）において定めている。

ロ・・・○〔法〕第45条（刻印等）第1項に基づき、容器が容器検査に合格した場合において、その容器が刻印することが困難なものとして省令で定める容器以外のものであるときは、速やかに、その容器に、刻印しなければならない。具体的には、〔容器則〕第8条（刻印等の方式）第1項第3号において、柱書の容器はその他の容器に該当するため、充填すべき高圧ガスの種類について、高圧ガスの名称、略称又は分子式のいづれかを刻印等しなければならないことを定めている。したがって、設問は正しい。

なお、「刻印等」とは、〔法〕第45条（刻印等）第3項において「刻印若しくは標章の掲示をいう。」ことを定めている。

ハ…○〔法〕第46条（表示）第1項に基づく〔容器則〕第10条（表示の方式）第1項第2号ロにおいて、充てんすることができる高圧ガスが可燃性ガス及び毒性ガスの場合にあっては、当該高圧ガスの性質を示す文字（可燃性ガスにあっては「燃」、毒性ガスにあっては「毒」）を明示することを定めている。したがって、設問は正しい。

なお、同号イにおいて、充てんすることができる高圧ガスの種類を明示することを定めている。

7 正解 (1) イ

イ…○〔法〕第5条（製造の許可等）第3項に基づく〔冷凍則〕第5条（冷凍能力の算定基準）第4号において、遠心式圧縮機を使用する製造設備（第1号）、吸収式製造設備（第2号）、自然還流式製造設備及び自然循環式冷凍設備（第3号）以外の製造設備にあっては、算式R＝V／Cによるものをもって1日の冷凍能力とすることを定めている。設問の製造設備はこれに該当する。したがって、設問は正しい。

ロ…×〔法〕第5条（製造の許可等）第3項に基づく〔冷凍則〕第5条（冷凍能力の算定基準）第1号において、遠心式圧縮機を使用する製造設備にあっては、当該圧縮機の原動機の定格出力1.2キロワットをもっての1日の冷凍能力1トンとすることを定めている。したがって、設問は誤りである。

ハ…×〔法〕第5条（製造の許可等）第3項に基づく〔冷凍則〕第5条（冷凍能力の算定基準）第4号において、遠心式圧縮機を使用する製造設備（第1号）、吸収式冷凍設備（第2号）、自然還流式製造設備及び自然循環式冷凍設備（第3号）以外の製造設備にあっては、算式R＝V／Cによるものをもって1日の冷凍能力とすることを定めている。設問の製造設備は、「その他の製造設備」に区分されることから、この算式中のVについて、圧縮機の標準回転数における1時間のピストン押しのけ量（単位　立方メートル）の数値が適用される。設問は、1日の冷凍能力の算出に必要な数値として冷媒設備内の冷媒ガスの充填量があるとしているが、これは、いずれの製造設備の冷凍能力の算定基準に必要な数値としても定めていない。したがって、設問は誤りである。

8 正解 (2) イ、ロ

第二種製造者は、〔法〕第10条の2において、第5条第2項の各号に掲げる者と定義されている。

イ…○〔法〕第27条の4（冷凍保安責任者）第1項第2号において、第二種製造者であって、冷凍のために高圧ガスを製造しようとする者は、省令で定める場合を除き冷凍保安責任者を選任しなければならないことを定めている。選任の必要がない第二種製造者については、〔冷凍則〕第36条（冷凍保安責任者の選任等）第3項第1号において1日の冷凍能力が省令で定める値以下のものとして、①「二酸化炭素又はフルオロカーボン（可燃性ガスを除く）にあっては20トン以上」、②「アンモニア又はフルオロカーボン（可燃性ガスに限る。）にあっては5トン以上20トン未満のもの」及び③「①、②以外にあっては、3トン以上のもの」を使用して高圧ガスを製造しようとする者を定め、第2号において、製造のための施設が省令で定める者として、〔冷凍則〕第36条（冷凍保安責任者の選任等）第2項第1号のアンモニアを冷媒ガスとする製造施設であって、1日の冷凍能力が20トン以上50トン未満のものを使用して高圧ガスを製造しようとする者が定めている。

したがって、設問は正しい。

なお、冷凍保安責任者を選任しなければならない第二種製造者は、冷媒ガスがアンモニア又はフルオロカーボン（可燃性ガスに限る。）であって、冷凍能力が20トン以上50トン未満を使用して高圧ガスを製造しようとする者である。

また、その代理者については、〔法〕第33条（保安統括者等の代理者）第1項において第27条の4第1項第2号に基づき冷凍保安責任者を選任しなければならない者は、あらかじめ冷凍保安責任者の代理者を選任しなければならないことを定めている。

ロ・・・○〔法〕第35条の2（定期自主検査）において、第56条の7第2項の認定を受けた設備（認定指定設備）を使用する第二種製造者若しくは第二種製造者であって1日の冷凍能力が省令で定める値以上である者は、省令で定めるところにより、保安のための自主検査を行い、その検査記録を作成、これを保存しなければならないことを定めている。したがって、設問は正しい。

なお、第二種製造者であって1日の冷凍能力が省令で定める値以上である者は、〔冷凍則〕第44条第1項において、アンモニア又は不活性のものを除くフルオロカーボンにあっては、20トンとすることを定めている。

ハ・・・×〔法〕第14条（製造の許可等）第4項において、第二種製造者は、製造をする高圧ガスの種類若しくは製造の方法を変更しようとするときは、あらかじめ、都道府県知事等に届け出なければならないことを定めている。したがって、設問は誤りである。

9　正解　(1)　イ

イ・・・○〔法〕第27条の4（冷凍保安責任者）第1項に基づく〔冷凍則〕第36条（冷凍保安責任者の選任等）第1項第3号において、製造施設の区分が1日の冷凍能力が100トン未満の区分に該当する冷凍保安責任者を選任しなければならない第一種製造者等については、第一種冷凍機械責任者免状、第二種冷凍機械責任者免状又は第三種冷凍機械責任者免状のうちいずれかの製造保安責任者免状の交付を受けている者であって、所定の製造に関する経験を有する者のうちから、冷凍保安責任者を選任しなければならないことを定めている。したがって、設問は正しい。

ロ･･･×〔法〕第33条第3項において、第27号の4第1項第1号若しくは第2号に掲げる者、すなわち冷凍保安責任者を選任しなければならない第一種製造者若しくは第二種製造者は、あらかじめ、冷凍保安責任者の代理者を選任し、冷凍保安責任者が旅行、疾病その他の事故によって職務を行うことができない場合に、職務を代行させなければならないことを定めている。したがって、冷凍保安責任者が職務を行うことができない場合に、直ちに選任するとしている設問は誤りである。

ハ･･･×〔法〕第27条の4（冷凍保安責任者）第2項において冷凍保安責任者の選任又は解任ついて、〔法〕第33条第3項において冷凍保安責任者の代理者の選任又は解任について、いずれも、〔法〕第27条の2第5項の規定を準用することを定め、〔法〕第27条の2第5項では、選任又は解任したときは、遅滞なく、所定の事項を都道府県知事等に届け出なければならないことを定めている。したがって、冷凍保安責任者の代理者を選任及び解任したときには届け出る必要はないとする設問は誤りである。

10 正解 (2) イ、ロ

イ･･･○〔法〕第35条（保安検査）第1項ただし書に基づく第1号において、設問の主旨を定めている。したがって、設問は正しい。

ロ･･･○〔法〕第35条（保安検査）第2項において、保安検査は、特定施設が第8条第1号の技術上の基準に適合しているかどうかについて行うことを定めている。したがって、設問は正しい。

なお、〔法〕第8条第1号の技術上の基準は、〔冷凍則〕第6条、第7条及び第8条に定めている。

また、〔冷凍則〕第40条（特定施設の範囲等）第1項において特定施設とならない製造施設として、第1号でヘリウム、R21又はR114を冷媒とする製造施設を、第2号で製造施設のうち認定指定設備の部分を定めている。

ハ･･･× 保安検査を行うことができる者は、〔法〕第35条（保安検査）第1項本文において都道府県知事等が、同項ただし書きに基づき同項第1号において高圧ガス保安協会及び経済産業大臣の指定する者（「指定完成検査機関」）を定めている。柱書の第一種製造者は、これらの者のいづれかの保安検査を受けなければならない。したがって、設問は誤りである。

また、同項第2号において自ら保安検査を行うことができる者として経済産業大臣の認定を受けている者（「認定保安検査実施者」）を定めている。

11 正解 (5)イ、ロ、ハ

イ･･･○〔法〕第35条の2（定期自主検査）に基づく〔冷凍則〕第44条（定期自主検査を行う製造施設等）第4項において設問に主旨を定めている。したがって、設問は正しい。

ロ･･･○〔法〕第35条の2（定期自主検査）において、第一種製造者、認定指定設備を使用する第二種製造者若しくは特に定める第二種製造者は定期自主検査を行わなければならない者として定めている。また、定期自主検査を行わなければならない施設については、〔冷凍則〕第 44 条（定期自主検査を行う製造施設等）第 2 項において定められているが、認定指定設備を除外することを定めていないことから、認定指定設備に係る部分について定期自主検査を実施しなければならない。したがって、設問は正しい。

なお、〔法〕第 35 条（保安検査）に基づく〔冷凍則〕第 40 条（特定施設の範囲等）第 1 項第 2 号において、特定施設から製造施設のうち認定指定設備の部分を除外しているので認定指定設備の部分は保安検査を受けなくてもよいことになる。

ハ･･･〇〔法〕第 35 条の 2（定期自主検査）に基づく〔冷凍則〕第 44 条（定期自主検査を行う製造施設等）第 3 項において、第一種製造者の製造施設にあっては、第 8 条第 1 号の技術上の基準（耐圧試験に係るものを除く。）に適合しているかどうかについて、1 年に 1 回以上行わなければならないことを定めている。したがって、設問は正しい。

12 正解 (4) ロ、ハ

イ･･･×〔法〕第 26 条（危害予防規程）第 1 項において、第一種製造者は、所定の事項について記載した危害予防規程を定め、所定の方法により都道府県知事等に届け出なければならないことが、これを変更したときも、同様とすることを定めている。

したがって、設問は誤りである。

ロ･･･〇〔法〕第 26 条（危害予防規程）第 1 項に基づく〔冷凍則〕第 35 条（危害予防規程の届出等）第 2 項第 7 号において、第一種製造者が危害予防規程として定める事項の一つとして、大規模な地震に係る防災及び減災対策に関することを定めている。したがって、設問は正しい。

ハ･･･〇〔法〕第 27 条（保安教育）第 1 項において、第一種製造者は、その従業者に対する保安教育計画を定めなければならないことが、第 3 項においてこれを忠実に実行しなければならないことを定めているが、その計画及びその実行の結果を届け出なければならないことは定めていない。したがって、設問は正しい。

13 正解 (5) イ、ロ、ハ

イ･･･〇〔法〕第 36 条（危険時の措置及び届出）第 1 項において、高圧ガスの製造のための施設が危険な状態になったときは、当該施設の所有者又は占有者は、直ちに、応急の措置を講じなければならないことが、同条第 2 項において、この事態を発見した者は、何人であっても、直ちに、その旨を都道府県知事等又は警察官、消防吏員若しくは消防団員若しくは海上保安官に届け出なければならないことを定めている。したがって、設問は正しい。

ロ･･･〇〔法〕第 60 条（帳簿）第 1 項に基づく〔冷凍則〕第 65 条（帳簿）において、第一種製造者は、事業所ごとに、製造施設に異常があった年月日及びそれに対してとった措置を記録した帳簿を備え、記載の日から 10 年間保存しなければならないことを定めている。したがって、設問は正しい。

ハ･･･〇〔法〕第 63 条（事故届）第 1 項第 1 号において、設問の主旨が定められている。したがって、設問は正しい。

14　正解　(1)　イ

イ…○〔法〕第14条（製造のための施設等の変更）第1項ただし書において、軽微な変更の工事しようとするときは、都道府県知事等の許可を受けなくてもよいことを定め、第2項において、軽微な変更の工事をしたときは、その完成後遅滞なく、その旨を都道府県知事等に届け出なければならないことを定めている。設問の取替えの工事は、第1項ただし書に基づく〔冷凍則〕第17条（第1種製造者に係る軽微な変更の工事等）第1項第2号において、軽微な変更の工事として定めている。したがって、設問は正しい。

ロ…×〔法〕第20条（完成検査）第3項第1号において、認定完成検査実施者でない第一種製造者が製造施設の特定変更工事に係る完成検査について、高圧ガス保安協会が行う完成検査を受け、所定の技術上基準に適合していると認められ、その旨を都道府県知事等に届け出た場合に、第20条（完成検査）第3項ただし書の規定により都道府県知事等の完成検査を受けなくてもよいことを定めている。

したがって、設問は誤りである。

ハ…×〔法〕第14条（製造のための施設等の変更）第1項ただし書において、軽微な変更の工事については許可を受けなくてもよいことを定めているが、設問の切断、溶接を伴う凝縮器の取替えの工事は、〔冷凍則〕第17条（第1種製造者に係る軽微な変更の工事等）第1項第2号に基く、軽微な変更の工事に該当しないことから、〔法〕第14条第1項の許可を受けなければならない。また、設問の切断、溶接を伴う凝縮器の取替えの工事は、〔冷凍則〕第23条（完成検査を要しない変更の工事の範囲）に該当しない特定変更工事であることから工事が完成したときは、〔法〕第20条（完成検査）第3項において、所定の完成検査を受け、所定の技術上の基準に適合していると認められた後でなければ、これを使用してはならないことを定めている。したがって、完成検査の時期について高圧ガスの製造を再開した後遅滞なく、としている設問は誤りである。

特定変更工事に該当しない工事については、〔冷凍則〕第23条（完成検査を要しない変更の工事の範囲）において、製造設備（耐震設計構造物として適用を受ける製造設備を除く。）の取替え（可燃性ガス及び毒性ガスを冷媒とする冷媒設備を除く。）の工事（冷媒設備に係る切断、溶接を伴う工事を除く。）であって、当該設備の冷凍能力の変更が告示で定める範囲であるものとすることが定められており、その範囲は、「製造細目告示」第12条の14第3項において、冷凍能力の変更が変更前の当該製造設備の冷凍能力の20%以内の範囲と定めている。

15　正解　(1)　イ

イ…○〔法〕第8条（許可の基準）第1号に基づく、〔冷凍則〕第7条（定置式製造設備に係る技術上の基準）第1項第13号において、毒性ガスを冷媒ガスとする冷媒設備に係る受液器であって、その内容積が10,000リットル以上のものの周囲には、液状の当該ガスが漏えいした場合にその流出を防止するための措置を講ずることが定められている。

したがって、設問は正しい。

なお、「液化ガスの流出を防止するため措置」を満たす技術的内容は、「例示基準」№12に示されている。

ロ・・・×〔法〕第8条（許可の基準）第1号に基づく、〔冷凍則〕第7条（定置式製造設備に係る技術上の基準）第1項第9号において、安全装置のうち冷媒ガスを大気に放出する安全弁又は破裂板には、不活性ガスを冷媒ガスとする冷媒設備並びに特に定める吸収式アンモニア冷凍機に設けたものを除き放出管を設けることを、放出管の開口部の位置は、放出する冷媒ガスの性質に応じた適切な位置であることを定めており、適用除外規定は定めていない。したがって、設問は誤りである。

なお、「安全弁、破裂板の放出管の開口部の位置」を満たす技術的内容は、「冷凍保安規則関係例示基準№9」に示されている。

ハ・・・×〔法〕第8条（許可の基準）第1号に基づく、〔冷凍則〕第7条（定置式製造設備に係る技術上の基準）第1項第3号において、可燃性ガス、毒性ガス又は特定不活性ガスの製造設備に係る圧縮機、油分離器、凝縮器若しくは受液器又はこれらの間の配管を設置する室は、冷媒ガスが漏えいしたときに滞留しないような構造とすることが定められている。したがって、凝縮器及び受液器を設置する室に限られているとしている設問は誤りである。

なお、「滞留しないような構造」を満たす技術的内容は、「冷凍保安規則関係例示基準」№3に示されている。

16　正解　(3)　ハ

イ・・・×〔法〕第8条（許可の基準）第1号に基づく、〔冷凍則〕第7条（定置式製造設備に係る技術上の基準）第1項第11号において、受液器にガラス管液面計を設ける場合には、当該ガラス管液面計にはその破損を防止するための措置を講じ、可燃性ガス及び毒性ガスを冷媒ガスとする冷凍設備に係る受液器にあっては、当該受液器と当該ガラス管液面計を接続する配管には、当該ガラス管液面計の破損による漏えいを防止するための措置を講ずることが定められている。

したがって、ガラス管液面計に破損を防止する措置又は受液器とそのガラス管液面計とを接続する配管にその液面計の破損による漏えいを防止する措置のいづれかを講じることとしていることから、設問は誤りである。

なお、「液面計の破損及び破損による漏えいを防止するための措置」を満たす技術的内容は、「冷凍保安規則関係例示基準」№10に示されている。

ロ・・・×〔法〕第8条（許可の基準）第1号に基づく、〔冷凍則〕第7条（定置式製造設備に係る技術上の基準）第1項第15号において、吸収式アンモニア冷凍機に係る施設を除く可燃性ガス、毒性ガス又は特定不活性ガスの製造施設には、当該施設から漏えいするガスが滞留する恐れのある場所に、当該ガスの漏えいを検知し、かつ、警報するための設備を設けることを定めており、設問の措置等を講じているか否かにかかわらず、本条は適用される。したがって、設問は誤りである。

なお、「ガス漏えい検知警報設備とその設置場所」を満たす技術的内容は、「冷凍保安規則関係例示基準」No.13に示されている。

ハ…○〔法〕第8条（許可の基準）第1号に基づく、〔冷凍則〕第7条（定置式製造設備に係る技術上の基準）第1項第16号において、吸収式アンモニア冷凍機を除く毒性ガスの製造設備には、当該ガスが漏えいしたときに安全、かつ、速やかに除害するための措置を講ずることを定めており、設問の措置等を講じているか否かにかかわらず、本条は適用される。したがって、設問は誤りである。

なお、「除害のための措置」を満たす技術的内容は、「冷凍保安規則関係例示基準」No.14に示されている。

17 正解 (3) イ、ハ

イ…○〔法〕第8条（許可の基準）第1号に基づく、〔冷凍則〕第7条（定置式製造設備に係る技術上の基準）第1項第17号において、製造設備に設けたバルブ又はコック（操作ボタン等によるものを含み、自動制御で開閉されるものを除く。）には、冷媒ガスの種類を問わず、作業員が当該バルブ又はコックを適切に操作できるような措置を講ずることが定められている。したがって、設問は正しい。

なお、「バルブ等の操作に係る適切な措置」を満たす技術的内容は、「冷凍保安規則関係例示基準」No.15に示されている。

ロ…×〔法〕第8条（許可の基準）第1号に基づく、〔冷凍則〕第7条（定置式製造設備に係る技術上の基準）第1項第6号において、冷媒設備は、配管以外の部分について許容圧力の1.5倍以上の圧力で水その他の安全な液体を使用して行う耐圧試験（液体を使用することが困難であると認められるときは、許容圧力の1.25倍以上の圧力で空気、窒素等の気体を使用して行う耐圧試験）又は経済産業大臣がこれと同等以上のものと認めた高圧ガス保安協会が行う試験に合格するものであることを定めている。したがって、設問は誤りである。

なお、「耐圧試験」を満たす技術的内容は、「冷凍保安規則関係例示基準」No.5に示されている。

ハ…○〔法〕第8条（許可の基準）第1号に基づく、〔冷凍則〕第7条（定置式製造設備に係る技術上の基準）第1項第1号において、圧縮機、油分離器、凝縮器及び受液器並びにこれらの間の配管は、冷媒ガスの種類を問わず、当該火気に対して安全な措置を講じた場合を除き、引火性又は発火性の物（作業に必要なものを除く。）をたい積した場所及び火気（当該製造設備内のものを除く。）の付近にないことを定めている。

したがって、設問は正しい。

なお、「火気に対して安全な措置」を満たす技術的内容は、「冷凍保安規則関係例示基準」No.1に示されている。

18 正解 (3) ハ

イ…×〔法〕第8条（許可の基準）第1号に基づく、〔冷凍則〕第7条（定置式製造設備に係る技術上の基準）第1項第7号において、当該圧縮機が強制潤滑方式であって、潤滑油圧力に対して保護装置を有する圧縮機の油圧系統を除き、圧縮機の油圧系統を含む冷媒設備には、圧力計を設けることを定めている。したがって、設問は誤りである。

なお、「圧力計」を満たす技術的内容は、「冷凍保安規則関係例示基準」№7に示されている。

ロ・・・×〔法〕第8条（許可の基準）第1号に基づく、〔冷凍則〕第7条（定置式製造設備に係る技術上の基準）第1項第8号において、冷媒設備には、当該設備内の冷媒ガスの圧力が許容圧力を超えた場合に直ちに許容圧力以下に戻すことができる安全装置を設けることを定めているが、適用除外規定は定めていない。したがって、設問は誤りである。

なお、「許容圧力以下に戻すことができる安全装置」を満たす技術的内容は、「例示基準」№8に示されている。

ハ・・・○〔法〕第8条（許可の基準）第1号に基づく、〔冷凍則〕第7条（定置式製造設備に係る技術上の基準）第1項第5号において、縦置円筒形で胴部の長さが5メートル以上の凝縮器、内容積が5,000リットル以上の受液器及び配管（冷凍設備に係る地盤面上の配管（外径45ミリメートル以上のものに限る。）であって、内容積が3立方メートル以上のもの又は凝縮器及び受液器に接続されているもの）並びにこれらの支持構造物及び基礎を「耐震設計構造物」といい、所定の耐震に関する性能を有することを定めている。したがって、設問は正しい。

19 正解 (2) ロ

イ・・・×〔法〕第8条（許可の基準）第2号に基づく〔冷凍則〕第9条（製造の方法に係る技術上の基準）第2号において、製造する高圧ガスの種類及び製造設備の態様に応じ、1日に1回以上当該製造設備の属する製造施設の異常の有無を点検することが定められており、点検頻度について適用除外規定は定めていない。したがって、設問は誤りである。

ロ・・・○〔法〕第8条（許可の基準）第2号に基づく〔冷凍則〕第9条（製造の方法に係る技術上の基準）第3号イにおいて、冷媒設備の修理等をするときはあらかじめ、修理等の作業計画及び作業責任者を定め、修理等は、当該作業計画に従い、かつ、当該作業責任者の監視の下に行うか、又は異常があったときに直ちにその旨をその責任者に通報するための措置を講じて行わなければならないことを定めている。したがって、設問は正しい。

なお、「修理等」とは、〔冷凍則〕第9条（製造の方法に係る技術上の基準）第1号おいて、修理又は清掃を「修理等」ということが定められている。

ハ・・・×〔法〕第8条（許可の基準）第2号に基づく〔冷凍則〕第9条（製造の方法に係る技術上の基準）第1号において、安全弁に付帯して設けた止め弁は、安全弁の修理又は清掃（以下「修理等」という。）のため特に必要な場合を除き、常に全開しておくことを定めている。したがって、設問は誤りである。

20 正解 (3) イ、ロ

イ・・・○〔冷凍則〕第62条（指定設備認定証が無効となる設備の変更の工事等）第2項

において、認定指定設備を設置した者は、その認定指定設備に変更の工事を施したとき、又は認定指定設備の移設等（転用を除く。）を行ったときは、第1項ただし書の場合を除き、第61条の規定により当該指定設備に係る指定設備認定証を返納しなければならないことを定めている。したがって、設問は正しい。

なお、返納に該当しない場合は、〔冷凍則〕第62条第1項ただし書に基づく第1号において、当該変更の工事が同等の部品への交換のみである場合及び第2号において認定指定設備の移設等（転用を除く。）を行った場合であって、当該認定指定設備の指定設備認定証を交付した指定設備認定機関等により調査を受け、認定指定設備技術基準適合書の交付を受けた場合が定められている。

ロ…○〔法〕第56条の7（指定設備の認定）第2項に基づく〔冷凍則〕第57条（指定設備に係る技術上の基準）第13号において、冷凍のための指定設備には、自動制御装置を設けることを定めている。したがって、設問は正しい。

ハ…×〔法〕第56条の7（指定設備の認定）第2項に基づく〔冷凍則〕第57条（指定設備に係る技術上の基準）第5号において、指定設備の冷媒設備は、事業所において試運転を行い、使用場所に分割されずに納入されるものであることを定めている。

したがって、設問は誤りである。

令和５年度

（令和５年11月12日実施）

設問中の「都道府県知事等」とは、地域の自主性及び自立性を高めるための改革の推進を図るための関係法律の整備に関する法律（第５次地方分権一括法）の施行に伴い、高圧ガス保安法令が改正され、平成30年４月１日から、これまで都道府県知事が行ってきた高圧ガス保安法に基づく許認可等の事務について、事業所の所在地が地方自治法の指定都市の区域（コンビナート等保安規則に基づくコンビナート区域等を除く。）にあっては、当該指定都市の長が処理することになったことから、都道府県知事又は高圧ガス保安法の事務を処理する指定都市の長を「都道府県知事等」と称することにしたものである。

1　正解　(2)　ハ

イ…×〔法〕第１条（目的）において設問の主旨のみならず、容器の製造及び取り扱いの規制、民間事業者及び高圧ガス保安協会による自主保安も保安の重要な柱として定めているので、設問のみでは誤っている。

ロ…×〔法〕第２条（定義）第３号の後段においての液化ガスの定義では、圧力が0.2メガパスカルとなる場合の温度が35度以下であると定めている。したがって、設問は誤りである。

ハ…○〔法〕第２条（定義）第１号において、圧縮ガス（圧縮アセチレンガスを除く。）について高圧ガスの定義をしているが、その前段で、「常用の温度において圧力が１メガパスカル以上となる圧縮ガスであって現にその圧力が１メガパスカル以上であるもの」としているので、設問ガスは高圧ガスになるで、設問は正しい。

2　正解　(3)　イ、ハ

イ…○〔法〕第21条（製造等の廃止等の届出）において、設問の主旨が定められている。したがって、設問は正しい。

ロ…×〔法〕第20条の４（販売事業の届出）において、高圧ガスの販売の事業（液化石油ガス法第２条第３項の液化石油ガス販売事業を除く。）を営もうとする者は、販売所ごとに、事業開始の日の20日前までに、販売をする高圧ガスの種類を記載した書面その他経済産業省令で定める書類を添えて、その旨を都道府県知事に届け出なければならないとなっている。設問は、事業の開始後遅滞なくとなっているので、設問は誤りである。

ハ…○〔冷凍則〕第33条（廃棄に係る技術上の基準に従うべき高圧ガスの指定）に設問の主旨が定められているので、設問は正しい。

3 正解 (1) イ

イ…○〔令〕第2条第3項第3号（適用除外）において、冷凍能力（法第五条第三項が経済産業省令で定める基準に従って算定した一日の冷凍能力をいう。以下同じ。）においてが3トン未満の冷凍設備内における高圧ガスとなっており、ガスの種類の指定はない。したがって、設問は正しい。

ロ…×〔法〕第10条（承継）において、第一種製造者について相続、合併又は分割（当該第一種製造者のその許可に係る事業所を承継させるものに限る。）があった場合において、相続人、合併後存続する法人若しくは合併により設立した法人又は分割によりその事業所を承継した法人は、第一種製造者の地位を承継するとなっており、譲り渡しは定められていない。したがって、設問は誤っている。

ハ…×〔法〕第57条（冷凍設備に用いる機器の製造）に基づく〔冷凍則〕第63条（冷凍設備に用いる機器の指定）において、もっぱら冷凍設備に用いる機器（以下単に「機器」という。）であって、1日の冷凍能力が3トン以上（ヘリウム、ネオン、アルゴン、クリプトン、キセノン、ラドン、窒素、二酸化炭素、フルオロカーボン（可燃性ガスを除く。）又は空気にあっては、5トン以上。）の冷凍機とするとなっているので、設問は誤っている。

4 正解 (2) ロ

イ…×〔法〕第15条（貯蔵）第1項本文において高圧ガスの貯蔵は、省令で定める技術上の基準に従ってしなければならないことを定め、規制を受けない容積については、ただし書きに基づく〔一般則〕第19条（貯蔵の規制を受けない容積）第1項において0.15立方メートルと定めているので、設問は誤っている。なお、同条第2項において液化ガスについては、質量10キログラムをもって1立方メートルとみなすことを定めているので、液化ガスの場合の0.15立方メートルは1.5キログラムとなる。

ロ…○〔法〕第15条（貯蔵）第1項に基づく〔一般則〕第18条（貯蔵の方法に係る技術上の基準）第2号ホにおいて、貯蔵は、高圧ガスの種類に係わらず、消火の用に供する不活性ガス及び緊急時に使用する高圧ガスを充塡してあるもの等特に定めるものを除き、車両に積載した容器によりしないことが定められている。したがって、設問は正しい。

ハ…×〔法〕第15条（貯蔵）第1項に基づく〔一般則〕第18条（貯蔵の方法に係る技術上の基準）、貯蔵は、高圧ガスの種類に係わらず、消火の用に供する不活性ガス及び緊急時に使用する高圧ガスを充塡してあるもの等特に定めるものを除き、車両に積載した容器によりしないことが定められている。したがって、設問は誤りである。

5　正解　(5)　イ、ロ、ハ

イ・・・○〔法〕第23条（移動）第1項及び第2項に基づく〔一般則〕第50条（その他の場合における移動に係る技術上の基準等）第1号本則において、高圧ガスの充填容器等を車両に積載して移動するときには、特に定められた条件による車両の充填容器の移動以外には、車両の見やすい箇所に警戒標を掲げなければならないとが定められている。したがって、設問は正しい。

ロ・・・○ 液化アンモニアは毒性ガス、可燃性ガスであり〔法〕第23条（移動）第1項及び第2項に基づく〔一般則〕第50条（その他の場合における移動に係る技術上の基準等）第9号（毒性ガス）及び第10号（可燃性ガス）の基準に適合させる必要があり、そこでは設問の対応が求められている。したがって、設問は正しい。

ハ・・・○〔法〕第23条（移動）第1項及び第2項に基づく〔一般則〕第50条（その他の場合における移動に係る技術上の基準等）第14号において、第49条（車両に固定した容器による移動に係る技術上の基準）第1項第20号が準用されるがそこに設問の主旨が定められている。したがって、設問は正しい。

6　正解　(2)　イ、ロ

イ・・・○〔容器則〕第10条（表示の方式）第1項第1号において、液化アンモニアを充塡する容器に表示すべき事項に設問の主旨を定めている。したがって、設問は正しい。

ロ・・・○〔容器則〕第24条（容器再検査の期間）第1項第1号で特に定める容器以外の溶接容器の期間が定められている。したがって、設問は正しい。

ハ・・・×〔法〕第56条（クズ化その他の処分）第3項に容器の所有者は、容器再検査に合格しなかった容器について3月以内に第54条第2項の規定による刻印などがされなかったときは遅滞なく、これをクズ化し、その他容器として使用することができないように処分しなければならないとのみ定められている。したがって、設問の又はその外面に「使用禁止」である旨の表示は出来ないので誤りである。

7　正解　(1)　イ

イ・・・○〔法〕第5条（製造の許可等）第3項に基づく〔冷凍則〕第5条（冷凍能力の算定基準）第1号において、遠心式圧縮機を使用する製造設備にあっては、当該圧縮機の原動機の定格出力１．２キロワットをもつて一日の冷凍能力1トンとするとなっているので、設問は正しい。

ロ・・・×〔法〕第5条（製造の許可等）第3項に基づく〔冷凍則〕第5条（冷凍能力の算定基準）第2号において、吸収式冷凍設備にあっては、発生器を加熱する一時間の入熱量27,800キロジュールをもつて一日の冷凍能力1トンとするとなっているので、設問は誤りである。

ハ・・・×〔法〕第5条（製造の許可等）第3項に基づく〔冷凍則〕第5条（冷凍能力の算定基準）において、遠心式圧縮機を使用する製造設備（第1号）及び吸収式冷凍設備（第2号）

以外の冷凍設備は、自然環流式冷凍設備及び自然循環式冷凍設備（第３号）及び第３号以外の製造設備にあっては（第４号）となり、いずれも冷凍能力の算定に必要な数値に設問の蒸発器の１時間当たりの入熱量は入っておらず、設問は誤りである。

8 正解 (3) ハ

第二種製造者は、〔冷凍則〕第10条の２において、第５条第２項の各号に掲げる者と定義されている。

イ・・・×１〔法〕第５条（製造の許可等）第１項第２号において、１日の処理能力が３トン（フルオロカーボン（不活性のものを除く。）又はアンモニアを冷媒とする場合は５トン、フルオロカーボン（不活性のものに限る。）を冷媒とする場合は20トン）以上の設備を使用して冷凍のためガスを圧縮し、又は液化して高圧ガスの製造をするものを第２種製造者としており、製造する高圧ガスの種類に関係なくという設問は誤りである。なお、同様に１日の処理能力が20トン（フルオロカーボン又はアンモニアを冷媒ガスとする場合は50トン）以上の設備を使用して冷凍のためガスを圧縮し、又は液化して高圧ガスの製造をしようとする者は第１種製造者となっており、設問のように一律に１日の処理能力が50トンになっているわけではない。したがって、設問は誤っている。ほかに、第56条の７第２項の認定を受けた設備（認定指定設備）を使用する第二種製造者もいる。

ロ・・・×〔法〕第12条第１項に設問の趣旨を維持するように定められている。したがって、設問は誤りである。

ハ・・・○〔法〕第35条の２により、第56条の７第２項の認定を受けた設備を使用する第二種製造者若しくは第二種製造者であって１日に製造する高圧ガスの容積が経済産業省令で定めるガスの種類ごとに経済産業省令で定める量（第５条第２項第２号に規定する者にあっては、１日の冷凍能力が経済産業省令で定める値）以上である者となっているので、設問は正しい。

9 正解 ⑴ ハ

イ・・・×〔冷凍則〕第38条（製造保安責任者免状の交付を受けている者の職務の範囲）の表において第３種冷凍機械責任者免状の交付を受けている者の職務の範囲が１日の冷凍能力が100トン未満の製造施設における製造に係る保安となっているので、１日の冷凍能力が100トンである製造施設の冷凍保安責任者に選任できない。したがって、設問は誤っている。

ロ・・・×〔法〕第33条第３項において、解任についても準用されているので、設問は誤りである。

ハ・・・○〔法〕第33条（保安統括者等の代理者）第２項において、前項の代理者は、保安統括者等の職務を代行する場合は、この法律の規定の適用については、保安統括者等とみなすとなっているので、設問は正しい。

10 正解 ⑷ ロ、ハ

イ・・・×〔法〕第35条（保安検査）第1項により、第一種製造者は、高圧ガスの爆発その他災害が発生するおそれがある製造のための施設（経済産業省令で定めるものに限る。以下「特定施設」という。）について、経済産業省令で定めるところにより、定期に、都道府県知事が行う保安検査を受けなければならないとなっている。〔冷凍則〕第40条（特定施設の範囲等）第1項第1号で除かれている施設に、当該ガスの施設は入っていないので、設問は間違っている。

ロ・・・○〔法〕第35条（保安検査）第2項において、保安検査は、特定施設が第8条第1号の技術上の基準に適合しているかどうかについて行うことを定めているので、設問は正しい。

ハ・・・○〔冷凍則〕第40条（特定施設の範囲等）第2項に設問の趣旨が定められているので、設問は正しい。

11 正解 (4) ロ、ハ

イ・・・×〔法〕第35条の2（定期自主検査）において認定指定設備を使用する第二種製造者は定期自主検査を行わなければならない者として定められている。したがって、設問は間違っている。

ロ・・・○〔冷凍則〕第44条（定期自主検査を行う製造施設等）第4項において設問の主旨が定められている。したがって、設問は正しい。

ハ・・・○〔冷凍則〕第44条（定期自主検査を行う製造施設等）第3項において設問の主旨が定められている。したがって、設問は正しい。

12 正解 (1) イ

イ・・・○〔法〕第26条（危害予防規程）第3項に、設問の主旨が定められている。したがって、設問は正しい。

ロ・・・×〔冷凍則〕第35条（危害予防規程の届出等）第2項第9号に設問の主旨が定められているので、設問は間違っている。

ハ・・・×〔法〕第27条（保安教育）第1項に、第一種製造者がおこなう設問の主旨が定められているが、その実行の結果を届け出なければならないとは定められていない。したがって、設問は誤りである。

13 正解 (3) ハ

イ・・・×〔法〕第60条（帳簿）に設問の主旨が定められているが、保存年限は、記載の日から10年となっているので、設問は誤りである。

ロ・・・×〔法〕第63条（事故届）第1項に設問の主旨が定められている。又同条第1項第2号にその占有する容器を盗まれたときについても定められているので、設問は誤りである。

ハ・・・○〔冷凍則〕第45条（危険時の措置及び届出）第1号及び第2号において、設問の主旨が定められている。したがって、設問は正しい。

14 正解 ⑸ イ、ロ、ハ

イ…○〔法〕第 14 条（製造のための施設等の変更）第 1 項ただし書において、軽微な変更の工事をしようとするときは、都道府県知事等の許可を受けなくてもよいこととなっている。その範囲を定める（冷凍則）第 17 条第 1 項第 2 号においては、可燃性ガス及び毒性ガスを冷媒ガスとする製造設備の工事は除かれているので、設問の可燃性ガス及び毒性ガスであるアンモニアガスを冷媒とする製造設備の工事は、第 1 項のただし書の対象外である。したがって許可対象であるので、設問は正しい。

ロ…○〔法〕第 20 条（完成検査）第 2 項において、設問の主旨が定められているので、設問は正しい。

ハ…○〔法〕第 20 条（完成検査）第 3 項において、設問の主旨が定められている。したがって、設問は正しい。

15 正解 ⑶ イ、ハ

イ…○〔法〕第 8 条（許可の基準）第 1 号に基づく、〔冷凍則〕第 7 条（定置式製造設備に係る技術上の基準）第 1 項第 3 号において、設問の主旨が定められているので、設問は正しい。

ロ…×〔法〕第 8 条（許可の基準）第 1 号に基づく、〔冷凍則〕第 7 条（定置式製造設備に係る技術上の基準）第 1 項第 9 号において、安全装置のうち冷媒ガスを大気に放出する安全弁又は破裂板には、不活性ガスを冷媒ガスとする冷媒設備並びに特に定める吸収式アンモニア冷凍機に設けたものを除き放出管を設けることを定めている。放出管の開口部の位置は、放出する冷媒ガスの性質に応じた適切な位置であることを定めており、適用除外規定は定めていない。したがって、設問は誤りである。

ハ…○〔法〕第 8 条（許可の基準）第 1 号に基づく、〔冷凍則〕第 7 条（定置式製造設備に係る技術上の基準）第 1 項第 15 号において、可燃性ガス、毒性ガス又は特定不活性ガスの製造施設には、当該施設から漏えいするガスが滞留するおそれのある場所に、当該ガスの漏えいを検知し、かつ、警報するための設備を設けると定められているため、設問は正しい。

16 正解 ⑶ イ、ロ

イ…○〔法〕第 8 条（許可の基準）第 1 号に基づく、〔冷凍則〕第 7 条（定置式製造設備に係る技術上の基準）第 1 項第 12 号において、可燃性ガスの製造施設には、その規模に応じて、適切な消火設備を適切な箇所に設けること。こととしているので、設問は正しい。

ロ…○〔法〕第 8 条（許可の基準）第 1 号に基づく、〔冷凍則〕第 7 条（定置式製造設備に係る技術上の基準）第 1 項第 14 号において、可燃性ガス（アンモニアを除く。）を冷媒ガスとする冷媒設備に係る電気設備は、その設置場所及び当該ガスの種類に応じた防爆性能を有する構造のものであることとなっている。したがって、ここでいう可燃性ガスからアンモニアは除かれているので、設問は正しい。

ハ・・・×〔法〕第8条（許可の基準）第1号に基づく、〔冷凍則〕第7条（定置式製造設備に係る技術上の基準）第1項第13号において、毒性ガスを冷媒ガスとする冷媒設備に係る受液器であって、その内容積が一万リットル以上のものの周囲には、液状の当該ガスが漏えいした場合にその流出を防止するための措置を講ずること、と定められているので設問は誤りである。

17 正解 (5) イ、ロ、ハ

イ・・・○〔法〕第8条（許可の基準）第1号に基づく、〔冷凍則〕第7条（定置式製造設備に係る技術上の基準）第1項第1号において、設問の主旨が定められているので、設問は正しい。

ロ・・・○〔法〕第8条（許可の基準）第1号に基づく、〔冷凍則〕第7条（定置式製造設備に係る技術上の基準）第1項第6号において、冷媒設備は、許容圧力以上の圧力でおこなう気密試験に合格することとなっているので、設問は正しい。

ハ・・・○〔法〕第8条（許可の基準）第1号に基づく、〔冷凍則〕第7条（定置式製造設備に係る技術上の基準）第1項第17号において、設問の主旨が定められているので、設問は正しい。

18 正解 (5) イ、ロ、ハ

イ・・・○〔法〕第8条（許可の基準）第1号に基づく、〔冷凍則〕第7条（定置式製造設備に係る技術上の基準）第1項第5号において、設問の主旨が定められている。したがって、設問は正しい。

ロ・・・○〔法〕第8条（許可の基準）第1号に基づく、〔冷凍則〕第7条（定置式製造設備に係る技術上の基準）第1項第6号において、設問の主旨が定められている。したがって、設問は正しい。

ハ・・・○〔法〕第8条（許可の基準）第1号に基づく、〔冷凍則〕第7条（定置式製造設備に係る技術上の基準）第1項第7号において、設問の主旨が定められている。したがって、設問は正しい。

19 正解 (3) ハ

イ・・・×〔法〕第8条（許可の基準）第2号に基づく〔冷凍則〕第9条（製造の方法に係る技術上の基準）第1号において、安全弁に付帯して設けた止め弁は、常に全開しておくこととなっているので、設問は誤りである。

ロ・・・×〔法〕第8条（許可の基準）第2号に基づく〔冷凍則〕第9条（製造の方法に係る技術上の基準）第2号において、1日に1回以上当該製造設備の属する製造施設の異常の有無を点検することになっているため、設問は誤りである。

ハ…○〔法〕第8条（許可の基準）第3号で質問の主旨が定められているので設問は正しい。

20 正解 (4) イ、ハ

イ…○〔冷凍則〕第57条（指定設備に係る技術上の基準）第5号において、質問の主旨が定められているので設問は正しい。

ロ…×〔冷凍則〕第57条（指定設備に係る技術上の基準）第12号において、冷凍のための指定設備の日常の運転操作に必要となる冷媒ガスの止め弁には、手動式のものを使用しないことと定められているので、設問は誤りである。

ハ…○〔法〕第62条第1項第1号に質問の主旨が定められているので、設問は正しい。

保安管理技術

平 成 30 年 度

(平成 30 年 11 月 11 日実施)

1 正解 (4) ロ、ハ

イ・・・× 冷凍能力の単位として用いられる1冷凍トン(Rt)とは、0℃の水1トン(1000kg)を1日〈24時間〉で0℃の氷にするために除去しなければならない熱量のことである。

ロ・・・○ 出題のとおりである。

ハ・・・○ 出題のとおりである。

ニ・・・× 凝縮器で冷媒から放出された熱量 Q_k(kW) は、蒸発器で冷媒が周囲から受け入れる熱量 Q_o(kW) と圧縮機で冷媒に加えられた圧縮仕事 P(kW) との合計である。すなわち、$Q_k = Q_o + P$ となり、凝縮器で放出される熱量は圧縮機での圧縮仕事よりも大きな値となる。

2 正解 (1) イ、ロ

イ・・・○ 出題のとおりである。

ロ・・・○ 出題のとおりである。

ハ・・・× 常温、常圧において、鉄鋼、空気、グラスウールのなかで、熱伝導率の値が一番小さいのは空気である。因みに、それぞれの熱伝導率は鉄鋼 35 ～ 58、グラスウール 0.035 ～ 0.046、空気 0.023 [W/(m･K)] である。

ニ・・・× 固体壁表面での熱伝達による単位時間当たりの伝熱量Φ (kW) は、伝熱面積 A (m^2)、熱伝達率 α [kW/(m^2･K)] に正比例するとともに固体壁面と流体との温度差⊿t(K)にも正比例する。すなわち、$\Phi = \alpha \varDelta tA$(kW) となる。

3 正解 (3) ロ、ハ

イ・・・× 圧縮機の吸込み蒸気の比体積 v (m^3/kg) が大きくなると、圧縮機の冷媒循環量 qmr (kg/s) は減少する。すなわち、$q_{mr} = \dfrac{V \eta_V}{v}$ (kg/s) で表される。ここで、V(m^3/s) はピストン押しのけ量、η v は体積効率である。

ロ・・・○ 出題のとおりである。

ハ・・・○ 出題のとおりである。

ニ・・・× 冷凍装置の理論冷凍サイクルの成績係数の値は、同じ運転条件の理論ヒートポンプの成績係数の値よりも１だけ小さくなる。

４　正解　(2)　イ、ハ

イ…○　出題のとおりである。

ロ…×　同じ体積で比べると、アンモニア冷媒液は冷凍機油よりも軽く、また、漏えいしたアンモニア冷媒ガスも空気より軽い。

ハ…○　出題のとおりである。

ニ…×　塩化カルシウム濃度20%のブラインに限らず、ブラインは使用中に空気中の水分を凝縮させて取り込み、ブラインの濃度が低下して、凍結温度が上昇する。したがって、ブラインは空気とできるだけ接触しないようにする。

５　正解　(5)　ロ、ハ、ニ

イ…×　多気筒の往復圧縮機にはアンローダと呼ばれる容量制御装置が付いているが、この装置は、往復圧縮機の吸込み板弁を開放して、作動気筒数を減らすことにより25～100%の範囲で容量を段階的に制御するようになっている。

ロ…○　出題のとおりである。

ハ…○　出題のとおりである。

ニ…○　出題のとおりである。

６　正解　(5)　ハ、ニ

イ…×　水冷横形シェルアンドチューブ凝縮器の伝熱面積は、冷媒に接する冷却管全体の外表面積の合計とするのが一般的である。

ロ…×　水冷横形シェルアンドチューブ凝縮器の冷却管の内面に水あかが付着すると、水あかは熱伝導率が小さいので、熱の流れが妨げられて、熱通過率の値は小さくなる。

ハ…○　出題のとおりである。

ニ…○　出題のとおりである。

７　正解　(3)　ハ

イ…×　冷蔵用の空気冷却器の冷媒と空気の平均温度差は、通常５Ｋから１０Ｋ程度である。庫内温度を保持したまま、この温度差を大きくすると、蒸発温度を低くしなければならないので、装置の成績係数は低下する。

ロ…×　乾式プレートフィンチューブ蒸発器のフィン表面に厚く付着した霜は、空気の通路を狭め、風量を減少させるとともに霜の熱伝導率が小さいので伝熱が妨げられて、蒸発圧力は低下する。

ハ…○　出題のとおりである。

ニ…×　ホットガス除霜は、冷却管の内部から冷媒ガスの熱によって霜を均一に融解する。この除霜方法は、霜が厚く付いていると解けにくくなり、除霜時間が長くなるので、早めに除霜を行うほうがよい。

8　正解　(5)　ロ、ハ

イ…×　膨張弁容量が蒸発器の容量に対して小さ過ぎる場合、熱負荷の大きいときに冷媒流量の不足を生じ、過熱度が過大となることがあるが、一般にハンチングは生じにくくなる。

ロ…○　出題のとおりである。

ハ…○　出題のとおりである。

ニ…×　給油ポンプを内蔵した圧縮機は、運転中に一定時間（約90秒）経過しても定められた油圧が保持できなくなると油圧保護圧力スイッチが作動して、圧縮機が停止する。この油圧保護圧力スイッチは手動復帰式である。

9　正解　(3)　ハ

イ…×　冷媒液強制循環式冷凍装置で使用される低圧受液器では、冷凍負荷が変動しても液ポンプが蒸気を吸い込まないように、液面レベル確保と液面位置の制御が必要である。

ロ…×　冷凍機油は、凝縮器や蒸発器に送られると伝熱を妨げる。これを防ぐために圧縮機の吐出し管に油分離器を設けて、冷媒と冷凍機油を分離する。

ハ…○　出題のとおりである。

ニ…×　液ガス熱交換器は、冷媒液を過冷却して液管内でのフラッシュガスの発生を防止するとともに、湿り状態の冷媒蒸気が圧縮機に吸い込まれるのを防止するために、吸い込み蒸気の過熱度を大きくするために用いられる。

10　正解　(4)　イ、ロ、ニ

イ…○　出題のとおりである。

ロ…○　出題のとおりである。

ハ…×　高圧液配管に立ち上がり部があると、その立ち上がり高さによる圧力降下が生じる。圧力降下により液温に相当する飽和圧力よりも液の圧力が低下した場合に、フラッシュガスが発生する。

ニ…○　出題のとおりである。

11　正解　(4)　ロ、ニ

イ…×　圧力容器に取り付ける安全弁の最小口径は、容器の外径、容器の長さおよび冷媒の種類ごとに高圧部、低圧部に分けて定められた定数によって決まる。例示基準８．８参照

ロ…○　出題のとおりである。

ハ…×　高圧遮断装置は、安全弁噴出の前に圧縮機を停止させ、高圧側圧力の異常な上昇を防止するために取り付けられ、原則として手動復帰式である。

ニ…○　出題のとおりである。

12 正解 (3) ロ、ハ

イ…× 圧力容器で耐圧強度が問題となるのは、一般に引張応力である。

ロ…○ 出題のとおりである。

ハ…○ 出題のとおりである。

ニ…× 溶接構造用圧延鋼材ＳＭ400Ｂの許容引張応力は $400 \times (1/4) = 100\mathrm{N/mm^2}$ である。

13 正解 (2) イ、ニ

イ…○ 出題のとおりである。

ロ…× 気密の性能を確かめるための気密試験は、内部に圧力のかかった状態で、つち打ちしたり、衝撃を与えたりしてはならない。

ハ…× 微量の漏れを嫌うフルオロカーボン冷凍装置の真空試験では、微量の漏れは発見できるが、漏れの箇所は特定できない。

ニ…○ 出題のとおりである。

14 正解 (5) ロ、ハ、ニ

イ…× 冷凍装置を長期間休止させる場合には、安全弁の元弁は閉じてはならない。

ロ…○ 出題のとおりである。

ハ…○ 出題のとおりである。

ニ…○ 出題のとおりである。

15 正解 (2) ニ

イ…× オイルフォーミングは、冷凍機油に冷媒液が混ざり、冷媒液が急激に蒸発して発生する現象である。

ロ…× アンモニア冷凍装置の液封事故を防ぐため、液封が起こりそうな箇所には破裂板を使用することはできない。

ハ…× 冷媒と冷凍機油が混ざると、油の粘度が低くなり、潤滑性能が低下する。

ニ…○ 出題のとおりである。

令和元年度

(令和元年11月10日実施)

1 正解 (3) イ、ロ

イ…○ 出題のとおりである。

ロ…○ 出題のとおりである。

ハ…× 圧縮機駆動の軸動力を小さくし、大きな冷凍能力を得るためには、蒸発温度を必要以上に低くし過ぎないこと、凝縮温度は必要以上に高くし過ぎないことが重要である。

蒸発温度は出来るだけ低くしてが、誤りである。

ニ…× 冷媒のｐ－ｈ線図は、実用上の便利さから、縦軸の絶対圧力は対数目盛で、横軸の比エンタルピーは等間隔目盛で目盛られている。いずれも対数目盛でそれぞれ目盛られているが、誤りである。

2 正解 (5) イ、ロ、ハ

イ…○ 出題のとおりである。

ロ…○ 出題のとおりである。

ハ…○ 出題のとおりである。

ニ…× 冷凍サイクルの蒸発器で、冷媒1kg当たりで周囲から奪う熱量のことを冷凍効果という。冷媒1kg当たりで、が記載されていないので誤りである。

3 正解 (1) イ、ハ

イ…○ 出題のとおりである。

ロ…× 蒸発温度と凝縮温度との温度差が大きくなると、断熱効率と機械効率は小さくなり、冷凍装置の実際の成績係数は低下する。断熱効率と機械効率が大きくなるとともに、が誤りである。

ハ…○ 出題のとおりである。

ニ…× 圧縮機の吸込み圧力が低いほど、また、吸込み蒸気の過熱度が大きいほど、圧縮機の冷媒循環量および冷凍能力は小さくなる。冷凍能力が大きくなる、が誤りである。

4 正解 (1) イ、ハ

イ…○ 出題のとおりである。

ロ…×　R134a は単一冷媒で、R410A は混合冷媒である。ともに単一冷媒である、が誤りである。

ハ…○　出題のとおりである。

ニ…×　冷媒の飽和圧力が大気圧に等しいときの飽和温度を標準沸点という。

0℃に於ける飽和圧力を、が誤りである。

5　正解　(4)　ロ、ニ

イ…×　圧縮機は、冷媒蒸気の圧縮の方法により、容積式と遠心式に大別される。往復式、スクリュー式およびスクロール式は、容積式圧縮機のなかでの種類の分類であるため、誤りである。

ロ…○　出題のとおりである。

ハ…×　スクリュー圧縮機の容量制御をスライド弁で行う場合、無段階制御を行える。よって、無段階制御はできない、が誤りである。

ニ…○　出題のとおりである。

6　正解　(5)　ハ、ニ

イ…×　水冷横形シェルアンドチューブ凝縮器は、円筒胴と管板に固定された冷却管で構成され、円筒胴と冷却管の間に冷媒が流れ、冷却管内には冷却水が流れる。冷媒と冷却水の流れる部分が逆なので、誤りである。

ロ…×　水冷横形シェルアンドチューブ凝縮器では、冷却水中の汚れや不純物が冷却管表面に水あかとなって付着し、水あかの熱伝導率は小さいので、熱通過率の値が小さくなり、凝縮温度が高くなる。凝縮温度が低くなる、が誤りである。

ハ…○　出題のとおりである。

ニ…○　出題のとおりである。

7　正解　(4)　イ、ハ、ニ

イ…○　出題のとおりである。

ロ…×　蒸発器は、冷媒の供給方式により、乾式、満液式および冷媒液強制循環式などに分類される。シェル側に冷媒を供給し、冷却管内にブラインを流して冷却するシェルアンドチューブ蒸発器は満液式である。乾式である、が誤りである。

ハ…○　出題のとおりである。

ニ…○　出題のとおりである。

8　正解　(1)　イ、ロ、ハ

イ…○　出題のとおりである。

ロ…○　出題のとおりである。

ハ…○　出題のとおりである。

ニ…×　冷媒の流れの圧力降下の大きな蒸発器、ディストリビュータで冷媒をを分配する蒸発機器に内部均圧形温度自動膨張弁を使用すると、過熱度が適切に制御できなくなるので、このような場合は外部均圧形温度自動膨張弁を用いる。内部均圧形温度自動膨張弁を使用するのが、誤りである。

9 正解 (5) ロ、ハ

イ…×　液分離器は、蒸発器と圧縮機との間の吸込み蒸気配管に取付け、吸込み蒸気中に混在した液を分離する目的の機器であるが、分離した液を冷凍装置外部に排出することはないので、誤りである。

ロ…○　出題のとおりである。

ハ…○　出題のとおりである。

ニ…×　往復圧縮機を用いたアンモニア冷凍装置では、一般に、油分離器で分離された鉱油を圧縮機クランクケース内に自動返油せず油だめに抜き取るので、誤りである。その理由はアンモニア冷凍装置では、吐出温度が高くなり油が劣化するので、油分離器で分離された油は再使用しないためである。

10 正解 (3) ロ、ニ

イ…×　二重立ち上がり管は冷却器出口の吸込み蒸気配管に取付けるもので、その目的はアンロード機構をもつ冷凍装置で最小負荷と最大負荷の両方の場合でも管内冷媒蒸気速度を適切な範囲内にすることで、冷媒蒸気内の油戻しが正常に行われることである。このため誤りである。

ロ…○　出題のとおりである。

ハ…×　配管用炭素鋼鋼管（SGP）は毒性を持つ冷媒の他に、設計圧力が1MPaを越える耐圧部分、温度が100℃を越える耐圧部分について使用できない。よって冷媒R410Aの高圧冷媒配管には使用できないため、誤りである。

ニ…○　出題のとおりである。

11 正解 (2) イ、ハ

イ…○　出題のとおりである。

ロ…×　溶栓は、容器内の冷媒の温度が上昇した場合に溶栓のプラグ内の金属が溶解して、容器の冷媒を放出することによって安全を保つものである。圧力を検知するものではないので、誤りである。

ハ…○　出題のとおりである。

ニ…×　ガス漏えい検知警報設備は、可燃性ガスまたは毒性ガスの製造施設の漏えいしたガスが滞留するおそれのある場所に設置が冷凍保安規則で義務づけられている。よって冷媒の種類や換気装置の有無にかかわらず、が誤りである。

12　正解　(1)　イ、ロ

イ…○　出題のとおりである。

ロ…○　出題のとおりである。

ハ…×　圧力容器の腐れしろは、銅、銅合金およびステンレスでは0.2mmであり、誤りである。

ニ…×　圧力容器の強度や保安に関する圧力は、設計圧力、許容圧力ともにゲージ圧力である。よって誤りである。

13　正解　(5)　ハ、ニ

イ…×　多気筒圧縮機を支持するコンクリート基礎の質量は、圧縮機、電動機またはエンジンなどの駆動器の質量の２～３倍とすることになっているで、誤りである。

ロ…×　冷凍装置の気密試験に使用するガスは、空気または不燃性ガスとし、酸素や毒性ガス、可燃性ガスを使用してはならない、となっているので、誤りである。

ハ…○　出題のとおりである。

ニ…○　出題のとおりである。

14　正解　(2)　イ、ハ

イ…○　出題のとおりである。

ロ…×　蒸気圧力が一定のもとで、圧縮機の吐出しガス圧力が高くなると、圧力比は大きくなり、圧縮機の体積効率が減少し、圧縮機の軸動力は増加する。この場合、体積効率は減少するので、誤りである。

ハ…○　出題のとおりである。

ニ…×　水冷凝縮器の冷却水量が減少すると、凝縮圧力の上昇、圧縮機の吐出しガス温度の上昇、冷凍装置の冷凍能力の低下が起こる。この場合、凝縮圧力は上昇するので、誤りである。

15　正解　(3)　イ、ロ、ハ

イ…○　出題のとおりである。

ロ…○　出題のとおりである。

ハ…○　出題のとおりである。

ニ…×　アンモニア冷凍装置の冷媒系統に水分が進入すると、アンモニアが水分をよく溶解してアンモニア水になるので、少量の水分の侵入があっても冷凍装置の運転に支障をきたさない。運転に重大な支障をきたすことはないので、誤りである。

保安管理技術

令　和　2　年　度

（令和2年11月8日実施）

1　正解　(1)　イ、ロ

イ…○　出題のとおりである。

ロ…○　出題のとおりである。

ハ…×　蒸気圧縮冷凍装置の一種である家庭用冷蔵庫では、一般に膨張弁の代わりに毛細管（キャピラリチューブ）を採用している。膨張弁が誤りである。

ニ…×　吸収冷凍機では、圧縮機を用いずに、吸収器、発生器、溶液ポンプを用いて冷媒を循環させ、は正しい。しかし吸収器及び発生器は機械的な可動部ではない。機械的な可動部は溶液ポンプだけである。この点が誤りである。

2　正解　(4)　ロ、ニ

イ…×　冷凍サイクルの蒸発器で、冷媒が周囲の物質から奪う熱量のことを冷凍効果という。冷媒から奪うが誤りである。

ロ…○　出題のとおりである。

ハ…×　熱通過率の値は、固体壁両表面の熱伝達率と固体壁の熱伝導率および固体壁の厚さがわかれば計算することができる。固体壁の厚さの記述がないことが誤りである。

ニ…○　出題のとおりである。

3　正解　(3)　ハ、ニ

イ…×　冷凍装置の実際の成績係数は、理論冷凍サイクルの成績係数に断熱効率と機械効率を乗じて求めることができる。体積効率の記述が誤りである。

ロ…×　実際の圧縮機の駆動軸動力は、理論種津圧縮動力と断熱効率および機械効率によって決まる。機械効率の記述がないことが誤りである。

ハ…○　出題のとおりである。

ニ…○　出題のとおりである。

4　正解　(2)　ロ、ニ

イ…×　Ｒ４１０Ａは非共沸混合冷媒である。共沸混合冷媒が誤りである。

ロ…○　出題のとおりである。

ハ・・・×　塩化カルシウムや塩かナトリウムを溶質とするブラインは無機ブラインである。有機ブラインの溶質には、の記述が誤りである。

ニ・・・○　出題のとおりである。

5　正解　(4)　ロ、ハ

イ・・・×　ロータリー圧縮機は容積式に分類される。またロータの遠心力で圧縮するも誤りである。

ロ・・・○　出題のとおりである。

ハ・・・○　出題のとおりである。

ニ・・・×　往復圧縮機では、停止中のクランクケース内の油温が低いときに冷凍機油に冷媒が溶け込みやすくなるので、始動時にオイルフォーミングが起こりやすくなる。油温が高いほど、が誤りである。

6　正解　(1)　イ、ロ

イ・・・○　出題のとおりである。

ロ・・・○　出題のとおりである。

ハ・・・×　空冷凝縮器は、空気の顕熱を用いて冷媒を凝縮させる凝縮器である。潜熱が誤りである。

ニ・・・×　凝縮器への不凝縮ガスの混入は、凝縮圧力の上昇を招く。低下が誤りである。

7　正解　(1)　イ、ハ

イ・・・○　出題のとおりである。

ロ・・・×　大きな容量の乾式蒸発器では多数の伝熱管へ均等に冷媒を送り込むために、蒸発器の入口側にディストリビュータを取付ける。出口側が誤りである。

ハ・・・○　出題のとおりである。

ニ・・・×　一般的な散水方式の除霜は、送風機を停止して水を冷却器に散水する。運転しながら、が誤りである。

8　正解　(4)　ハ、ニ

イ・・・×　直動式では、電磁コイルに通電すると、磁場が作られてプランジャーに力が作用し、弁が開く。弁が閉じる、が誤りである。

ロ・・・×　吸入圧力調整弁は、弁出口側の冷媒蒸気の圧力が設定値よりも高くならないように作動する。弁入口側、が誤りである。なお、圧縮機駆動用電動機の過負荷を防止できる、は正しい。

ハ・・・○　出題のとおりである。

ニ・・・○　出題のとおりである。

9 正解 (1) イ、ハ

イ・・・○ 出題のとおりである。

ロ・・・× 油分離器の種類のうち、大きな容器内に小さな油滴と冷媒ガスを入れることにとってガス速度を小さくして、油滴を重力で落下させて油を分離するものがある。

ガス速度を大きくして、は誤りである。

ハ・・・○ 出題のとおりである。

ニ・・・× サイトグラスにはモイスチャーゲージインジケータがのぞきガラスの内側にあるものがある。のぞきガラスだけのサイトグラスはあるが、モイスチャーゲージインジケータだけのものない。

のぞきガラスのないモイスチャーゲージインジケータだけのものがある、は誤りである。

10 正解 (3) ハ、ニ

イ・・・× アンモニア冷媒によって銅および銅合金の配管は腐食するので、アンモニア冷媒用の配管には銅および銅合金の配管は使用できない。アンモニア冷媒用の配管には、が誤りである。

ロ・・・× 高圧液配管は、冷媒液が気化するのを防ぐために、流速が小さくなるように管径を決定する。流速がおおきくなるような、は誤りである。

ハ・・・○ 出題のとおりである。

ニ・・・○ 出題のとおりである。

11 正解 (2) ロ、ニ

イ・・・× 冷凍装置の安全弁の作動圧力とは、吹始め圧力と吹出し圧力のことである、は正しい。この圧力は容器や圧縮機等の許容圧力を基準として定める。耐圧試験圧力は、誤りである。

ロ・・・○ 出題のとおりである。

ハ・・・× 溶栓の口径は、取付ける容器の外形と長さの平方根と、冷媒毎に定められた定数の積で求められた値の１／２以上としなくてはならない。1／2以下、は誤りである。

ニ・・・○ 出題のとおりである。

12 正解 (3) ロ、ハ

イ・・・× 圧力容器では、使用する材料の応力―ひずみ線図における比例限度以下の適切な応力の値に収まるように設計しなくてはならない。弾性限度以下、は誤りである。

ロ・・・○ 出題のとおりである。

ハ・・・○ 出題のとおりである。

ニ・・・× 溶接継手の効率は、溶接継手の形状と溶接部の全長に対する放射線透過試験を行なった部分の長さの割合によって決められている。溶接継手の種類に依存せず、は誤りである。

13 正解 (5) イ、ロ、ニ

イ･･･○ 出題のとおりである。

ロ･･･○ 出題のとおりである。

ハ･･･× 真空試験は気密試験の後に行なう。装置全体からの微少な漏れは確認できるが場所は特定できない。また水分の除去を目的として実施されるが、真空試験によって油分の除去は行えない。

油分の、は誤りである。

ニ･･･○ 出題のとおりである。

14 正解 (2) イ、ハ

イ･･･○ 出題のとおりである。

ロ･･･× 水冷凝縮器の冷却水量が減少すると、凝縮圧力の上昇、圧縮機吐出し温度の上昇、装置の冷凍能力の低下が起こる。凝縮圧力の低下、は誤りである。

ハ･･･○ 出題のとおりである。

ニ･･･× 冷蔵庫の負荷が大きく増加したとき、冷蔵庫の庫内温度と蒸発温度が上昇し、温度式自動膨張弁の冷媒流量は増加し、蒸発器における空気の出入口の温度は増大する。温度差は変化しない、は誤りである。

15 正解 (5) ロ、ハ、ニ

イ･･･× 冷媒充填量が大きく不足していると、圧縮機の吸込み蒸気の過熱度が大きくなり、圧縮機の吐出しガス温度が上昇し、吐出しガス圧力は低下する。圧縮機吐出しガスの圧力と温度がともに上昇する、は誤りである。

ロ･･･○ 出題のとおりである。

ハ･･･○ 出題のとおりである。

ニ･･･○ 出題のとおりである。

保安管理技術

令 和 3 年 度

（令和3年11月14日実施）

1 正解 (2) ロ、ハ

イ・・・× ブルドン管圧力計で指示される圧力は、管内圧力である冷媒圧力と管外圧力である大気圧との差であり、この圧力をゲージ圧力と呼ぶ。管内圧力である大気圧と管外圧力である冷媒圧力の差であり、が誤りである。

ロ・・・○ 出題のとおりである。

ハ・・・○ 出題のとおりである。

ニ・・・× この圧縮機の駆動軸動力あたりの冷凍能力の値が、冷凍サイクルの成績係数である。圧縮機の効率である。が誤りである。

2 正解 (1) イ、ロ

イ・・・○ 出題のとおりである。

ロ・・・○ 出題のとおりである。

ハ・・・× 固体壁と流体との熱交換による伝熱量は、固体壁表面と流体との温度差、伝熱面積および比例係数の積で表され、この比例係数を熱伝達率という。この比例係数を熱伝導率という。が誤りである。

ニ・・・× 熱の移動には、熱放射、対流熱伝達、熱伝導の三つの形態が存在し、冷凍・空調装置で取り扱う熱移動現象は、主に対流熱伝達、熱伝導である。熱放射、が誤りである。

3 正解 (3) ロ、ニ

イ・・× 圧縮機の実際の駆動に必要な軸動力は、冷媒蒸気の圧縮に必要な圧縮動力と機械的摩擦損失動力との和で表される。理論断熱圧縮動力と機械的摩擦損失動力との和で表される。が誤りである。

ロ・・・○ 出題のとおりである。

ハ・・・× 実際の冷凍装置の成績係数は、理論冷凍サイクルの成績係数に圧縮機の断熱効率と機械効率を乗じて求められる。圧縮機の断熱効率と体積効率を乗じて求められる。が誤りである。

ニ・・・○ 出題のとおりである。

4 正解 (4) イ、ロ、ニ

イ…○ 出題のとおりである。

ロ…○ 出題のとおりである。

ハ…× 塩化カルシウムブラインの凍結温度は、濃度が0 mass％から共焦点の濃度までは塩化カルシウム濃度の増加に伴って低下し、最低の凍結温度は－55℃である。最低の凍結温度は－40℃である。が誤りである。

ニ…○ 出題のとおりである。

5 正解 (4) イ、ロ、ニ

イ…○ 出題のとおりである。

ロ…○ 出題のとおりである。

ハ… 多気筒の往復圧縮機の容量制御装置では、吸込み板弁を開放することで、作動気筒数を減らすことによって段階的に容量制御が可能である。無段階制御が可能である。が誤りである。

ニ…○ 出題のとおりである。

6 正解 (2) イ、ハ

イ…○ 出題のとおりである。

ロ…× 二重管凝縮器は、内管の中に冷却水を通し、内管と外管の間で圧縮機吐出しガスを凝縮させる。冷却水と圧縮機吐出しガスを通す場所が逆になっており、この点が誤りである。

ハ…○ 出題のとおりである。

ニ…× 蒸発式凝縮器は、空冷凝縮器と比較して凝縮温度が低く、主としてアンモニア冷凍装置に使われている。空冷凝縮器と比較して凝縮温度が高く、が誤りである。

7 正解 (1) イ、ハ

イ…○ 出題のとおりである。

ロ…× 大きな容量の乾式蒸発器では、蒸発器の冷媒の入口側にディストリビュータを取付ける。出口側に、が誤りである。

ハ…○ 出題のとおりである。

ニ…× ホットガス除霜は、冷却管の内部から冷媒ガスの熱によって霜を均一に融解できるが、霜が厚くならないうちに早めに霜取りを行なったほうが良い。霜が厚くなってから、が誤りである。

8 正解 (2) イ、ニ

イ…○ 出題のとおりである。

ロ…× 温度自動膨張弁の感温筒が外れると、膨張弁が大きく開いて液戻りを生じ、圧縮機が破損する危険性がある。膨張弁が閉じて、が誤りである。

ハ…× キャピラリーチューブは、冷媒の流動抵抗による圧力降下を利用して冷媒の絞り膨張を行なうが、蒸発器出口冷媒蒸気の過熱度の制御はできない。過熱度の制御を行なう。が誤りである。

ニ…○ 出題のとおりである。

9 正解 (3) イ、ニ

イ…○ 出題のとおりである。

ロ…× 圧縮機から吐き出される冷媒ガスとともに、若干の冷凍機油が一緒に吐き出されるが、小形のフルオロカーボン冷凍装置では、装置が複雑になりコストも上がることから、一般に油分離器を設けない場合が多い。油分離器を設ける場合が多い。が誤りである。

ハ…× 冷凍機油は、凝縮器や蒸発器に送られると伝熱を妨げるので、油分離器を圧縮機の吐出し配管に設け、冷媒蒸気と冷凍機油を分離する。液分離器を圧縮機の吸込み蒸気配管に設け、が誤りである。

ニ…○ 出題のとおりである。

10 正解 (5) ハ、ニ

イ…× 低温用の冷媒配管には低温ぜい性の生じない材料を使用しなくてはならない。配管用炭素鋼鋼管（SGP）は－25℃まで使用出来るが、－30℃では使用出来ない。低温用の冷媒配管として、－30℃まで使用出来る。が、誤っている。

ロ…× フルオロカーボン冷凍装置の配管でろう付け作業を実施する場合、配管内に窒素ガスを流して、配管内に酸化皮膜を生成させないようにする。酸素を含む乾燥空気を流すと酸化皮膜が生成される。乾燥空気を流して、が誤りである。

ハ…○ 出題のとおりである。

ニ…○ 出題のとおりである。

11 正解 (4) ロ、ニ

イ…× 圧力容器などに取付ける安全弁には、修理等のために止め弁を設ける。修理のとき以外は、この止め弁を常時開にして、かつ「常時開」の表示をしなくてはならない。この止め弁を常に閉じておかねばならない、が誤りである。

ロ…○ 出題のとおりである。

ハ…× 圧縮機に取付けるべき安全弁の最小口径は、ピストン押しのけ量の平方根に比例する。反比例する。が誤りである。

ニ…○ 出題のとおりである。

12 正解 (1) イ、ハ

イ…○ 出題のとおりである。

ロ…×　高圧部の設計圧力は、凝縮温度が基準凝縮温度以外のときには、最も近い上位の基準凝縮温度に対応する圧力とする。下位の、が誤りである。

ハ…○　出題のとおりである。

ニ…×　圧力容器を設計するときは、一般に、材料に生じる引張応力が、材料の引張強さの１／４の応力を許容引張応力として、材料に生じる引張応力が、この許容引張応力以下になるように設計する必要がある。１／２、が誤りである。

13　正解　(5)　ハ、ニ

イ…×　耐圧試験は、耐圧強度を確認するための試験であり、一般的に液体を用いて試験を行なう。その理由は、比較的に高圧を得られやすいことと、もし被試験品が破壊しても危険が少ないためである。気体を用いて、が誤りである。

ロ…×　真空試験は、法規で定められたものではないが、装置全体からの微量な漏れを発見できるため、気密試験の後に実施する。気密試験の前に、が誤りである。

ハ…○　出題のとおりである。

ニ…○　出題のとおりである。

14　正解　(3)　ロ、ニ

イ…×　外気温度が一定の状態で、冷蔵庫内の品物から出る熱量が減少すると、冷凍装置における蒸発器出入口の空気温度差が減少し、かつ蒸発圧力も低下する。凝縮圧力は低下する、が誤りである。

ロ…○　出題のとおりである。

ハ…×　蒸発圧力一定で運転中の冷凍装置において、往復圧縮機の吐き出し圧力が上昇した場合、吐出しガス温度も上昇するが、圧縮機の体積効率は低下する。圧縮機の体積効率は変化しない。が誤りである。

ニ…○　出題のとおりである。

15　正解　(2)　イ、ハ

イ…○　出題のとおりである。

ロ…×　アンモニア冷凍装置の液封事故を防ぐため、液封が起こりそうな箇所には安全弁や圧力逃がし装置を取付ける必要があるが、アンモニア冷凍装置では破裂板は使用出来ない。その理由は、冷凍保安規則関係例示基準 8.2 の規定によって可燃ガスまたは毒性ガスには破裂板の使用が禁じられているためである。破裂板、の記載が誤りである。

ハ…○　出題のとおりである。

ニ…×　フルオロカーボン冷凍装置において、冷凍機油の充填および冷媒の充填では、両方の作業工程において水分が混入しないように細心の注意が必要である。冷凍機油の充填には、水分への配慮は必要ない、が誤りである。

令　和　4　年　度

（令和 4 年 11 月 13 日実施）

1　正解　(5)　イ、ロ、ニ

イ・・・○　出題のとおりである。

ロ・・・○　出題のとおりである。

ハ・・・×　膨張弁は、過冷却となった冷媒液を絞り膨張させることで、蒸発圧力まで冷媒の圧力を下げる。このとき、冷媒は周囲との間で、熱の授受を行なうことで、周囲の物質を冷却する。熱と仕事の授受を行なうことで冷媒自身の温度が下がる。は誤りである。

ニ・・・○　出題のとおりである。

2　正解　(1)　イ、ロ

イ・・・○　出題のとおりである。

ロ・・・○　出題のとおりである。

ハ・・・×　冷凍サイクルの成績係数は運転条件によって変化するが、蒸発圧力だけが低くなった場合、あるいは凝縮圧力だけが高くなった場合には、成績係数の値は小さくなる。成績係数の値は大きくなる。は誤りである。

ニ・・・×　固体壁表面からの熱移動による伝熱量は、伝熱面積、固体壁表面の温度と周囲温度との温度差および比例係数の積で表されるが、この比例係数のことを熱伝達率という。この比例係数のことを熱伝導率という。は誤りである。

3　正解　(2)　イ、ニ

イ・・・○　出題のとおりである。

ロ・・・×　実際の圧縮機の駆動に必要な軸動力は、蒸気の圧縮に必要な圧縮動力と機械的摩擦損失動力の和で表される。理論断熱圧縮動力と機械的摩擦損失動力の和で表される。は誤りである。

ハ・・・×　冷媒循環量は、ピストン押しのけ量と体積効率の積を、圧縮機の吸込み蒸気の比体積で除した値である。ピストン押しのけ量、圧縮機の吸込み蒸気の比体積および体積効率との積である。は誤りである。

冷媒循環量は、以下の式で求められる。

冷媒循環量＝ピストン押しのけ量×体積効率÷圧縮機の吸込み蒸気の比体積

ニ…○　出題のとおりである。

4　正解　(1)　イ、ハ

イ…○　出題のとおりである。

ロ…×　冷媒の熱力学性質を表にした飽和表から、飽和液および飽和蒸気の比体積、比エンタルピー、比エントロピーなどを読み取ることができ、飽和蒸気の比エンタルピーと飽和液の比エンタルピーの差が蒸発潜熱となる。飽和蒸気の比エントロピーと飽和液の比エントロピーの差が蒸発潜熱となる。は誤りである。

ハ…○　出題のとおりである。

ニ…×　一般に、冷凍機油はアンモニア液より重く、アンモニアガスは室内空気よりも軽い。また、アンモニアは銅および銅合金に対して腐食性があるが、鋼に対しては腐食性がないので、アンモニア冷凍装置には鋼管や鋼板が使用される。一般に、冷凍機油はアンモニア液より軽く、は誤りである。

5　正解　(2)　イ、ニ

イ…○　出題のとおりである。

ロ…×　多気筒の往復圧縮機では、吸込み板弁を開放して作動気筒数を減らすことにより、容量を段階的に変えることができる。吸込み板弁を閉じて、は誤りである。

ハ…×　強制給油式の往復圧縮機は、クランク軸端に油ポンプを設け、圧縮機各部のしゅう動部に給油する。この際の給油圧力は、油圧計指示圧力からクランクケース圧力を引いた値となる。油圧計指示圧力とクランクケース圧力の和となる。は誤りである。

ニ…○　出題のとおりである。

6　正解　(2)　イ、ニ

イ…○　出題のとおりである。

ロ…×　シェルアンドチューブ凝縮器の冷却管として、フルオロカーボン冷媒の場合には、冷媒側にフィンが設けられている銅製のローフィンチューブを使うことが多い。冷却水側にフィンが設けられている、は誤りである。

ハ…×　シェルアンドチューブ凝縮器では、冷却水中の汚れや不純物が冷却管表面に水あかとなって付着する。水あかは、熱伝導率が小さいので、水冷凝縮器の熱通過率は小さくなり、凝縮温度が高くなる。凝縮温度が低くなる。は、誤りである。

ニ…○　出題のとおりである。

7　正解　(5)　ロ、ニ

イ…×　冷蔵用の空気冷却器では、庫内温度と蒸発温度との平均温度差は通常５～１０K程度にする。この値が大きすぎると、蒸発温度を低くする必要があり、装置の成績係数が低下する。蒸発温度を高くする必要があり、は誤りである。

ロ…○　出題のとおりである。

ハ…×　ホットガス除霜方式は、圧縮機から吐き出される高温の冷媒ガスを蒸発器に送り込み、霜が厚くならないうちに、冷媒ガスの顕熱と潜熱の両方を用いて、早めに霜を融解させる除霜方式である。冷媒ガスの顕熱だけを用いて、は誤りである。

ニ…○　出題のとおりである。

8 正解 ⑶ ロ、ニ

イ…×　感温筒は、蒸発器出口冷媒の温度を出口管壁を介して検知して、過熱度を制御するので、感温筒の取り付けは重要である。温度自動膨張弁の感温筒の取付け場所は、冷却コイルの出口直近の吸入ガス管の水平配管が適切である。冷却コイルのヘッダが適切である。が誤りである。

ロ…○　出題のとおりである。

ハ…×　断水リレーは、水冷凝縮器や水冷却器で、断水または循環水量が減少したときに、圧縮機を停止させることによって装置を保護する安全装置である。冷却水ポンプを停止させることによって装置を保護する安全装置である。は誤りである。

ニ…○　出題のとおりである。

9 正解 ⑸ ハ、ニ

イ…×　一般に、フィルタドライヤは液管に取り付け、フルオロカーボン冷凍装置の冷媒系統の水分を除去する。アンモニア冷凍装置では、冷媒系統内の水分はアンモニアと結合しているため、乾燥剤による水分除去は難しいので、通常、アンモニア冷凍装置にはドライヤは使用しない。設問中の文章にアンモニア冷凍装置の記述が入っていることが、誤りである。

ロ…×　冷媒をチャージするときの過充填量は、サイトグラスでは判断、測定することは出来ない。冷媒を過充填してしまった場合、凝縮器の伝熱面積が減少し、凝縮圧力が上昇する。

過充填量はサイトグラスで測定することが出来る。は誤りである。

ハ…○　出題のとおりである。

ニ…○　出題のとおりである。

10 正解 ⑵ イ、ニ

イ…○　出題のとおりである。

ロ…×　冷媒液配管内にフラッシュガスが発生すると、このガスの影響で液のみで流れるよりも配管内の流れの抵抗が大きくなる。配管内の流れの抵抗が小さくなる。は誤りである。

ハ…×　容量制御装置をもった圧縮機の吸込み蒸気配管では、アンロード運転での立上がり管における冷凍機油の戻りが問題になる。一般に、圧縮機吸込み管の二重立上がり管は、最小負荷時でも、最大負荷時でも、正常に冷凍機油の戻りが行なわれることを目的に使用される。アンロード運転での立上がり管における冷媒液の戻りが問題になる。および一般に、圧縮機吸込み管の二重立ち上がり管は、冷媒液の戻り防止のために使用される。の２点が誤りである。

ニ…○　出題のとおりである。

11　正解　(4)　ロ、ハ、ニ

イ…×　圧縮機に取り付けるべき安全弁の最小口径は、ピストン押しのけ量の平方根と冷媒の種類により定められた定数との積で求められる。ピストン押しのけ量の立方根、が誤りである。

ロ…○　出題のとおりである。

ハ…○　出題のとおりである。

ニ…○　出題のとおりである。

12　正解　(2)　イ、ハ

イ…○　出題のとおりである。

ロ…×　一般的な冷凍装置の低圧部設計圧力は、冷凍装置の停止中に、内部の冷媒が３８℃まで上昇したときの冷媒の飽和圧力とする。内部の冷媒が４３℃まで、は誤りである。

ハ…○　出題のとおりである。

ニ…×　圧力容器の腐れしろは、材料の種類により異なり、銅、及び銅合金、ステンレス鋼ともに、０．２mm である。ステンレス鋼は０．１mmとする。は誤りである。

13　正解　(4)　イ、ロ、ニ

イ…○　出題のとおりである。

ロ…○　出題のとおりである。

ハ…×　真空試験は、冷凍装置の最終確認として微量の漏れやわずかな水分の混入の特定のために行なう試験であるが、微量な漏れや水分の侵入箇所の特定は行えない。微量な漏れやわずかな水分の侵入箇所の特定のために行なう試験である。は誤りである。

ニ…○　出題のとおりである。

14　正解　(2)　イ、ニ

イ…○　出題のとおりである。

ロ…×　凝縮温度の標準的な値は、シェルアンドチューブ凝縮器では冷却水出口温度よりも３～５Ｋ高く、空冷凝縮器では外気乾球温度よりも１２～２０Ｋ高い。空冷凝縮器では外気乾球温度よりも８～１０Ｋ高い。は誤りである。

ハ….×　冷凍機の運転を停めるときには、液封を生じさせないように、受液器液出口弁を閉じてしばらく運転してから圧縮機を停止する。圧縮機吸込み側止め弁を閉じてしばらく運転してから圧縮機を停止する。は誤りである。

ニ‥○　出題のとおりである。

15　正解　(4)　ロ、ハ

イ…×　冷媒が過充填されると、凝縮器内の凝縮のために有効に働く伝熱面積が減少するため、凝縮圧力が上昇する。凝縮圧力が低下する。は誤りである。

ロ…○　出題のとおりである。

ハ…○　出題のとおりである。

ニ…×　同じ運転条件でも、アンモニア圧縮機の吐出しガス温度は、フルオロカーボン圧縮機の場合よりも高くなる。フルオロカーボン圧縮機の場合よりも低くなる。は誤りである。

令 和 5 年 度

（令和5年11月12日実施）

1 正解 (4) ロ、ニ

イ…× 圧縮機で冷媒蒸気を圧縮すると、冷媒蒸気は圧縮仕事によって圧力と温度の高いガスとなる。圧力と温度の高い液体になる。は誤りである。

ロ…○ 出題のとおりである。

ハ…× 冷凍装置内の冷媒圧力は、一般にブルドン管圧力計で計測する。圧力計のブルドン管は、管内圧力と管外大気圧との差によって変形するので、指示される圧力は測定しようとする冷媒圧力と大気圧との圧力差で、この指示圧力をゲージ圧力と呼ぶ。この指示圧力を絶対圧力と呼ぶ。は誤りである。

ニ…○ 出題のとおりである。

2 正解 (2) イ、ニ

イ…○ 出題のとおりである。

ロ…× 冷凍サイクルの蒸発器で、冷媒1kgが周囲から奪う熱量のことを、冷凍効果という。この冷凍効果の値は、同じ冷媒でも冷凍サイクルの運転条件によって変わる。周囲が冷媒1kgから奪う熱量のことを、冷凍効果という。は誤りである。

ハ…× 水冷却器の交換熱量の計算において、冷却管の入口側の水と冷媒との温度差をΔt_1、出口側の温度差をΔt_2、とすると、冷媒と水の算術平均温度差Δt_mは、$\Delta t_m = (\Delta t_1 + \Delta t_2) / 2$である。冷媒と水の算術平均温度差$\Delta t_m$は、$\Delta t_m = (\Delta t_1 - \Delta t_2) / 2$である。は誤りである。

ニ…○ 出題のとおりである。

3 正解 (1) イ、ロ

イ…○ 出題のとおりである。

ロ…○ 出題のとおりである。

ハ…× 実際の圧縮機の駆動軸動力は、理論断熱圧縮動力を体積効率と機械効率の積で除して求めることができる。理論断熱圧縮動力に、体積効率と機械効率の積を乗じて求めることができる。は誤りである。

ニ…× 実際の圧縮機吐出しガスの比エンタルピーは、圧縮機吸込み蒸気の圧力、温度および圧縮機吐出しガスの圧力が同じでも、理想的な断熱圧縮を行なったときより高い値となる。低い値となる。は誤りである。

4 正解 (3) ロ、ニ

イ・・・× 混合冷媒であるR507Aは共沸冷媒であるが、R404Aは温度勾配が0.2～0.3Kと小さく、疑似共沸混合冷媒と呼ばれる。混合冷媒であるR507Aも疑似共沸冷媒としているところが、誤りである。

ロ・・・○ 出題のとおりである。

ハ・・・× 体積能力は、圧縮機の単位吸込み体積当たりの冷凍能力のことであり、その体積能力は、冷媒の種類によって異なる。往復圧縮機の場合、体積能力の小さい冷媒は、体積能力の大きい冷媒と比べ、同じ冷凍能力に対して、より大きなピストン押しのけ量を必要とする。往復圧縮機の場合、体積能力の大きな冷媒は、体積能力のより小さな冷媒と比べ、同じ冷凍能力に対して、より大きなピストン押しのけ量を必要とする。は誤りである。

ニ・・・○ 出題のとおりである。

5 正解 (4) ロ、ニ

イ・・・× 圧縮機は冷媒蒸気の圧縮の方法により、容積式と遠心式に大別される。往復式と遠心式に大別される。は誤りである。

ロ・・・○ 出題のとおりである。

ハ・・・× 停止中のフルオロカーボン冷媒用圧縮機クランクケース内の油温が低いと、冷凍機油に冷媒が溶け込む溶解量は大きくなり、圧縮機始動時にオイルフォーミングを起こすことがある。冷媒用圧縮機クランクケース内の油温が高いと、は誤りである。

ニ・・・○ 出題のとおりである。

6 正解 (1) イ、ハ

イ・・・○ 出題のとおりである。

ロ・・・× 凝縮器への不凝縮ガスの混入は、冷媒側の熱伝達が不良となるため、凝縮圧力の上昇を招く。凝縮圧力の低下を招く。は誤りである。

ハ・・・○ 出題のとおりである。

ニ・・・× 水冷シェルアンドチューブ凝縮器では、冷却水中の汚れや不純物が冷却管の内面に水あかとなって付着し、水あかの熱伝導率が小さいので、熱通過率の値が小さくなり、凝縮温度が高くなる。凝縮温度が低くなる。は誤りである。

7 正解 (3) ロ、ハ

イ・・・× 乾式蒸発器では、冷却管内を冷媒が流れるため、冷媒の圧力降下が生じる。この圧力降下が大きいと蒸発器出入口間での冷媒の蒸発温度差が大きくなり、冷却能力が減少する。この圧力降下が大きいと蒸発器出入口間での冷媒の蒸発温度差が小さくなり、冷却能力が増大する。は誤りである。

ロ…○　出題のとおりである。

ハ…○　出題のとおりである。

ニ…×　プレートフィンチューブ冷却器のフィン表面に霜が厚く付着すると、伝熱が妨げられて蒸発圧力が低下し、圧縮機の能力が小さくなって、冷却不良となるため、装置の成績係数は低下する。伝熱が妨げられて蒸発圧力が上昇し、圧縮機の能力が大きくなって、冷却が良好となるため、装置の成績係数は増大する。は誤りである。

8　正解　(2)　イ、ニ

イ…○　出題のとおりである。

ロ…×　定圧自動膨張弁は、蒸発圧力が設定値よりも高くなると閉じて、逆に低くなると開いて、蒸発圧力をほぼ一定に保ち、蒸発器内部の冷媒圧力を制御する。蒸発圧力が設定値よりも高くなると開き、逆に低くなると閉じて、蒸発圧力をほぼ一定に保ち、蒸発器出口冷媒の過熱度を制御する。は誤りである。

ハ…×　吸入圧力調整弁は、圧縮機吸込み圧力が設定値よりも上がらないように調節し、凝縮圧力調整弁は、凝縮圧力を所定の圧力に保持する。吸入圧力調整弁は、圧縮機吸込み圧力が設定値よりも下がらないように調節し、は誤りである。

ニ…○　出題のとおりである。

9　正解　(4)　イ、ハ、ニ

イ…○　出題のとおりである。

ロ…×　冷凍機油は、凝縮器や蒸発器に送られると伝熱を妨げるので、油分離器を圧縮機の吐出し管に設け、冷凍機油を分離する。油分離器を圧縮機の吸込み蒸気配管に設け、は誤りである。

ハ…○　出題のとおりである。

ニ…○　出題のとおりである。

10　正解　(5)　イ、ハ、ニ

イ…○　出題のとおりである。

ロ…×　高圧液配管内の圧力が、液温に相当する飽和圧力よりも低下すると、フラッシュガスが発生する。液温に相当する飽和圧力よりも上昇すると、は誤りである。

ハ…○　出題のとおりである。

ニ…○　出題のとおりである。

11　正解　(2)　ニ

イ…×　ガス漏洩検知警報設備は、冷凍保安規則において、可燃性ガス、毒性ガスまたは特定不活性ガスの製造施設の、漏洩ガスが滞留する恐れがある場所に設置が義務付けられている。冷媒の種類や機械換気装置の有無にかかわらず、必ず設置しなければならない。は誤りである。

ロ・・・×　溶栓は、冷媒温度によって溶栓中央部の金属が溶融し、冷媒を放出する。また溶栓は、可燃性や毒性を有する冷媒を用いた冷凍装置では使用できない。溶栓は圧力を検知して冷媒を放出するが、は誤りである。

ハ・・・×　圧力容器に取り付ける安全弁の最小口径は、容器の外径と長さの積の平方根と、冷媒の種類ごとに高圧部と低圧部に分けて定められた定数の積で決まる。容器の外径と長さの和の平方根と、は誤りである。

ニ・・・○　出題のとおりである。

12　正解　⑸　ハ、ニ

イ・・・×　薄肉円筒胴に発生する応力は、長手方向にかかる応力と接線方向にかかる応力があるが、長手方向にかかる応力のほうが接線方向にかかる応力よりも小さい。長手方向にかかる応力のほうが接線方向にかかる応力よりも大きい。は誤りである。

ロ・・・×　圧力容器では板厚の変化や形状の変化によって応力集中が発生する。板厚が一定であっても、さら形鏡板の部分では滑らかな形状の変化はあるため、多少ではあるものの応力集中は発生する。さら形鏡板に応力集中は起こらない。は誤りである。

ハ・・・○　出題のとおりである。

ニ・・・○　出題のとおりである。

13　正解　⑶　ロ、ハ

イ・・・×　耐圧試験は、気密試験の前に冷凍装置の配管以外の部分、圧縮機、圧力容器、冷媒液ポンプなどについて行なわなくてはならない。よって配管部分については耐圧試験を行なわなくても良い。冷凍装置の全ての部分について行なわなければならない。は誤りである。

ロ・・・○　出題のとおりである。

ハ・・・○　出題のとおりである。

ニ・・・×　多気筒圧縮機を支持するコンクリート基礎の質量は、圧縮機、電動機またはエンジンなどの駆動機の質量の合計の２～３倍程度にする。圧縮機の質量と同程度にする。は誤りである。

14　正解　⑴　イ、ロ

イ・・・○　出題のとおりである。

ロ・・・○　出題のとおりである。

ハ・・・×　冷凍装置を長期間休止させる場合には、ポンプダウンして低圧側の冷媒を受液器に回収し、低圧側と圧縮機内はゲージ圧力で 10kPa 程度のガス圧を残しておく。低圧側と圧縮機内を大気圧よりも低い圧力に保持しておく。は誤りである。

ニ‥×　往復圧縮機を用いた冷凍装置では、おなじ運転条件において、アンモニア冷媒を用いた場合に比べフルオロカーボン冷媒を用いた方が、吐出しガス温度は低くなる。吐出しガス温度は高くなる。は誤りである。

15 正解 (5) ロ、ニ

イ…×　アンモニア冷凍装置の冷媒系統に水分が侵入すると、アンモニアが水分をよく溶解してアンモニア水になるので、少量の水分の侵入があっても装置に障害を引き起こすことはない。しかし多量の水分が侵入すると、冷凍装置内でのアンモニア冷媒の蒸発圧力の低下、冷凍機油の乳化による潤滑性能の低下など、運転に支障をもたらす。少量の水分の侵入であっても、冷凍装置内でのアンモニア冷媒の蒸発圧力の低下、冷凍機油の乳化による潤滑性能の低下などを引き起こし、運転に重大な支障をきたす。は誤りでる。

ロ…○　出題のとおりである。

ハ…×　冷凍機油中に冷媒が溶け込むと、冷凍機油の粘度が低くなり、潤滑装置に不具合が生じる。冷凍機油の粘度が高くなり、は誤りでる。

ニ…○　出題のとおりである。

技術検定

平成30年度第1回

(平成30年7月1日実施)

1　正解　(5)　ハ、ニ

イ…×　冷凍装置で周囲の物質を冷却するには、冷媒液が蒸発するときの潜熱（蒸発潜熱）を利用する。

ロ…×　圧縮機の入口から出口までの冷媒の状態変化は、p－h線図上では等比エントロピー線で表される。

ハ…○　出題のとおりである。

ニ…○　出題のとおりである。

2　正解　(3)　ロ、ハ

イ…×　水冷凝縮器では、冷媒の流れ方向に沿って冷媒と冷却水との間の温度差が変化する。このような場合、伝熱量を厳密に計算するには、温度差の変化を考慮した対数平均温度差が用いられる。

ロ…○　出題のとおりである。

ハ…○　出題のとおりである。

ニ…×　固体壁の表面とそれに接している流体との間の伝熱作用は熱伝達という。

3　正解　(4)　ロ、ニ

イ…×　往復圧縮機のピストン押しのけ量V（m^3/s）は、次式のとおりシリンダ容積と回転速度によって決まる。

$$V = \frac{\pi D^2}{4} L N \frac{n}{60} \ (m^3/s)$$

但し、D：気筒径（m）、L：ピストン行程（m）、N：気筒数、n：毎分の回転数（rpm）、π：円周率。

ロ…○　出題のとおりである。

ハ…×　圧縮機の断熱効率η_cは、$\eta_c = \frac{P_{th}}{P_c}$で表され、圧力比が大きくなると$P_c$が大きくなるので、断熱効率$\eta_c$は小さくなる。但し、$P_{th}$：理論断熱圧縮動力、$P_c$：冷媒蒸気の圧縮に必要な実際の圧縮動力。

ニ…○　出題のとおりである。

4　正解　⑸　ハ、ニ

イ…×　アンモニア、R134a は単一成分冷媒であるが、R410A は非共沸混合冷媒である。

ロ…×　フルオロカーボン冷媒の液は冷凍機油よりも重く、漏洩したガスは空気よりも重い。

ハ…○　出題のとおりである。

ニ…○　出題のとおりである。

5　正解　⑵　イ、ニ

イ…○　出題のとおりである。

ロ…×　多気筒往復圧縮機での容量制御方法は、吸込み板弁を開放して作動気筒数を減らすことにより行われるため、段階的な容量制御となる。

ハ…×　フルオロカーボン冷媒用の往復圧縮機では、圧縮機停止中、クランクケース内の油温が高いと、冷媒が油に溶け込む割合が小さくなる。また、クランクケース内の油温が低いと、冷媒が油に溶け込む割合は大きくなる。

ニ…○　出題のとおりである。

6　正解　⑸　ハ、ニ

イ…×　水冷二重管凝縮器は、内管と外管との間の環状部に冷媒を通し、内管内の冷却水で冷媒を凝縮させる。

ロ…×　水冷シェルアンドチューブ凝縮器では、冷却管内の流速は大きいほど冷却水側の熱伝達率や冷却管の熱通過率は大きくなるが、流速を 2 倍にしたからといってこれに比例して熱伝達率や熱通過率も 2 倍にはならない。

ハ…○　出題のとおりである。

ニ…○　出題のとおりである。

7　正解　⑸　ハ、ニ

イ…×　ユニットクーラのプレートフィンチューブ冷却器の熱通過率は、自然対流式ヘアピン形冷却器の熱通過率よりも大きい。

ロ…×　ディストリビュータを付けた蒸発器など、膨張弁から蒸発器出口にいたるまでの圧力降下が大きい場合には、外部均圧形温度自動膨張弁を使用しなければならない。

ハ…○　出題のとおりである。

ニ…○　出題のとおりである。

8　正解　⑴　イ

イ…○　出題のとおりである。

ロ…×　ガスチャージ方式の温度自動膨張弁の感温筒内には、封入冷媒が蒸気と一部液の状態で存在しており、装置運転時は常に感温筒内は飽和圧力が保たれている。

ハ…×　キャピラリチューブは、細い銅管を流れる冷媒の流れ抵抗を利用し、冷媒液を絞り膨張させる固定絞りであるため、冷媒流量はほぼ定まり、蒸発器出口冷媒の過熱度の制御はできない

ニ…×　蒸発圧力調整弁は、蒸発器出口配管に取り付けて、蒸発器内の冷媒の蒸発圧力が所定の蒸発圧力以下に下がるのを防止するものである。

9　正解　⑸　イ、ハ、ニ

イ…○　出題のとおりである。

ロ…×　油分離器（オイルセパレータ）は、圧縮機の吐出し管に設け、圧縮機から吐出される若干の冷凍機油を分離するために用いられる。

ハ…○　出題のとおりである。

ニ…○　出題のとおりである。

10　正解　⑵　イ、ハ

イ…○　出題のとおりである。

ロ…×　アンモニア冷媒の冷凍装置の配管材料には、銅および銅合金は使用できない。

ハ…○　出題のとおりである。

ニ…×　高圧液配管において、フラッシュガスの発生を防止するためには、冷媒の流速をできる限り小さくし、圧力降下が小さくなるように管径を決める。

11　正解　⑷　イ、ロ、ニ

イ…○　出題のとおりである。

ロ…○　出題のとおりである。

ハ…×　高圧遮断装置の作動圧力は、高圧部に取り付けられた安全弁の吹始め圧力以下であって、かつ、高圧部の許容圧力以下に設定される。異常な高圧圧力を検知して作動すると、圧縮機を駆動している電動機の電源を切って、圧縮機を停止させ、圧力が異常に上昇するのを防止する。

例示基準 8.11.⑶参照

ニ…○　出題のとおりである。

12　正解　⑵　イ、ハ

イ…○　出題のとおりである。

ロ…×　日本工業規格（JIS 規格）による金属材料の記号の SS は、一般構造用圧延鋼材を表す記号である。

ハ…○　出題のとおりである。

ニ…×　冷凍装置の設計の際、必要板厚の計算において、求められた数値の端数を丸める場合には、端数を切り捨てたり、四捨五入したりせず、必ず切り上げなければならない。

13 正解 (1) イ、ロ

イ…○ 出題のとおりである。

ロ…○ 出題のとおりである。

ハ…× 装置全体に対して漏れの有無を確認する気密試験では、まず、低圧部を規定圧力で調べ、次に、高圧部に対して圧力を上げて高圧部の規定圧力で漏れを調べる必要がある。

ニ…× 非共沸混合冷媒を装置に追加充てんする場合は、液の状態でチャージしないと混合比が規定と違ってくる。

14 正解 (1) ロ

イ…× 圧縮機を始動するときは、必ず、吐出し側止弁が全開であることを確認してから圧縮機を始動させること。

ロ…○ 出題のとおりである。

ハ…× 冷蔵庫用の冷凍装置において、冷蔵庫内の品物が冷えて冷凍負荷が減少すると、蒸発温度は低下し、圧縮機吸込み圧力も低下する。

ニ…× 圧縮機吸込み蒸気圧力が低下すると、冷媒循環量が減少して圧縮機駆動軸動力も減少するが、圧縮機駆動軸動力の減少よりも冷凍能力の減少割合のほうが大きいので、冷凍装置の成績係数は小さくなる。

15 正解 (4) ロ、ニ

イ…× 装置内に不凝縮ガスが存在していることが分かった場合は、冷凍装置の運転を停止してから、凝縮器上部の空気抜き弁を少し開いて静かに空気を抜き、正常な圧力まで下げる。

ロ…○ 出題のとおりである。

ハ…× フルオロカーボン冷凍装置の冷媒系統に水分が浸入すると、冷媒は水分の溶解度が極めて少ないので、わずかな水分量であっても膨張弁に氷結したり、酸性物質を生成し金属を腐食するなど、装置の運転に障害を引き起こす。

ニ…○ 出題のとおりである。

平成30年度第2回

(平成31年3月3日実施)

1 正解 (2) イ、ニ

イ…○ 出題のとおりである。

ロ…× 冷凍装置の各部の冷媒の状態を知るには、各部の冷媒温度とその点の圧力も測定しなければならない。

ハ…× 冷媒液が膨張弁を通過するときには、弁の絞り抵抗により圧力が下がるが、冷媒は周囲との間で熱と仕事の授受がないのでその保有エネルギーに変化がなく、比エンタルピーが一定で状態変化する。したがって、圧力が下がるとともに温度も下がる。

ニ…○ 出題のとおりである。

2 正解 (3) ロ、ハ

イ…× 温度自動膨張弁は、冷凍負荷の増減に応じて、適切に冷媒流量を調節し、蒸発器出口の過熱度を3～8K程度になるように制御する。

ロ…○ 出題のとおりである。

ハ…○ 出題のとおりである。

ニ…× 強制対流熱伝達率の値は、同じ液体の場合、自然対流熱伝達率の値よりも大きい。

3 正解 (4) ロ、ニ

イ…× 冷凍能力Φ_oは、圧縮機の冷媒循環量q_{mr}と蒸発器出入り口の比エンタルピー差(h_1-h_4)の積で求められる。すなわち、$\Phi_o = q_{mr} \cdot (h_1-h_4)$ (kW)。

ロ…○ 出題のとおりである。

ハ…× 実際の圧縮機の駆動に必要な軸動力Pは、蒸気の圧縮に必要な圧縮動力P_cと機械的摩擦損失動力P_mの和で表すことができ、理論断熱圧縮動力よりも大きくなる。すなわち、$P = P_c + P_m$ (kW)。

ニ…○ 出題のとおりである。

4 正解 (1) ロ

イ…× 圧力一定のもとで凝縮するとき、凝縮開始時の冷媒温度と凝縮終了時の冷媒温度に差が生じる性質のある冷媒は非共沸混合冷媒という。共沸混合冷媒はこのような温度差は生じない。

ロ…○　出題のとおりである。

ハ…×　フルオロカーボン冷凍装置には銅および銅合金が使用されるが、2%を超えるマグネシウムを含むアルミニウム合金は使用できない。

ニ…×　一般に、ブラインは凍結点が0℃以下の液体で、それの顕熱を利用して被冷却物を冷却する媒体である。塩化ナトリウムブラインの最低の凍結点（共晶点）は−21℃である。

5　正解　(1)　イ、ロ

イ…○　出題のとおりである。

ロ…○　出題のとおりである。

ハ…×　強制給油式の往復圧縮機では、給油圧力はクランクケース内圧力よりも高く保つ必要がある。

ニ…×　フルオロカーボン冷媒用の往復圧縮機では、圧縮機停止中の油温が低いときに、油に冷媒が溶け込む割合が大きくなる。このような状態のとき圧縮機を始動すると、油が沸騰したような激しい泡立ちが発生し、オイルフォーミングを生じる。

6　正解　(5)　ハ、ニ

イ…×　横形シェルアンドチューブ凝縮器の冷却管には、フルオロカーボン冷媒の場合には銅製のローフィンチューブを、アンモニア冷媒の場合には鋼製の平滑管（裸管）を用いることが多い。

ロ…×　プレートフィン空冷凝縮器において、冷却空気が通過する方向に数えた冷却管の本数を列数、また、これに直角の方向に数えた冷却管の本数を段数と呼ぶ。

ハ…○　出題のとおりである。

ニ…○　出題のとおりである。

7　正解　(4)　ロ、ニ

イ…×　乾式蒸発器に圧力降下の大きいディストリビュータを用いる冷凍装置には、蒸発器出口の冷媒の過熱度を適切に制御するために、外部均圧形温度自動膨張弁を使用する。

ロ…○　出題のとおりである。

ハ…×　シェルアンドチューブ乾式蒸発器では、水やブライン側の熱伝達率に比べて冷媒側の熱伝達率が小さいので、冷却管の内側にフィンをもつインナフィンチューブを用いることが多い。

ニ…○　出題のとおりである。

8　正解　(5)　ハ、ニ

イ…×　乾式蒸発器を用いた冷凍装置には、一般に温度自動膨張弁が用いられているが、小容量の冷凍装置には、膨張弁の代わりにキャピラリチューブが用いられる。

ロ…×　クロスチャージ方式の温度自動膨張弁は、冷凍装置に使用されている冷媒と異なる冷媒を感温筒に封入したもので、蒸発温度が高温になると、過熱度が大きくなり、低温になると過熱度が小さくなる特徴がある。

ハ…○　出題のとおりである。

ニ…○　出題のとおりである。

9 正解 (2) ロ

イ…×　高圧受液器は、凝縮器の出口側に連結されて、運転状態の変化があっても、凝縮器で凝縮した冷媒液が凝縮器に滞留しないように、冷媒流量の変動を受液器で吸収するなどの役割をもっている。

ロ…○　出題のとおりである。

ハ…×　液ガス熱交換器は、フルオロカーボン冷凍装置に使用され、アンモニア冷凍装置には使用されない。フルオロカーボン冷凍装置に設ける目的は、凝縮器から出た冷媒液を過冷却するとともに、圧縮機に戻る冷媒蒸気を適度に過熱させるためである。

ニ…×　ろ過乾燥器（フィルタドライヤ）は、膨張弁手前の液配管に取り付けて、冷媒液中の水分やごみなどの異物を除去する。

10 正解 (2) ハ

イ…×　圧縮機近くの横走り吸込み蒸気配管にUトラップを設けると、軽負荷運転時や停止時に油や冷媒液がたまって、圧縮機の再始動時にこれが一度に圧縮機に戻って液圧縮の危険が生じる。このようなUトラップは避ける。

ロ…×　配管用炭素鋼鋼管（SGP）は、アンモニアなど毒性をもった冷媒を使用する冷凍装置には配管材料として使用できない。

ハ…○　出題のとおりである。

ニ…×　フルオロカーボン圧縮機の吐出し管は、冷媒ガス中に混在している油が確実に運ばれるだけのガス速度を最小とし、かつ、過大な圧力降下と騒音を生じない程度にガス速度を抑える。一般に、管内ガス速度は25 m/s以下となるように吐出し管の管径は決める。

11 正解 (2) イ、ハ

イ…○　出題のとおりである。

ロ…×　溶栓は可燃性または毒性ガスを冷媒とした冷凍装置には使用できない。したがって、内容積300リットルのアンモニア冷媒用のシェル形凝縮器に安全装置として溶栓を取り付けることはできない。　例示基準8.2参照

ハ…○　出題のとおりである。

ニ…×　高圧遮断装置は、原則として手動復帰式にする。　例示基準8.14.（3）参照

12 正解 (4) イ、ロ、ハ

イ…○　出題のとおりである。

ロ…○　出題のとおりである。

ハ…○　出題のとおりである。

ニ…×　内圧を受ける薄肉円筒胴の接線方向の引張応力は、長手方向の引張応力の２倍である。したがって、薄肉円筒胴に必要な最小板厚は、接線方向の許容引張応力より求められる。

13　正解　(5)　ロ、ハ、ニ

イ…×　多気筒圧縮機を据え付けるコンクリート基礎の質量は、圧縮機と駆動機を合わせた質量の２～３倍程度にする。

ロ…○　出題のとおりである。

ハ…○　出題のとおりである。

ニ…○　出題のとおりである。

14　正解　(5)　イ、ハ、ニ

イ…○　出題のとおりである。

ロ…×　冷蔵庫の蒸発器に着霜すると、蒸発器の熱伝導抵抗が増加し、蒸発器の空気の流れ抵抗が増加するので、空気側の熱伝達率は小さくなる。

ハ…○　出題のとおりである。

ニ…○　出題のとおりである。

15　正解　(2)　イ、ニ

イ…○　出題のとおりである。

ロ…×　フルオロカーボン冷凍装置の冷媒系統に水分が浸入すると、冷媒は水分の溶解度が極めて小さいので、少量の水分が浸入しても、膨張弁を氷結したり、酸性物質などを生成して金属を腐食させるなど、装置の運転に障害を引き起こすことがある。

ハ…×　冷凍装置内の冷媒量がかなり不足すると、吸込み蒸気の過熱度が大きくなり、吐出しガス温度は上昇する。

ニ…○　出題のとおりである。

技術検定

令和元年度第1回

（令和元年6月30日実施）

1 正解 ⑷ ロ、ニ

イ…×　蒸発器とは、凝縮器で液化した冷媒液を蒸発させて周囲の物質を冷却する装置である。

ロ…○　出題のとおりである。

ハ…×　理論ヒートポンプサイクルの成績係数は、同じ温度条件の理論冷凍サイクルの成績係数よりも1だけ大きい。

ニ…○　出題のとおりである。

2 正解 ⑷ ロ、ニ

イ…×　熱が物体内を高温端から低温端に向かって定常状態で移動する場合、その伝熱量は高温端と低温端との距離に反比例し、その温度差に比例する。

ロ…○　出題のとおりである。

ハ…×　気体の対流熱伝達率の値は、一般に、液体の対流熱伝達率の値よりも小さい。

ニ…○　出題のとおりである。

3 正解 ⑶ ロ、ハ

イ…×　圧縮機のピストン押しのけ量に対する実際の吸込み蒸気量の比を体積効率といい、シリンダのすきま容積比が小さいほど、体積効率は大きくなる。

ロ…○　出題のとおりである。

ハ…○　出題のとおりである。

ニ…×　冷凍装置の蒸発温度と凝縮温度との温度差が大きくなると、圧縮機の断熱効率と機械効率が小さくなるので、装置の成績係数は小さくなる。

4 正解 ⑸ イ、ロ、ニ

イ…○　出題のとおりである。

ロ…○　出題のとおりである。

ハ…×　沸点差の大きい複数の冷媒を混合した非共沸混合冷媒では、気液平衡状態において、蒸気の成分比と液の成分比は異なる。

ニ…○　出題のとおりである。

5　正解　(3)　ロ、ハ

イ…×　圧縮機は、冷媒蒸気の圧縮の方法により、容積式と遠心式に大別される。スクロール圧縮機やスクリュー圧縮機は、容積式である。

ロ…○　出題のとおりである。

ハ…○　出題のとおりである。

ニ…×　フルオロカーボン冷凍装置において、冷凍機油に冷媒が溶け込む割合は、油温が高い圧縮機運転中のほうが、油温が低い圧縮機停止中に比べて小さい。

6　正解　(5)　ハ、ニ

イ…×　小型高性能な水冷凝縮器としては、ブレージング凝縮器が用いられる。また空冷凝縮器にはプレートフィンチューブ凝縮器が用いられる。

ロ…×　横型シェルアンドチューブ凝縮器に用いるローフィンチューブの内側は冷却水を循環させるので、ローフィンチューブの内側には、水あかが付着する。

ハ…○　出題のとおりである。

ニ…○　出題のとおりである。

7　正解　(2)　イ、ハ

イ…○　出題のとおりである。

ロ…×　水冷却用のシェルアンドチューブ乾式蒸発器では、水が冷却管に対し直角に流れるように、バッフルプレートを配置している。

ハ…○　出題のとおりである。

ニ…×　満液式シェルアンドチューブ水冷却器の凍結を防止するためには、蒸発圧力調整弁を用いて、冷却器内の蒸発圧力が設定値よりも下がらないように制御する。なお吸入圧力調整弁は圧縮機の吸入圧力が設定値よりも高くならないよう制御するものである。

8　正解　(3)　ロ、ハ

イ…×　温度式自動膨張弁は、蒸発器出口冷媒の過熱度を検知して、蒸発器への冷媒流量を調節する。

ロ…○　出題のとおりである。

ハ…○　出題のとおりである。

ニ…×　１０冷凍トン以上の冷凍装置で、高圧圧力スイッチを保安の目的で高圧圧力遮断装置として用いる場合には、手動復帰式にすることが冷凍保安規則で定められている。ただし１０冷凍トン未満のフルオロカーボン冷媒を用いた冷凍装置の場合は、運転と停止が自動的に行われても危険の生ずるおそれがないものに対しては、自動復帰式でもよいと、冷凍保安規則に定められている。

9 正解 (2) イ、ハ

イ…○ 出題のとおりである。

ロ…× 小型のフルオロカーボン冷凍装置では、油分離器で分離された油は、圧縮機のクランクケースに自動的に戻される。

ハ…○ 出題のとおりである。

ニ…× アンモニア冷凍装置では、冷媒中の水分を除去するため、冷媒液配管にドライヤー(乾燥器) を設置する。なお液分離器は蒸発器から圧縮機の間の吸入み蒸気配管に設置し、圧縮機を液圧縮から防止する目的で使用する。

10 正解 (5) ハ、ニ

イ…× 横走り吸込み蒸気配管にはUトラップを設けてはならない。その理由は軽負荷運転時や停止時にUトラップに油や冷媒がたまって、圧縮機の再始動時に液圧縮の危険が生じるためである。

ロ…× 冷媒配管が通路を横切るときには、コンクリート内への埋設配管は行ってはならない。保護ガードを設けるか、床上2m以上の高さにするか、または強固な床下ピット内に収めるようにする。

ハ…○ 出題のとおりである。

ニ…○ 出題のとおりである。

11 正解 (1) ニ

イ…× 液封による配管の破裂事故は、温度の低い冷媒液配管で発生することが多い。液配管の周囲から高温の熱が冷媒液配管に進入することによって、冷媒液が膨張しようとして、弁や配管の破裂事故がおこる。

ロ…× 冷凍保安規則関係例示基準によれば、圧力容器に取付けるべき安全弁の最小口径は、容器の外径と長さの積の平方根に正比例し、冷媒の種類による定数は、冷媒の種類と温度によって定められている。

ハ…× 冷凍空調装置の施設基準に定められている冷媒ガスの限界濃度は、冷媒が空気中に漏えいしたときに、人間が失神や重大な障害を受けることなく、緊急の処置をとった上で、自らも避難できる程度の濃度を基準にとっている。

ニ…○ 出題のとおりである。

12 正解 (5) イ、ハ ニ

イ…○ 出題のとおりである。

ロ…× 冷凍装置の低圧部での設計圧力は、停止中に周囲温度の高い夏季に内部の冷媒が38℃～40℃程度まで上昇したときの、冷媒の飽和圧力に基づいて規定している。

ハ…○ 出題のとおりである。

ニ…○ 出題のとおりである。

13　正解　(5)　イ、ロ、ニ

イ…○　出題のとおりである。

ロ…○　出題のとおりである。

ハ…×　アンモニア冷凍装置の気密試験に使用する試験流体として、炭酸ガスは使用してはならない。(炭酸ガスがアンモニア冷凍装置の冷媒系統内に残留した場合、炭酸アンモニウムという固形の化合物が生成する場合があるため)

ニ…○　出題のとおりである。

14　正解　(3)　イ、ロ、ハ

イ…○　出題のとおりである。

ロ…○　出題のとおりである。

ハ…○　出題のとおりである。

ニ…×　冷凍装置の運転時、圧縮機の吸込み蒸気圧力は、通常、蒸発器内の冷媒の蒸発圧力よりいくらか低い圧力なっている。

15　正解　(1)　イ、ロ、

イ…○　出題のとおりである。

ロ…○　出題のとおりである。

ハ…×　冷媒の充てん量不足は冷却不良の原因となるが、冷媒を過充てんした場合も、下記のような不具合の原因となる。受液器を持たない水冷冷凍装置の凝縮器の場合、凝縮液が冷却管を浸し、凝縮のために有効に働く伝熱面積が減少することにより、凝縮圧力が高くなる。

ニ…×　大型の冷凍装置内の不凝縮ガス（主に空気）は、通常、ガスパージャを用いて放出することが多い。

令和元年度第2回

（令和2年7月5日実施）

1 正解 (2) イ、ニ

イ…○ 出題のとおりである。

ロ…× 蒸発器において冷媒は、その潜熱によって被冷却媒体を冷却する。

その顕熱によってが、誤りである。

ハ…× 冷凍サイクルにおける凝縮負荷は、冷凍能力と圧縮機の駆動軸動力を合計したものである。

冷凍能力から圧縮機の駆動軸動力を差し引いたが、誤りである。

ニ…○ 出題のとおりである。

2 正解 (4) ロ、ニ

イ…× 自然対流熱伝達率は、一般に、強制対流熱伝達率の値よりも小さい。

著しく大きいが、誤りである。

ロ…○ 出題のとおりである。

ハ…× 気体の熱伝導率の値は、通常、液体の熱伝導率の値より小さい。

大きいが、誤りである。

ニ…○ 出題のとおりである。

3 正解 (2) イ、ハ

イ…○ 出題のとおりである。

ロ…× 圧縮機が吸い込む冷媒蒸気の比体積が大きくなるほど、冷媒循環量は減少する。増加するが、誤りである。

ハ…○ 出題のとおりである。

ニ…× 機械的摩擦損失仕事が熱となって冷媒に加えられる場合、実際のヒートポンプ装置の成績係数は、同じ運転条件で稼働する実際の冷凍装置の成績係数より1だけ大きい値になる。加えられないが、誤りである。

4 正解 (1) イ、ロ

イ…○ 出題のとおりである。

ロ…○　出題のとおりである。

ハ…×　フルオロカーボン冷凍装置内では、冷媒と冷凍機油が共存するため、冷凍機油は冷媒と溶け合うものを選定する。溶け合わないものが、誤りである。

ニ…×　塩化カルシウムブラインの最低の凍結温度は、濃度30mass%で生じる-55℃であるが、実用的に使用出来る温度は-40℃程度であるため、この最低凍結温度まで用いることはできない。

この最低凍結温度まで用いることができる、が誤りである。

5 正解 (2) イ、ニ

イ…○　出題のとおりである。

ロ…×　インバータを用いて圧縮機の回転速度を調節し、容量制御を行なう場合では、回転速度が大きく変わった低速回転時や高速回転時には、体積効率が低下するため、圧縮機の回転速度と容量は比例しなくなる。

機械効率が低下するため、が誤りである。

ハ…×　往復式圧縮機のピストンには、上部に2～3本のコンプレッションリングと下部に1～2本のオイルリングが付属しているが、オイルリングが著しく摩耗すると、圧縮機からの油上がりが多くなる。

ガス漏れが生じて、体積効率と冷凍能力が低下する、が誤りである。

ニ…○　出題のとおりである。

6 正解 (5) ハ、ニ

イ…×　フルオロカーボン冷凍装置用シェルアンドチューブ凝縮器には、内表面積に対して有効外表面積の大きいローフィンチューブを使用する。

外表面積に対して内表面積の大きいインナーフィンチューブを使用する、誤りである。

ロ…×　水冷凝縮器の冷却水の流速を2倍にしても、冷却水側熱伝達率は2倍にならないため、凝縮器の熱通過率も2倍にならない。

冷却水側熱伝達率が2倍になるため、凝縮器の熱通過率も2倍になる、が誤りである。

ハ…○　出題のとおりである。

ニ…○　出題のとおりである。

7 正解 (1) イ、ロ

イ…○　出題のとおりである。

ロ…○　出題のとおりである。

ハ…×　満液式蒸発器の平均熱通過率は、一般的に乾式蒸発器に比べて大きい。

小さい、が誤りである。

ニ…×　除霜方式には、散水方式、ホットガス方式、オフサイクル方式などがある。ホットガス方式では、高温の冷媒ガスの顕熱と凝縮潜熱で霜を融解させる。

顕熱のみで、が誤りである。

8 正解 (3) イ、ニ

イ…○ 出題のとおりである。

ロ…× 温度自動膨張弁の感温筒内の冷媒が漏れたり、感温筒が配管から外れたりすると、膨張弁は開いてしまう。

閉じてしまう、が誤りである。

ハ…× 吸入圧力調整弁は、弁の絞りによって、圧縮機吸込み圧力が設定値より上がらないように調節する。

蒸発器内の蒸発圧力、が誤りである。

ニ…○ 出題のとおりである。

9 正解 (2) イ、ハ

イ…○ 出題のとおりである。

ロ…× 油分離器は、圧縮機から吐き出される冷媒ガスとともに、一緒に吐き出される若干の冷凍機油を分離するもので、小型のフルオロカーボン冷凍装置では油分離器を設けていない場合が多い。

必ず油分離器を使用する、が誤りである。

ハ…○ 出題のとおりである。

ニ…× フルオロカーボン冷凍装置の冷媒系統に水分が存在すると、冷凍装置の各部に支障を生じる。そこで、冷媒液管に設けたドライヤーに冷媒液を通して冷媒中の水分を除去する。

冷媒蒸気配管に設けたドライヤーに冷媒蒸気を通して、が誤りである。

10 正解 (5) ハ、ニ

イ…× 2%を越えるマグネシウムを含有したアルミニウム合金は、フルオロカーボン冷媒の配管材料に使用してはならない。

1.0%の、が誤りである。

ロ…× 高圧液配管の管径は、冷媒液がフラッシュ（気化）するのを防ぐために、管内液流速をできるだけ小さくし、圧力降下が小さくなるように決定する。

大きくし、が誤りである。

ハ…○ 出題のとおりである。

ニ…○ 出題のとおりである。

11 正解 (5) ハ、ニ

イ…× 冷凍保安規則関係例示基準によれば、許容圧力以下に戻すことができる安全装置として、高圧遮断装置、安全弁、破裂板、溶栓または圧力逃がし装置が定められている。

問題文の低圧圧力スイッチは含まれない。

低圧圧力スイッチの記載が誤りである。

ロ･･･×　内容積 500 リットル以上の圧力容器に取付けられる安全弁の口径は、容器が火災などで加熱されて器内の圧力が設計圧力よりも上昇するのを防止できるよう定められている。

耐圧試験圧力が、誤りである。

ハ･･･○　出題のとおりである。

ニ･･･○　出題のとおりである。

12　正解　(2)　ロ

イ･･･×　薄肉円筒胴圧力容器は、JIS に規定されている引張強さの一般に1／4の応力を許容応力として、胴板に生じる応力がこの許容応力以下になるように設計されている。

最小値が、誤りである。

ロ･･･○　出題のとおりである。

ハ･･･×　薄肉円筒胴圧力容器に内圧が作用したとき、胴板の接線方向に発生する応力は、長手方向に発生する応力の２倍になる。

と等しい、が誤りである。

ニ･･･×　ステンレス鋼を材料として製作された圧力容器では、腐れしろは冷凍保安規則関係例示基準で 0.2mm と規定されている。

材料が腐食されることがないので、腐れしろは考慮されていない、が誤りである。

13　正解　(3)　ニ

イ･･･×　防振支持した圧縮機の振動が、配管を通じて他に伝わることを防止するためには、圧縮機の吸込み管や吐出し管に、可とう管（フレキシブルチューブ）を用いることがある。

圧縮機近くの配管を強固に固定すればよい、が誤りである。

ロ･･･×　圧縮機、圧力容器、配管などの冷媒系統について行なう気密試験は、耐圧試験の後に行なわねばならない。冷凍保安規則では耐圧試験は気密試験の前に行わなければならない、と冷凍保安規則で規定されている。

耐圧試験前に、が誤りである。

ハ･･･×　耐圧試験の最小試験圧力は、試験流体が気体と液体によって異なる試験値が冷凍保安規則で規定されている。

同じ圧力である、が誤りである。

ニ･･･○　出題のとおりである。

14　正解　(1)　イ、ロ

イ･･･○　出題のとおりである。

ロ・・・○　出題のとおりである。

ハ・・・×　空冷凝縮器の運転時の凝縮温度は、外気乾球温度よりも13～15℃高い温度を目安としている。

外気湿球温度と3～5℃高い温度が、誤りである。

ニ・・・×　運転開始時、圧縮機にノック音が発生したら、吸込み側の止め弁を直ちに絞る。

吐出し側の、徐々に、が誤りである。

15　正解　(4)　イ、ロ、ニ

イ・・・○　出題のとおりである。

ロ・・・○　出題のとおりである。

ハ・・・×　フルオロカーボン冷凍装置内の不凝縮ガスは、凝縮器上部の空気抜き弁から大気中に放出してはならない。

大気中に放出すれば良い、誤りである。

「フロン排出規制法」にフルオロカーボン冷媒の大気放出禁止が規定されているため、装置内の不凝縮ガスを含んだ冷媒を全量回収することが、フロンを大気に放出しない手段として、適切な処理方法となった。

ニ・・・○　出題のとおりである。

令和2年度第1回

（令和2年10月25日実施）

1　正解　(4)　イ、ロ、ハ

イ…○　出題のとおりである。

ロ…○　出題のとおりである。

ハ…○　出題のとおりである。

ニ…×　冷凍能力と理論断熱圧縮動力の比を理論冷凍サイクルの成績係数と呼び、は正しいがこの値（成績係数）が大きいほど、小さい動力で大きな冷凍能力を得られる、が正しい。この値が大きいほど大きい動力で小さな冷凍能力を得ることになる、は誤りである。

2　正解　(1)　イ、ロ

イ…○　出題のとおりである。

ロ…○　出題のとおりである。

ハ…×　熱伝達率の値は、個体壁面の形状、流速などの流れの状態によって決まり、は正しいが流体の種類によって熱伝達率の値は変化する。流体の種類には無関係である、は誤りである。

ニ…×　熱交換器の伝熱量の計算では、冷媒と水等の被冷却物との温度差が流れ方向によって変化するので対数平均温度差を用いるほうが正確な伝熱量を求めることができる。

算術平均温度差を用いたほうが対数平均温度差を用いるよりも、より正確な値を求めることができる、は誤りである。

3　正解　(2)　イ、ニ

イ…○　出題のとおりである。

ロ…×　冷凍装置の蒸発温度が低くなると、圧縮機の吸込み蒸気の比体積は大きくなる。その結果、冷媒循環量は低下し冷凍能力は小さくなる。比体積が小さくなり、冷媒循環量が増加し、冷凍能力は増大する、は誤りである。

ハ…×　実際の圧縮機の駆動軸動力は、理論断熱圧縮動力を断熱効率と機械効率で除することによって求められる。乗ずることによって求められる、は誤りである。

ニ…○　出題のとおりである。

4 正解 (4) イ、ロ、ニ

イ…○　出題のとおりである。

ロ…○　出題のとおりである。

ハ…×　HFC 冷媒の R134a、R410A は不燃であるが、HFC 冷媒の R32, HFO 冷媒の R1234yf, R1234ze は微燃性に該当する。R32 は不燃性である、は誤りである。

ニ…○　出題のとおりである。

5 正解 (2) イ、ハ

イ…○　出題のとおりである。

ロ…×　多気筒往復圧縮機の容量制御装置（アンローダ）は、吸込み板弁を開放して作動気筒数を減らすことにより、圧縮機の容量を段階的に変えることができる。吐出し板弁、は誤りである。

ハ…○　出題のとおりである。

ニ…×　冷凍能力は、高速回転領域および低速回転領域のいずれの場合にも体積効率が低下するため、圧縮機の回転速度と冷凍能力は比例しなくなる。低速回転領域では冷凍能力は回転数にほぼ比例する、は誤りである。

6 正解 (4) ロ、ニ

イ…×　鋼管製の円筒胴と管板に固定された冷却管で構成される水冷凝縮器はシェルアンドチューブ凝縮器を示すもので、ブレージングプレート凝縮器は板状のステンレス等の伝熱プレートを多数積層し、これらをブレージング（ろう付け）したものである。正しくはシェルアンドチューブ凝縮器で、ブレージングプレート凝縮器、は誤りである。

ロ…○　出題のとおりである。

ハ…×　蒸発式凝縮器では外気球が低いほど凝縮温度が低下する。凝縮温度は、外気の湿球温度に関係しない、は、誤りである。

ニ…○　出題のとおりである。

7 正解 (5) ハ、ニ

イ…×　満液式蒸発器では、冷媒中に溶け込んでいる冷凍機油は、冷媒蒸気とは分離するので、圧縮機への油戻し装置は必要となる。油戻し装置は不要である、は誤りである。

ロ…×　ディストリビュータを用いた乾式蒸発器は圧力損失が大きいので内部均圧形温度式膨張弁ではなく外部均圧形温度式膨張弁を使用する。内部均圧形温度式膨張弁を用いる、は誤りである。

ハ…○　出題のとおりである。

ニ…○　出題のとおりである。

8 正解 (5) ハ、ニ

イ・・・× 乾式蒸発器では一般に温度式自動膨張弁や電子膨張弁が使用され、蒸発器の負荷変動に応じて、蒸発器出口の過熱度を3～8K程度に制御する。15～20 K、は誤りである。

ロ・・・× 温度自動膨張弁の感温筒が配管から外れると膨張弁は開き、感温筒内の冷媒が漏れると膨張弁は閉じる。設問の回答は動作が逆で誤っている。

ハ・・・○ 出題のとおりである。

ニ・・・○ 出題のとおりである。

9 正解 (2) イ、ハ

イ・・・○ 出題のとおりである。

ロ・・・× 圧縮機の吐出し管に取付ける冷凍機油を分離する付属機器は油分離器である。

液分離器を設けた、は誤りである。

ハ・・・○ 出題のとおりである。

ニ・・・× サイトグラスのモイスチャーゲージインジケータは、冷媒中の水分によって反応して変色する。

油含有量に反応して、は誤りである。

10 正解 (2) イ、ハ

イ・・・○ 出題のとおりである。

ロ・・・× ろう付けで銅配管を接続するときは、配管内に窒素ガスを流して酸化皮膜生成をさせないようにする。配管内に空気を流して、異物の溶着を防ぐ、は誤りである。

ハ・・・○ 出題のとおりである。

ニ・・・× 高圧液配管内でフラッシュガスが発生するのは、液管内の圧力が液温に相当する飽和圧力よりも低下した場合である。高い場合である、は誤りである。

11 正解 (5) ハ、ニ

イ・・・× 1日の冷凍能力が20トン以上の圧縮機（遠心圧縮機を除く）には、安全弁を取付けることが義務づけられている。5トン、は誤りである。

ロ・・・× 内容積500リットル以上の圧力容器には安全弁の取り付けが義務づけられている。500リットルを超えない、は誤りである。

ハ・・・○ 出題のとおりである。

ニ・・・○ 出題のとおりである。

12 正解 (5) イ、ロ、ニ

イ・・・○ 出題のとおりである。

ロ・・・○ 出題のとおりである。

ハ…× 容器の材料にステンレス鋼を使うときの腐れしろは0.2mmである。0mm、は誤りである。

ニ…○ 出題のとおりである。

13 正解 (3) イ、ニ

イ…○ 出題のとおりである。

ロ…× 耐圧試験を気体で行なう場合は、設計圧力または許容圧力のいずれか低いほうの圧力の1.25倍以上の圧力で実施しなくてはならない。1.5倍以上、は誤りである。

ハ…× 気密試験の実施において内部に圧力がかかった状態で、つち打ちしたり、衝撃を与えたり、溶接補修などの熱を加えてはならない。加圧状態でつち打ちをして、は誤りである。

ニ…○ 出題のとおりである。

14 正解 (3) ハ

イ…× 往復圧縮機を始動するときは、始動前に吐出し止め弁が全開であることを確認してから始動し、次に吸込み止め弁を徐々に全開になるまで開き、その際にノック音が発生したら直ちに吸込み止め弁を絞る必要がある。吸込み止め弁が全開であることを確認する、は誤りである。

ロ…× 冷凍装置を長期間休止するときは、ポンプダウンにより低圧側の冷媒を受液側に回収するが、低圧側の圧力は大気圧以下にしてはならない。全ての冷媒を受液器に回収する、は誤りである。

ハ…○ 出題のとおりである。

ニ…× 圧縮機吸込み蒸気圧力が低下すると、圧縮機の吸込み蒸気の比体積は大きくなり、その結果、冷媒循環量は低下して、圧縮機の駆動軸動力は小さくなる。増大する、は誤りである。

15 正解 (1) イ、ロ

イ…○ 出題のとおりである。

ロ…○ 出題のとおりである。

ハ…× 蒸発器での冷媒の沸騰が激しくなり圧縮機への液戻りや液圧縮の原因となるのは、運転中の急激な負荷の増大が発生したときである。急激な負荷の減少、は誤りである。

ニ…× 液封事故が発生しやすい箇所としては、冷媒液強制循環方式の装置の冷媒液ポンプから蒸発器までの低圧液配管など運転中の温度が低い冷媒液の配管に多い。運転中の温度が高い冷媒液配管で発生する場合が多い、は誤りである。

令和2年度第2回

(令和3年2月28日実施)

1 正解 (1) イ

イ…○ 出題のとおりである。

ロ…× 凝縮器において、高温・高圧のガスが凝縮・液化する際の主な熱は、潜熱である。

顕熱である、が誤りである。

ハ…× 冷凍サイクルの成績係数の値は、冷媒の種類によって異なるが、サイクルの運転条件によっても変化する。サイクルの運転条件には関係しない、が誤りである。

ニ…× 理論ヒートポンプサイクルの成績係数の値は、常に1より大きい。

常に1より小さい、が誤りである。

2 正解 (3) ハ

イ…× 物体内を高温端から低温端に向かって、熱が移動する現象を熱伝導といい、移動する熱量は、物体の熱伝導率、両端の温度差に比例するが、その距離には反比例する。

その距離に比例する、が誤りである。

ロ…× 熱伝達率は、固体表面とそれに接して流れる流体間の熱の流れやすさを表す。その値は流体固有のものであり、流体の流動状態によって変化する。流体の流動状態には関係しない、が誤りである。

ハ…○ 出題のとおりである。

ニ…× 固体壁で隔てられた2流体間の熱通過率の値は、両流体側壁面の熱伝達率と固体壁の熱伝導率と固体壁の厚さに関係する。固体壁の厚さが書かれていないことが、誤りである。

また、固体壁で隔てられた2流体間の熱通過率の値は、両流体側壁面の熱伝達率と固体壁の熱伝導率を単純に加え合わせたものではなく、下記の数式で表される。

$1/K=1/\alpha_1+\sigma/\lambda+1/\alpha_2$

K:熱通過率 $(KW/m^2\cdot K)$ λ:固体壁の熱伝導率 $(KW/m\cdot K)$ σ:固体壁の厚さ (m)

α_1:流体Ⅰ側の熱伝達率 $(KW/m^2\cdot K)$ α_2:流体Ⅱ側の熱伝達率 $(KW/m^2\cdot K)$

3　正解　(2)　ロ、ニ

イ・・×　実際の圧縮機が吐き出すガス量は、ピストン押しのけ量よりも小さくなる。大きくなる、が誤りである。

ロ・・・○　出題のとおりである。

ハ・・・×　往復式の圧縮機のピストン押しのけ量は、気筒径、ピストン行程、気筒数、毎分の回転数によって決まる。気筒径、ピストン行程の記述が不足しているので、誤りである。

ニ・・・○　出題のとおりである。

4　正解　(2)　イ、ニ

イ・・・○　出題のとおりである。

ロ・・・×　冷媒と冷凍油の相溶性の観点から、HFC 冷媒に適合する冷凍機油として、合成油（ポリアルキレングリコール（PAG）油またはポリオールエステル（POE）油）が使われている。鉱油であるナフテン系油が使われている、が誤りである。

ハ・・・×　ブラインは二次冷媒とも呼ばれ、エチレングリコール水溶液などの有機ブラインと塩化カルシウム水溶液などの無機ブラインとに大別される。有機ブラインと無機ブラインの記述が逆であるところが誤りである。

ニ・・・○　出題のとおりである。

5　正解　(4)　ロ、ニ

イ・・・×　小形・中形圧縮機では、電動機を内蔵したケーシングを溶接密封したものを全密閉圧縮機と呼び、このケーシングをボルトで密封し、ボルトを外すことによって、圧縮機内部の点検、修理が可能なものを半密閉圧縮機と呼ぶ。開放圧縮機、が誤りである。

ロ・・・○　出題のとおりである。

ハ・・・×　フルオロカーボン冷媒用圧縮機では、始動時のオイルフォーミングを防止するために、冷凍機油の温度を周囲の温度より高くしておくことが効果的である。低くしておく、が誤りである。

ニ・・・○　出題のとおりである。

6　正解　(4)　ロ、ニ

イ・・・×　フルオロカーボン冷媒用のシェルアンドチューブ凝縮器においては、管外冷媒側の凝縮熱伝達率が、管内冷却水側の熱伝達率よりも小さいので、管内表面積に対して管外表面積の大きい銅製のローフィンチューブを使うことが多い。管外冷媒側の凝縮熱伝達率が管内冷却水側の熱伝達率よりも大きい、が誤りである。

ロ・・・○　出題のとおりである。

ハ・・・×　冷却塔の出口水温と周囲空気の湿球温度との差をアプローチと呼び、その値は通常 5 K 程度である。乾球温度、が誤りである。

ニ・・・○　出題のとおりである。

7 正解 (2) イ、ハ

イ…○ 出題のとおりである。

ロ…× ブライン冷却用のシェルアンドチューブ乾式蒸発器では、冷却管内を流れる冷媒の熱伝達率が管外のブライン側の熱伝達率に比べて小さいので、冷却管の内側にフィンをもつインナーフィンチューブなどの伝熱促進管が使用されることが多い。またインナーフィンチューブは管内を流れる冷媒側の熱伝達を向上させる目的で使用される。冷却管内を流れるブラインの、管外の冷媒側の、が誤りである。

ハ…○ 出題のとおりである。

ニ…× 散水方式の除霜は、水を冷却器に散布して霜を融解させる方法である。水の温度は10℃～15℃が良い。温度が低すぎると霜を溶かす能力が不足し、温度が高すぎると霧が発生し、それが再冷却時に着霜する原因になるので、温度が高すぎるのも良くない。水温は30℃以上がよい、が誤りである。

8 正解 (1) イ、ロ

イ…○ 出題のとおりである。

ロ…○ 出題のとおりである。

ハ…× 蒸発圧力調整弁は、蒸発器の出口配管に取付けて、蒸発器内の冷媒の蒸発圧力が所定の蒸発圧力よりも下がることを防止する目的で用いられる。上昇することを防止する、が誤りである。P113

ニ…× 油圧保護圧力スイッチは、給油ポンプを内蔵する圧縮機を始動してから一定時間（約90秒）経過しても給油圧力が定められた圧力を保持出来ない場合に圧縮機を停止させる。始動時からの記述が、誤りである。

9 正解 (1) ニ

イ…× 冷凍装置に使用される受液器には、凝縮器出口側に接続される高圧受液器と、冷却管内蒸発式の満液式蒸発器の出口側に接続される低圧受液器とがある。高圧受液器と低圧受液器の記述が逆である。

ロ…× 小形の圧縮機を用いたフルオロカーボン冷凍装置では、一般的に油分離器を設けていない場合が多い。一般に油分離器を用いる、が誤りである。

ハ…× アンモニア冷凍装置では、圧縮機の吸込み蒸気過熱度の増大にともなう吐出しガス温度の上昇が著しいので、液ガス熱交換器は使用しない。液ガス熱交換器を用いることが多い、が誤りである。

ニ…○ 出題のとおりである。

10 正解 (5) イ、ロ、ハ

イ…○ 出題のとおりである。

ロ…○ 出題のとおりである。

ハ・・・○　出題のとおりである。

ニ・・・×　圧縮機近くの吸込み蒸気配管には、圧縮機再始動時の液圧縮を防止するため、圧縮機近くにUトラップを設けてはならない。Uトラップを設ける、が誤りである。

11 正解 (4) イ、ロ、ニ

イ・・・○　出題のとおりである

ロ・・・○　出題のとおりである。

ハ・・・×　往復式の圧縮機に取付ける安全弁の最小口径は、圧縮機の標準回転側速度における1時間あたりのピストン押しのけ量と冷媒の種類に応じて定められている。シリンダ容積、が誤りである。

ニ・・・○　出題のとおりである。

12 正解 (4) ロ、ニ

イ・・・×　一般の圧力容器に使用される鋼材では、JIS（日本産業企画）のSM400B材の許容引応力は100N/mm² である。400N/mm²、が誤りである。

ロ・・・○　出題のとおりである。

ハ・・・×　圧力容器の鏡板には、さら形、半だ円形、半球形などの形状があるが、同じ設計圧力で、同じ材質の場合、半球形の場合が必要板厚を最も薄くできる。さら形の場合が、の記述が誤りである。

ニ・・・○　出題のとおりである。

13 正解 (5) ハ、ニ

イ・・・×　耐圧試験の圧力は、気体で行なう場合には、設計圧力または許容圧力のいずれか低いほうの圧力の1.25倍以上の圧力とする。1.5倍以上が、誤りである。

ロ・・・×　耐圧試験を行い耐圧強度が確認された機器類については、気密性能を確かめるための気密試験を行わなければならない。その後、各機器類を配管で接続した装置全体の気密試験を行なう必要がある。

個々に確認する必要はなく、が誤りである。

ハ・・・○　出題のとおりである。

ニ・・・○　出題のとおりである。

14 正解 (4) ロ、ニ

イ・・・×　長期間運転停止中の冷凍装置を運転開始するときには、冷媒系統の各部の弁が開であるか、閉であるかを確認する。また運転停止中も常時「開」としなくてはならない安全弁の元弁も「開」となっているかを確認する必要がある。安全弁の元弁は点検の必要はない。が誤りである。

ロ・・・○　出題のとおりである。

ハ･･･×　ポンプダウンして低圧側の冷媒を受液器に冷媒液として回収するときには、大気圧より低くしてはならない。その理由は装置停止中に冷媒系統内に空気や水分が入らないようにするためである。大気圧より 10KPa 程度低い圧力まで下げて、が誤りである。

ニ･･･○　出題のとおりである。

15　正解　(5)　イ、ハ、ニ

イ･･･○　出題のとおりである。

ロ･･･×　ガスパージャでのパージでは冷媒を含んだ不凝縮ガスが排出される。不凝縮ガスだけを排出することはできないので、設問の記述は誤りである。

ハ･･･○　出題のとおりである。

ニ･･･○　出題のとおりである。

令和3年度第1回

(令和3年7月4日実施)

1 正解 (2) ハ

イ・・・× 物質が液体から蒸気に、あるいは蒸気から液体に状態変化する場合に物質に出入りする熱量は、潜熱である。顕熱と呼ぶ。が誤りである。

ロ・・・× 絶対温度T(K)は、摂氏温度t(℃)に273.15(K)を足したものである。273.15を差し引いたものである。が誤りである。

ハ・・・○ 出題のとおりである。

ニ・・・× 実際の装置における冷凍サイクルの成績係数の値は、理論冷凍サイクルの成績係数より小さい。

その理由は、圧縮機の損失(断熱効率ηc、機械効率ηm)の影響による。理論冷凍サイクルの成績係数より大きくなる。が誤りである。

2 正解 (2) イ、ハ

イ・・・○ 出題のとおりである。

ロ・・・× 固体壁を隔てた2流体間を熱が流れるとき、その通り抜けやすさを熱伝導率と呼ぶ。熱伝達率と呼ぶ。が誤りである。

ハ・・・○ 出題のとおりである。

ニ・・・× 熱交換器の伝熱計算に当たっては、高温流体と低温流体との平均温度差として対数平均温度差を用いる。その理由は、熱交換器の場合、高温流体と低温流体の間の温度差が流れ方向の場所によって変わるので伝熱量も場所によって変化する。このような場合は対数平均温度差を用いる。算術平均温度差を用いなければならない。が誤りである。

3 正解 (2) ニ

イ・・× 往復圧縮機の体積効率の値は、圧縮機の構造(すきま容積など)によって定まるが、運転状態によっても変化する。圧力比(吐出しガスの絶対圧力÷吸込み蒸気の絶対圧力)が大きくなると体積効率は小さくなる。運転条件には関係しない。が誤りである。

ロ・・・× 冷媒循環量は、圧縮機の吸込み蒸気の比体積が大きくなるほど、減少する。その理由は、比体積は密度の逆数であり比体積が大きくなるほどガスは薄くなるため、同じピストン押しのけ量の場合では冷媒循環量は減少する。増加する。が誤りである。

ハ･･･×　実際の圧縮機の駆動動力は、理論断熱圧縮動力を圧縮機の全断熱効率で除することによって求めることができる。乗じることによって求めることができる。が誤りである。

ニ･･･○　出題のとおりである。

4 正解 (3) ハ、ニ

イ･･･×　冷媒をフルオロカーボン冷媒とそれ以外の冷媒に大別すると、R290（プロパン）はそれ以外の冷媒に分類される。その理由はR290（プロパン）は炭化水素系冷媒でありフッ素を含むフルオロカーボンではないためである。フルオロカーボン冷媒に分類される。が誤りである。

ロ･･･×　フルオロカーボン冷媒のガスは、空気より重いので、室内に漏えいした場合、床面近くに滞留しやすい。空気より軽いので、室内に漏えいした場合、天井付近に滞留しやすい。が誤りである。

ハ･･･○　出題のとおりである。

ニ･･･○　出題のとおりである。

5 正解 (2) イ、ハ

イ･･･○　出題のとおりである。

ロ･･･×　往復圧縮機のピストンに付いているコンプレッションリングが著しく摩耗すると、ガス漏れが生じ、体積効率と冷凍能力が低下する。圧縮機からの油上がりが大きくなる。が誤りである。

ハ･･･○　出題のとおりである。

ニ･･･×　圧縮機ケーシング内に電動機を収めた密閉圧縮機には、全密閉圧縮機と半密閉圧縮機がある。全密閉圧縮機は圧縮機内部の点検や修理を行うことができないが、半密閉圧縮機はボルトを外すことによって圧縮機内部の点検や修理を行うことができる。いずれも圧縮機内部の点検や修理を行うことはできない。が誤りである。

6 正解 (2) イ、ニ

イ･･･○　出題のとおりである。

ロ･･･×　ブレージングプレート凝縮器は、小型高性能で冷媒充填量が少なくてすむため、地球環境に優しい水冷凝縮器として使用されている。空冷凝縮器、が誤りである。

ハ･･･×　フルオロカーボン冷媒用シェルアンドチューブ凝縮器では、冷却管として管の外側に細いねじ状の溝を加工した銅製のローフィンチューブが、広く使用されている。管内側、が誤りである。

ニ･･･○　出題のとおりである。

7 正解 (4) ロ、ニ

イ･･･×　乾式の空気冷却用フィンコイル蒸発器において、冷凍・冷蔵用と空調用を比べると冷凍・冷蔵用のほうが空調用よりも冷却管は太くフィンピッチは大きい。冷却管は細く、フィンピッチは小さい。が誤りである。

ロ…○　出題のとおりである

ハ…×　空調用乾式蒸発器の熱通過率の値は、空気側伝熱面積を基準として表す。冷媒側、が誤りである。

ニ…○　出題のとおりである。

8 正解 (3) イ、ニ

イ…○　出題のとおりである。

ロ…×　温度自動膨張弁の感温筒が取付け配管から外れると膨張弁は大きく開いて液戻りを生じ、感温筒内の冷媒が漏れると膨張弁は閉じて、冷凍装置は冷却作用を行えなくなる。前述の理由から、感温筒が取付け配管から外れたり、が誤りである。

ハ…×　蒸発圧力調整弁は、蒸発器の蒸発圧力が設定値よりも下がらないように作動するものであり、温度自動膨張弁の感温筒や均圧管よりも下流側の蒸発器出口配管に取り付ける。上流側の、が誤りである。

ニ…○　出題のとおりである。

9 正解 (3) ロ、ハ

イ…×　圧縮機吸込み蒸気配管の距離が長く、配管施工中にごみが入ることが考えられる場合は、冷媒回路内のごみや金属粉などの異物を除去するために、サクションストレーナを設置する。フィルタードライヤは冷媒液配管に取り付けて冷媒液中のごみや水分を除去するもので、また設問では圧縮機の蒸気配管の距離が長く、という記述があるので蒸気配管に取り付けるサクションストレーナが正解となる。フィルタードライヤ、が誤りである。

ロ…○　出題のとおりである

ハ…○　出題のとおりである。

ニ…×　油分離器は、冷媒中の冷凍機油を分離するため圧縮機の吐出し配管に取り付ける。蒸気配管に、が誤りである。

10 正解 (3) ロ、ハ

イ…×　配管用炭素鋼鋼管（SGP）は、毒性をもつ冷媒、設計圧力が1 MPaを超える耐圧部分、温度が100℃を超える耐圧部分のいずれにも使用できない。本設問は配管用炭素鋼鋼管（SGP）の説明として誤っている。

ロ…○　出題のとおりである。

ハ…○　出題のとおりである。

ニ…×　吐出し配管は、圧縮機から吐き出された冷凍機油が確実に冷媒ガスに同伴されるガス速度を確保することが重要で、横走り管では3.5m/s以上、立ち上がり管で6m/s以上になるように管径を決める。各・数値が誤りである。

11 正解 (3) ロ、ハ

イ…× 冷凍保安規則関係例示基準では、1日の冷凍能力が20トン以上の圧縮機（遠心式を除く）には安全弁を取り付けることが定められている。5トン以上が、誤りである。

ロ…○ 出題のとおりである。

ハ…○ 出題のとおりである。

ニ…× 冷凍保安規則では、アンモニアは、可燃性ガスであると共に毒性ガスであるので、ガス漏洩検知警報設備を設置しなければならない。毒性ガスではないので、ガス漏えい検知警報設備を設置しなくてもよいとさだめられている。が誤りである。

12 正解 (3) イ、ニ

イ…○ 出題のとおりである。

ロ…× 圧力容器の必要板厚の計算において、求められた数値の端数を丸めるときは、安全側になるように必ず切り上げなくてはならない。四捨五入した。が誤りである。

ハ…× 高圧部圧力容器の設計圧力は凝縮温度によって異なり、空冷凝縮器の場合は一般的に凝縮温度55℃に相当する冷媒の圧力とする。凝縮温度38℃、が誤りである。

ニ…○ 出題のとおりである。

13 正解 (1) イ、ロ

イ…○ 出題のとおりである。

ロ…○ 出題のとおりである。

ハ…× 真空試験において、真空度の確認は装置に取り付けられている連成計で行ってはならない。正確な値を読み取るために必ず真空計を用いる必要がある。連成計で行った。が誤りである。

ニ…× サイフォン管付きの冷媒ボンベは立てたままで冷媒液が取り出せる構造であり、サイフォン管がない冷媒ボンベは立てたままで冷媒蒸気が取り出せる構造である。蒸気と液の記述が逆であり、この点が誤りである。

14 正解 (2) イ、ニ

イ…○ 出題のとおりである。

ロ…× 圧縮機の吸込み蒸気の圧力は吸込み蒸気配管などの流れ抵抗により、蒸発器内の冷媒の圧力よりも、いくらか低くなる。高くなる。が誤りである。

ハ…× アンモニア冷媒の圧縮機の吐出しガス温度は、同じ蒸発温度と凝縮温度の運転条件のフルオロカーボン冷媒の吐出しガス温度よりもかなり高い。低い。が誤りである。

ニ…○ 出題のとおりである。

15 正解 (4) ロ、ニ

イ…× 冷媒が過充填されると、凝縮した冷媒液が凝縮器の多数の冷却管を浸し、凝縮のために働く伝熱面積が減少する。このため凝縮圧力が高くなる。低くなる。が誤りである。
ロ・・・○　出題のとおりである。
ハ・・・×　アンモニア冷凍装置の冷媒系統に多量の水分が侵入すると、冷凍装置内でのアンモニア冷媒の蒸発圧力の低下、冷凍機油の乳化による潤滑性能の低下など、運転に支障をもたらす。
装置の運転に障害を引き起こすことはない。が誤りである。
ニ・・・○　出題のとおりである。

令和3年度第2回

（令和4年2月27日実施）

1　正解　(2)　イ、ハ

イ…○　出題のとおりである。

ロ…×　絶対圧力は、ゲージ圧力＋大気圧である。設問中の絶対圧力＝ゲージ圧力－大気圧のマイナスが誤りである。

ハ…○　出題のとおりである。

ニ…×　ヒートポンプ装置の熱出力は圧縮機の駆動軸動力＋冷凍能力であり、ヒートポンプの熱出力の数値は4KW＋20KW＝24KWとなる。ここでヒートポンプ装置の成績係数はヒートポンプ装置の熱出力÷圧縮機の駆動軸動力であることから、ヒートポンプ装置の成績係数の数値は24KW÷4KWで6となる。ヒートポンプ装置の成績係数は5である。が誤りである。

2　正解　(5)　ハ、ニ

イ…×　熱伝導率の単位はKW/（m・K）で、熱伝達率と熱通過率の単位はKW/(m2・K）である。よって単位が異なっているのは熱伝導率である。熱通過率の単位のみが他と異なっている。が誤りである。

ロ…×　アルミニウムの熱伝導率は230W/（m・K）で、銅の熱伝導率は370W/(m・K)である。アルミニウムの熱伝導率は銅の熱伝導率より小さい。大きい。が誤りである。

ハ…○　出題のとおりである。

ニ…○　出題のとおりである。

3　正解　(4)　ロ、ニ

イ‥×　圧力比が大きくなると、往復圧縮機の体積効率は小さくなる。大きくなる。が誤りである。

ロ…○　出題のとおりである。

ハ…×　圧縮機の断熱効率と機械効率の積を全断熱効率という。体積効率と断熱効率の積を、が誤りである。

ニ…○　出題のとおりである。

4 正解 (3) ロ、ハ

イ・・× 非共沸混合冷媒では、凝縮始めの露点温度と凝縮終わりの沸点温度とに差が生じる。凝縮温度は凝縮始めから凝縮終了時まで一定である。が誤りである。

ロ・・・○ 出題のとおりである。

ハ・・・○ 出題のとおりである。

ニ・・・× アンモニアガスは空気より軽いので、室内に漏れたアンモニアガスは天井面付近に滞留する傾向がある。アンモニアガスは空気より重いので、及び床面付近に、が誤りである。

5 正解 (1) イ、ロ

イ・・・○ 出題のとおりである。

ロ・・・○ 出題のとおりである。

ハ・・・× 往復圧縮機のピストンに付いているコンプレッションリングが著しく摩耗すると、ガス漏れを生じ、体積効率と冷凍能力が低下する。圧縮機からの油上がりが大きくなるのは、オイルリングが著しく摩耗した場合であるので、この設問は誤りである。

ニ・・・× フルオロカーボン冷媒用圧縮機では、始動時のオイルフォーミングを防止するために、冷凍機油の温度を周囲の温度より高くしておくことが効果的である。低くしておくことが効果的である。が誤りである。

6 正解 (4) ロ、ニ

イ・・・× 水冷シェルアンドチューブ凝縮器では、円筒胴内の冷却管外を圧縮機吐出しガスが流れ、冷却管内を冷却水が流れる。冷却管の内外に流れる流体が誤っている。つまり冷却水と圧縮機吐出しガスの記述が逆である。

ロ・・・○ 出題のとおりである。

ハ・・・× 空冷凝縮器の熱通過率は、一般に、水冷凝縮器の熱通過率より小さい。大きい。が誤りである。

ニ・・・○ 出題のとおりである。

7 正解 (5) ロ、ハ、ニ

イ・・・× シェル&チューブ満液式蒸発器では、冷媒とともに器内に流入した冷凍機油は圧縮機へ容易に戻らないので、油戻し装置が必要となる。冷媒とともに器内に流入した冷凍機油は圧縮機に容易に戻るので、及び油戻し装置を必要としない。が誤りである。

ロ・・・○ 出題のとおりである。

ハ・・・○ 出題のとおりである。

ニ・・・○ 出題のとおりである。

8 正解 (2) イ、ハ

イ…○　出題のとおりである。

ロ…×　内部均圧形温度自動膨張弁は、蒸発器内の冷媒の圧力損失や圧力変動が小さい冷凍装置に用いられる。蒸発器内の冷媒の圧力損失や圧力変動が大きい冷凍装置に用いられる。が誤りである。

ハ…○　出題のとおりである。

ニ…×　蒸発圧力調整弁は、蒸発器出口配管に取付け、温度自動膨張弁の感温筒と均圧管よりも下流側の蒸発器出口配管に取り付ける。上流側に取付ける。が誤りである。

9 <u>正解　(1)　イ、ロ</u>

イ…○　出題のとおりである。

ロ…○　出題のとおりである。

ハ…×　フィルタドライヤは、ろ筒内部に充填したシリカゲルやゼオライトなどの乾燥剤に冷媒液を通して、冷媒中の水分を除去する。冷媒蒸気を通して、が誤りである。

ニ…×　油分離器は、圧縮機の吐出し管に設置して、冷媒ガスとともに圧縮機から吐き出される冷凍機油を分離するものである。スクリュー圧縮機の場合では多量の冷凍機油を圧縮機に送るため、必ず油分離器を設ける。スクリュー圧縮機では油分離器は設けない場合が多い。が誤りである。

10 <u>正解　(4)　ロ、ニ</u>

イ…×　止め弁は、圧力降下が大きいので、冷媒配管中の数をできるだけ少なくすることは重要だが、止め弁のグランド部は下向きに取り付けてはならない。止め弁のグランド部は下向きになるように取り付ける。が誤りである。

ロ…○　出題のとおりである。

ハ…×　圧縮機の再始動時に液圧縮することを防止するため、圧縮機近くの吸込み横走り配管にはUトラップを設けてはならない。圧縮機近くの吸込み横走り配管にはUトラップを設ける。が誤りである。

ニ…○　出題のとおりである。

11 <u>正解　(5)　ロ、ハ、ニ</u>

イ…×　冷凍能力が20トン以上の圧縮機と内容積が500リットル以上の圧力容器には、それぞれ安全弁の取付けが義務づけられている。10トン以上の圧縮機と内容積が400リットル以上の圧力容器には、それぞれ安全弁の取り付けが義務づけられている。が誤りである。

ロ…○　出題のとおりである。

ハ…○　出題のとおりである。

ニ…○　出題のとおりである。

12 <u>正解　(5)　ロ、ニ</u>

イ…× 圧力容器の板厚の設計や材質の選定は、容器に生じる応力が、応力－ひずみ線図における比例限度以下の、適切な応力の値に収まるように設計しなければならない。応力－ひずみ線図における破断強さ以下に収まれば良い。が誤りである。

ロ…○ 出題のとおりである。

ハ…× 圧縮機を用いる冷凍装置において、圧縮機により凝縮圧力まで圧縮され、吐き出された冷媒が凝縮器で液化され、膨張弁に到達するまでが高圧部である。蒸発器に到達するまでが高圧部である。が誤りである。

ニ…○ 出題のとおりである。

13 正解 (3) ロ、ハ

イ…× 液体で行なう耐圧試験は、設計圧力または許容圧力のいずれか低い方の圧力の1.5倍以上の圧力で行なうことが、冷凍保安規則関係例示基準で定められている。2倍以上の圧力で行なうことが、冷凍保安規則関係例示基準で定められている。が誤りである。

ロ…○ 出題のとおりである。

ハ…○ 出題のとおりである。

ニ…× 冷凍機油には、粘度、流動点、冷媒との相溶性など、それぞれ特徴があり、低温用冷凍装置には、通常、流動点の低い冷凍機油を充填する。低温用冷凍装置には、通常、流動点の高い冷凍機油を充填する。が誤りである。

14 正解 (3) ロ、ハ

イ…× 往復圧縮機を始動するときは、始動前に吐出し止め弁を全開とし、吸込み止め弁を徐々に全開になるまで開く、が正しい。始動前に吐出し止め弁と吸込み止め弁がともに全開であることを確認する。が誤りである。

ロ…○ 出題のとおりである。

ハ…○ 出題のとおりである。

ニ…× 圧縮機吸込み蒸気圧力が低下すると、吸込み蒸気の比体積が大きくなるので、冷媒循環量は減少し、冷凍能力と圧縮機の駆動軸動力は減少する。冷媒循環量が増加し、圧縮機の駆動軸動力は増大する。が誤りである。

15 正解 (3) イ、ニ

イ…○ 出題のとおりである。

ロ…× 密閉圧縮機を使用した冷凍装置の冷媒系統内に異物が混入すると、電気絶縁性を悪くし、電動機の焼損の原因となる。冷媒系統内に異物が混入しても電動機の運転に障害を引き起こす事はない。が誤りである。

ハ…× 空冷凝縮器に冷媒が過充填されると、凝縮した冷媒液により、凝縮に有効に働く伝熱面積が減少するため、凝縮圧力は高くなる。凝縮圧力が低くなる。が誤りである。

ニ…○ 出題のとおりである。

令和4年度第1回

（令和4年7月3日実施）

1　正解　(3)　ロ、ハ

イ…×　蒸発器において冷媒は、主として、その潜熱によって被冷却物体を冷却する。その顕熱によって、が誤りである。

ロ…○　出題のとおりである。

ハ…○　出題のとおりである。

ニ…×　理論ヒートポンプサイクルの成績係数の値は、常に1より大きい。常に1より小さい、が誤りである。

2　正解　(1)　イ

イ…○　出題のとおりである。

ロ…×　熱が物体内を高温端から低温端に向かって定常状態で移動する場合、その伝熱量は、高温端と低温端との距離に反比例し、その温度差に比例する。距離に比例し及び温度差に反比例するが、誤りである。

ハ…×　熱伝達率の値は、固体表面の形状や流速などの流れの状態によって決まり、流体の種類によっても異なる。流体の種類には無関係である、が誤りである。

ニ…×　固体壁で隔てられた2流体間の熱通過率の値は、下記の式に表せるように両流体側壁面の熱伝達率の逆数と、固体壁の厚さを固体壁の熱伝導率で割った数値を合計した値の逆数になる。両流体側壁面の熱伝達率と固体壁の熱伝導率を加え合わせた値である、が誤りである。

$1/K = 1/\alpha 1 + \lambda/\sigma + 1/\alpha 2$　K：熱通過率　$\alpha 1$：流体1の熱伝達率　$\alpha 2$：流体2の熱伝達率

λ：固体壁の熱伝導率　σ：固体壁の厚さ

3　正解　(2)　ハ

イ‥×　往復圧縮機のピストン押しのけ量は、気筒径、ピストン行程、気筒数、回転数によって決まる。設問には回転数が無いことが、が誤りである。

ロ…×　往復圧縮機の体積効率の値は、圧力比や圧縮機の構造などによって異なり、圧力比とシリンダーのすきま容積比が大きくなるほど、小さくなる。大きくなるが、誤りである。

ハ・・・○　出題のとおりである。

ニ・・・×　冷凍装置の実際の成績係数は、理論冷凍サイクルの成績係数より小さくなる。大きくなる、が誤りである。

4 正解 (1) イ、ロ

イ・・・○　出題のとおりである。

ロ・・・○　出題のとおりである。

ハ・・・×　フルオロカーボン冷媒ガスは空気よりも重いので、室内に漏えいした際に床面付近に滞留する傾向がある。空気よりも軽いので、室内に漏えいした際に天井付近に滞留する傾向がある、が誤りである。

ニ・・・×　塩化カルシウムブラインは、－４０℃くらいまでの低温領域で使用されるが、食品に直接接触する冷却用には使用されない。食品に直接接触する冷却用には無機ブラインでは塩化ナトリウムブラインが使われる。無害で食品に直接接触する冷却に広く用いられている、が誤りである。

5 正解 (2) イ、ニ

イ・・・○　出題のとおりである。

ロ・・・×　多気筒往復圧縮機の容量制御装置（アンローダ）は、吸込み板弁を開放して作動気筒数を替えることで、圧縮機の容量を段階的に変えることが出来る。吐出し板弁、が誤りである。

ハ・・・×　インバータを使用して圧縮機の回転速度を調節する容量制御では、回転速度が大きく変化する場合や、低速回転時、高速回転など、いずれの場合でも体積効率が低下するため、圧縮機の回転速度と容量は比例して増減しなくなる。圧縮機の体積効率は回転速度によらず常に一定あるので、容量は回転速度に比例する、誤りである。

ニ・・・○　出題のとおりである。

6 正解 (4) イ、ロ、ニ

イ・・・○　出題のとおりである。

ロ・・・○　出題のとおりである。

ハ・・・×　蒸発式凝縮器は、冷却管コイルの上部より冷却水をポンプで散布し、冷却管コイルの中を通る冷媒ガスを凝縮させる。凝縮温度は、外気の湿球温度が低いほど低くなる。凝縮温度は外気の湿球温度に関係しない、が誤りである。

ニ・・・○　出題のとおりである。

7 正解 (4) イ、ロ、ハ

イ・・・○　出題のとおりである。

ロ・・・○　出題のとおりである。

ハ・・・○　出題のとおりである。

ニ・・・×　除霜方式には、散水方式、ホットガス方式、オフサイクルデフロスト方式などがある。ホットガス方式では、高温の冷媒ガスの顕熱と潜熱を利用して霜を融解させる。顕熱のみで霜を融解させる、が誤りである。

8 正解 (3) イ、ニ

イ・・・○　出題のとおりである。

ロ・・・×　温度自動膨張弁には、弁の均圧方式により、内部均圧形温度自動膨張弁と外部均圧形温度自動膨張弁があり、蒸発器内の冷媒の圧力損失が大きい冷凍装置には外部均圧形温度自動膨張弁が適している。内部均圧形温度自動膨張弁、が誤りである。

ハ・・・×　蒸発圧力調整弁は、蒸発器出口配管に取付けられ、蒸発器内の蒸発圧力が所定の圧力よりも低下するのを防止する。蒸発器入口配管、が誤りである。

ニ・・・○　出題のとおりである。

9 正解 (2) イ、ハ

イ・・・○　出題のとおりである。

ロ・・・×　往復圧縮機を使用した大形・低温用フルオロカーボン冷凍装置では、油分離器を用いる。またスクリュー圧縮機を使用した冷凍装置では、多量の冷凍機油を圧縮機に送るため、必ず油分離器を使用する。スクリュー圧縮機を使用した冷凍装置では、油分離器を設けない場合が多い。が誤りである。

ハ・・・○　出題のとおりである。

ニ・・・×　フルオロカーボン冷凍装置では、圧縮機に戻る冷媒蒸気を適度に過熱させるために、液ガス熱交換器を設けることがある。しかし、アンモニア冷凍装置では、圧縮機の吸込み蒸気過熱度の増大にともなう吐出しガス温度の上昇が著しいので、使用しない。アンモニア冷凍装置では、が誤りである。

10 正解 (4) ロ、ハ

イ・・・×　横走り管は、原則として、冷媒の流れ方向に1/150～1/250の下り勾配を設ける。登り勾配、が誤りである。

ロ・・・○　出題のとおりである。

ハ・・・○　出題のとおりである。

ニ・・・×　高圧液配管内で冷媒液がフラッシュ（気化）するのを防ぐために、高圧液配管の管径は、流速が小さくなるように、さらに、圧力降下が小さくなるように決める。流速が大きくなるように、が誤りである。

11 正解 (5) イ、ハ、ニ

イ…○　出題のとおりである。

ロ…×　許容圧力以下に戻すことができる安全装置として、内容積500リットル未満のフルオロカーボン冷媒用シェル形凝縮器および受液器には、溶栓を用いることができる。内容積750リットル未満、が誤りである。

ハ…○　出題のとおりである。

ニ…○　出題のとおりである。

12 正解 (1) イ

イ…○　出題のとおりである。

ロ…×　圧力容器の設計において使用される鋼材の許容引張応力は、一般に日本産業規格(JIS)で定められている引張強さの1／4の応力である。引張強さの1／2の応力である。が誤りである。

ハ…×　冷凍装置における高圧部とは、冷媒を吐き出す圧縮機の吐出し管から、凝縮器を経て膨張弁の入口までをいう。文章の中の、冷媒を吸い込む圧縮機の吸入管から、および膨張弁の出口まで、が誤りである。

ニ…×　薄肉円筒胴圧力容器の胴板の内部に発生する接線方向の引張応力は、長手方向の引張応力の2倍に等しい。長手方向の引張応力に等しい。が誤りである。

13 正解 (5) ロ、ハ、ニ

イ…×　冷凍装置の圧縮機、圧力容器、冷媒液ポンプなどは、耐圧試験を実施したのちに、組み立てた状態で気密試験を行なわなくてはならない。耐圧試験を実施して強度を確認し漏れがなければ、気密試験を省略出来る。が誤りである。

ロ…○　出題のとおりである。

ハ…○　出題のとおりである。

ニ…○　出題のとおりである。

14 正解 (5) イ、ロ、ニ

イ…○　出題のとおりである。

ロ…○　出題のとおりである。

ハ…×　圧縮機の吸込み蒸気圧力が低下すると、圧縮仕事量は減少するので、圧縮機の吸込み蒸気圧力が低いほど、冷凍装置の成績係数は小さくなる。冷凍装置の成績係数は大きくなる。が誤りである。

ニ…○　出題のとおりである。

15 正解 (3) ロ、ハ

イ…×　密閉圧縮機を用いた冷凍装置において、冷媒系統中に異物が混入すると、異物が電動機の電気絶縁性を低下させ、電動機の焼損の原因となる。開放圧縮機を用いた冷凍装置において、が誤りである。

ロ・・・○　出題のとおりである。

ハ・・・○　出題のとおりである。

ニ・・・×　冷凍負荷が急激に増大すると、蒸発器での冷媒の沸騰が激しくなり、冷媒蒸気が液滴をともなって圧縮機に吸い込まれ、液圧縮を起こしやすい。冷凍負荷が急激に減少すると、が誤りである。

技術検定

令和4年度第2回

(令和5年2月26日実施)

1 正解 (2) イ、ロ

イ…○ 出題のとおりである。

ロ…○ 出題のとおりである。

ハ…× 冷凍装置内の冷媒の圧力は、一般にブルドン管圧力計で計測する。ブルドン管圧力計で指示される圧力は、冷媒の絶対圧力から大気圧を差し引いたものである。ブルドン管圧力計で指示される圧力は、冷媒圧力と大気圧との差圧で、冷媒の絶対圧力である。が誤りである。

ニ…× 凝縮器の凝縮負荷は、蒸発器の冷凍能力と圧縮機の駆動軸動力の和である。蒸発器の冷凍能力から圧縮機の駆動軸動力を差し引いたものである。が誤りである。

2 正解 (3) ロ、ハ

イ…× 熱伝導率の逆数を熱伝導抵抗といい、この値が大きくなるほど、物体内を熱が移動しにくくなることを表す。この値が大きくなるほど、物体内を熱が移動しやすくなることを表す。が誤りである。

ロ…○ 出題のとおりである。

ハ…○ 出題のとおりである。

ニ…× 熱交換器の伝熱量の計算において使用される高温流体と低温流体との平均温度差には、算術平均温度差と対数平均温度差があり、対数平均温度差のほうが算術平均温度差よりも正確である。算術平均温度差のほうが対数平均温度差よりも正確である。が誤りである。

3 正解 (2) イ、ハ

イ…○ 出題のとおりである。

ロ…× 圧縮機の全断熱効率は、断熱効率と機械効率の積で表される。断熱効率と体積効率の積で表される。が誤りである。

ハ…○ 出題のとおりである。

ニ…理論ヒートポンプサイクルの成績係数は、同一運転条件での理論冷凍サイクルの成績係数よりも1だけ大きい値である。1だけ小さい値である。が誤りである。

4 正解 (2) イ、ニ

イ…○　出題のとおりである。

ロ…×　温度勾配の大きい冷媒は非共沸混合冷媒と呼ばれ、温度勾配のない冷媒は共沸混合冷媒と呼ばれる。温度勾配の大きい混合冷媒は共沸混合冷媒と呼ばれる。が誤りである。

ハ…×　冷媒は科学的に安定であることが望まれる。冷凍装置内での冷媒は、冷凍機油、微量の水、金属と共存するため、冷媒単体で存在する場合より科学的安定性は低くなる。科学的安定性は高い。が誤りである。

ニ…○　出題のとおりである。

5 正解 (4) ハ、ニ

イ…×　圧縮機は、冷媒蒸気を圧縮する方式により、容積式と遠心式に大別され、往復式およびロータリー式、スクロール式、スクリュー式の、いずれの圧縮機も容積式に分類される。スクロール式およびスクリュー式の圧縮機は、遠心式に分類される。が誤りである。

ロ…×　圧縮機と電動機を直結して1つのケーシング内に収めた密閉圧縮機には、全密閉圧縮機と半密閉圧縮機がある。全密閉圧縮機はケーシングが溶接構造なので圧縮機内部の点検、修理を行なうことができないが、半密閉圧縮機の場合は、ボルトを外すことによってケーシングを部分的に開放して圧縮機内部の点検、修理を行なうことができる。両者はいずれも密閉式であるので、圧縮機内部の点検や修理を行なうことはできない。が誤りである。

ハ…○　出題のとおりである。

ニ…○　出題のとおりである。

6 正解 (3) ロ、ニ

イ…×　開放形冷却塔では、ファンによって吸い込まれた空気と冷却水が接触し、主に冷却水の一部が蒸発して得られる水の蒸発潜熱で冷却水自身が冷やされる。ファンによって吸い込まれた空気の顕熱で冷却水を冷却する。が誤りである。

ロ…○　出題のとおりである。

ハ…×　水冷凝縮器では、冷却水の流速を2倍にしても熱通過率は2倍にならない。凝縮器の熱通過率も2倍になる。が誤りである。

ニ…○　出題のとおりである。

7 正解 (3) イ、ニ

イ…○　出題のとおりである。

ロ…×　圧力降下が大きいディストリビュータを使用して蒸発器の冷却管に冷媒を分配する冷凍装置には、外部均圧形温度自動膨張弁を用いる。内部均圧形温度自動膨張弁を用いる。が誤りである。

ハ…×　シェルアンドチューブ乾式蒸発器は、冷却管内を冷媒が流れ、シェル内のブラインや冷水と熱交換する構造となっている。冷却管内をブラインが流れ、シェル内の冷媒と熱交換する構造となっている。が誤りである。
ニ…○　出題のとおりである。

8 正解 (4) ロ、ニ

イ…×　温度自動膨張弁の感温筒は、蒸発器出口配管に密着させて取り付けられ、管壁を介して蒸発器に流入する冷媒の温度を検知する。蒸発器入口配管に密着させて取り付けられ、が誤りである。
ロ…○　出題のとおりである。
ハ…×　１日の冷凍能力が10トン以上の冷凍装置で、高圧圧力スイッチを保安の目的で高圧遮断装置として用いる場合、手動復帰式とする。自動復帰式とする。が誤りである。
ニ…○　出題のとおりである。

9 正解 (5) ロ、ハ、ニ

イ…×　凝縮器出口側に連結する高圧受液器では、受液器より冷媒液とともに冷媒蒸気が流れ出ないように、液出口管端を受液器の下部位置に設置する。液出口管端を受液器の上部位置に設置する。が誤りである。
ロ…○　出題のとおりである。
ハ…○　出題のとおりである。
ニ…○　出題のとおりである。

10 正解 (4) ロ、ニ

イ…×　冷媒配管の曲り部は、できるだけ少なく、かつ、曲り半径は大きくする。曲り半径は小さくする。が誤りである。
ロ…○　出題のとおりである。
ハ…×　フルオロカーボン冷凍装置の冷媒配管には、2%を越えるマグネシウムを含有したアルミニウム合金は使えない。2%以下のマグネシウムを含有したアルミニウム合金は使えない。が誤りである。
ニ…○　出題のとおりである。

11 正解 (2) イ、ロ

イ…○　出題のとおりである。
ロ…○　出題のとおりである。
ハ…×　異常な高圧圧力を検知して、圧縮機を駆動している電動機の電源を切る高圧遮断装置の作動圧力は、高圧部に取付けられた安全弁（内蔵形安全弁を除く）の吹始め圧力の最低値以下の圧力に設定しなければならない。吹始め圧力の最低値より高い圧力に設定しなければならない。が誤りである。
ニ…×　冷凍保安規則において、可燃性ガス、毒性ガスまたは特定不活性ガスの製造施設には、漏えいしたガスが滞留するおそれがある場所に、ガス漏えい検知警報設備の設置を義務付けている。不活性ガスの製造施設には、が誤りである。

12 正解 (2) イ、ニ

イ…○ 出題のとおりである。

ロ…× 圧力容器の耐圧強度に関係するのは、一般に引張応力である。一般に圧縮応力である。が誤りである。

ハ…× 冷凍保安規則関係例示基準では、冷凍装置の高圧部の設計圧力は、冷媒の種類ごとに、43℃のときの冷媒の飽和圧力をもって規定している。38℃のときの冷媒の飽和圧力をもって規定している。が誤りである。

ニ…○ 出題のとおりである。

13 正解 (2) イ、ロ

イ…○ 出題のとおりである。

ロ…○ 出題のとおりである。

ハ…× 冷凍機油は、水分を吸収しやすいので、できるだけ密封された容器に入っている冷凍機油を使い、古い冷凍機油や長い時間空気にさらされた冷凍機油の使用は避けるべきである。水分をほとんど吸収しないので、古い油や数日間空気にさらされた油でも、問題無く使用できる。が誤りである。

ニ…× フルオロカーボン冷媒の追加充填の際、配管内の空気を追い出す場合、不必要にフルオロカーボン冷媒を大気中に放出しないように、環境保全に努めなければならない。冷媒を空気とともに大気中に放出しても問題はない。が誤りである。

14 正解 (4) イ、ハ、ニ

イ…○ 出題のとおりである。

ロ…× 圧縮機を起動するときは、吐出し側止め弁が全開であることを確認してから、圧縮機を起動する。吐出し側止め弁が全閉であることを確認してから、が誤りである。

ハ…○ 出題のとおりである。

ニ…○ 出題のとおりである。

15 正解 (5) ロ、ハ、ニ

イ…× アンモニア冷凍装置の冷媒系統に水分が侵入すると、アンモニアは水分の溶解度が極めて大きいので、わずかな水分量の場合は、装置に障害を引き起こすことは少ない。アンモニアは水分の溶解度が極めて小さいので、わずかな水分量であっても、装置に障害を引き起こすことがある。が誤りである。

ロ…○ 出題のとおりである。

ハ…○ 出題のとおりである。

ニ…○　出題のとおりである。

令和5年度第1回

(令和5年7月2日実施)

1 正解 (5) ロ、ハ、ニ

イ…× 一般に、物質が液体から蒸気に、あるいは蒸気から液体に変化する場合に、物質に出入りする熱量を潜熱という。顕熱が誤りである。

ロ…○ 出題のとおりである。

ハ…○ 出題のとおりである。

ニ…○ 出題のとおりである。

2 正解 (5) ハ、ニ

イ…× 物体内の熱の流れやすさを熱伝導率といい、空気の熱伝導率の値は、水の熱伝導率の値より小さい。空気の熱伝導率の値は、水の熱伝導率の値より大きい。が誤りである。

ロ…× 固体壁表面とそれに接して流動する流体との間の熱の伝わりやすさを熱伝達率という。熱伝達率の値は、表面の状態が同じで自然対流の場合、液体より気体のほうが小さい。液体より気体のほうが大きい。が誤りである。

ハ…○ 出題のとおりである。

ニ…○ 出題のとおりである。

3 正解 (5) ロ、ニ

イ…× 圧縮機のピストン押しのけ量に対する実際の吸込み蒸気量の比を体積効率といい、シリンダのすきま容積比が大きくなるほど、体積効率は小さくなる。体積効率は大きくなる。が誤りである。

ロ…○ 出題のとおりである。

ハ…× 往復圧縮機のピストン押しのけ量は、気筒径、気筒数、ピストン行程及び回転速度で決まる。ピストン行程の記載がなく、気筒径、気筒数、回転数のみで決まる。が誤りである。

ニ…○ 出題のとおりである。

4 正解 (1) イ、ロ

イ…○ 出題のとおりである。

ロ…○　出題のとおりである。

ハ…×　フルオロカーボンの冷媒液は冷凍機油よりも重く、漏えいした冷媒ガスは空気よりも重い。フルオロカーボンの冷媒液は冷凍機油よりも軽く、が誤りである。

ニ…×　ブラインは一般に凍結点が0℃以下の液体で、有機ブラインであるプロピレングリコールブラインは、毒性がないので、飲料などの製造工程における冷却用に利用されている。無機ブラインである、が誤りである。

5　正解　(4)　ロ、ニ

イ…×　スクロール圧縮機は、スクリュー圧縮機に比べて小容量に適している。大容量に適している。が誤りである。

ロ…○　出題のとおりである。

ハ…×　往復圧縮機の吐出し弁から高圧部のガスがシリンダ内に漏れると、シリンダ内に絞り膨張して吸込み蒸気と混合して、吸い込まれた蒸気の圧力が高くなって、冷凍能力は減少する。冷凍能力は増大する。が誤りである。

ニ…○　出題のとおりである。

6　正解　(2)　イ、ニ

イ…○　出題のとおりである。

ロ…×　受液器兼用水冷凝縮器を使用した冷凍装置に冷媒を過充填すると、凝縮器内の冷媒液の過冷却度は大きくなるが、冷媒液に浸された冷却管本数が増加し凝縮に有効に使われる冷却面積が減少するので、凝縮圧力は上昇する。凝縮圧力は低下する。が誤りである。

ハ…×　空冷凝縮器に吸い込まれる空気の流速を前面風速といい、この値が大きいほど伝熱性能上有利であるが、騒音やファン動力を増やさないようにするため、一般に前面風速として1.5 m／ s ～ 2.5 m／ s の値が採用されている。1 m／ s 以下の値が採用されている。が誤りである。

ニ…○　出題のとおりである。

7　正解　(2)　ロ

イ…×　乾式蒸発器では、温度自動膨張弁から低温低圧の冷媒が湿り蒸気の状態となって冷却管に流入し、主としてその潜熱によって周囲を冷却した後、若干過熱した状態となって冷却管から出ていく。主として顕熱によって周囲を冷却した後、が誤りである。

ロ…○　出題のとおりである。

ハ…×　冷蔵用フィンコイル蒸発器では、冷媒と被冷却流体である空気との平均温度差を通常5～10 K程度にしている。いっぽう空調用フィンコイル蒸発器の場合は、冷媒と被冷却流体である空気との平均温度差を通常15～20 K程度としているので、冷蔵用フィンコイル蒸発器における冷媒と被冷却流体である空気との平均温度差は空調用フィンコイル蒸発器の場合よりも、平均温度差は小さい。平均温度差を通常15～20 Kとし、空調用蒸発器の場合よりも平均温度差を大きくしている。が誤りである。

ニ・・・× シェルアンドチューブ満液式蒸発器は、シェル内に満たされている冷媒が蒸発することによって、冷却管の冷水やブラインを冷却する構造になっている。冷却管内が冷媒、かつシェル内が冷水やブラインという記述が誤りである。

8 正解 (2) イ、ハ

イ・・・○ 出題のとおりである。

ロ・・・× 高圧圧力スイッチは、設定圧力よりも圧力が高くなると、接点が開き圧縮機を停止させる。保安目的で用いる場合は、原則として手動復帰式を使用する。自動復帰式を使用する。が誤りである。

ハ・・・○ 出題のとおりである。

ニ・・・× 蒸発圧力調整弁は、蒸発器出口配管に取付けて、蒸発器内の冷媒の蒸発圧力が所定の蒸発圧力よりも下がるのを防止する働きをする。蒸発器内の冷媒の蒸発圧力が所定の蒸発圧力よりも上がるのを防止する働きをする。が誤りである。

9 正解 (5) ロ、ニ

イ・・・× フィルタドライヤは、主に冷媒中の水分を除去するためにフルオロカーボン冷凍装置の冷媒液配管に設置される。冷媒中の固形物を除去するために、が誤りである。

ロ・・・○ 出題のとおりである。

ハ・・・× 液分離器は、蒸発器と圧縮機の間の吸込み蒸気配管に取り付けられ、圧縮機に入る冷媒蒸気から冷媒液を分離して、液圧縮による圧縮機の破損を防止する。取り付け場所および使用目的ともに誤っている。

ニ・・・○ 出題のとおりである。

10 正解 (1) イ、ロ

イ・・・○ 出題のとおりである。

ロ・・・○ 出題のとおりである。

ハ・・・× フルオロカーボン冷媒を使用する冷凍装置では、冷媒配管に銅および銅合金を配管材料として使用できる。使用してはならない。が誤りである。ちなみにフルオロカーボン冷凍装置の冷媒配管で使用してはならない配管材料は、2%を越えるマグネシウムを含有したアルミニウム合金である。

ニ・・・× 圧縮機が凝縮器と同じ高さに設置されている場合には、圧縮機吐出しガス配管は、できるだけ低く抑えた立ち上がり配管を設けてから、下がり勾配をつけて凝縮器に接続する。圧縮機吐出しガス配管に下がり勾配をつけるなどの特別な配慮は不要である。が誤りである。

11 正解 (3) イ、ニ

イ・・・○　出題のとおりである。

ロ・・・×　圧縮機に取付けるべき安全弁の最小口径は、ピストン押しのけ量の平方根に比例し、冷媒の種類によって冷凍保安規則で定められた定数に比例する。冷媒の種類には依存しない。が誤りである。

ハ・・・×　可燃性や毒性のあるガスに対して、安全弁は使用できるが溶栓や破裂板は使用出来ない。溶栓が使用できる、が誤りである。

ニ・・・○　出題のとおりである。

12 正解 (3) ロ、ハ

イ・・・×　鋼材に引張荷重を作用させた後、引張荷重を取り除くとひずみがもとに戻る限界を弾性限度という。比例限度という。が誤りである。

ロ・・・○　出題のとおりである。

ハ・・・○　出題のとおりである。

ニ・・・×　圧力容器の必要板厚の計算において、求められた数値の端数を丸める場合には、必ず切り上げなくてはならない。四捨五入によらなければならない。が誤りである。

13 正解 (3) イ、ニ

イ・・・○　出題のとおりである。

ロ・・・×　耐圧試験を気体で行なう場合、試験圧力は設計圧力または許容圧力のいずれか低いほうの圧力の1.25倍以上の圧力とする。試験圧力は設計圧力または許容圧力のいずれか高いほうの圧力の、が誤りである。

ハ・・・×　真空試験では、装置全体からの微量な漏れは発見できるが、場所は特定できない。漏れ箇所も特定出来る。が誤りである。

ニ・・・○　出題のとおりである。

14 正解 (4) ロ、ニ

イ・・・×　冷凍装置を長期間休止させる場合は、ポンプダウンにより低圧側の冷媒を受液器に回収する。この場合、低圧側と圧縮機内には、ゲージ圧力で１０ｋＰ程度のガス圧力を残しておく。この目的は装置に漏れがあったときに装置内に空気が入らないようにすることにある。大気圧に維持しておく。が誤りである。

ロ・・・○　出題のとおりである。

ハ・・・×　圧縮機の吐出しガス圧力が高くなると、蒸発圧力が一定のもとでは圧力比が大きくなるので、圧縮機の体積効率が低下して冷媒循環量が減少し、冷凍装置の冷凍能力は減少する。冷媒循環量が増加して、冷凍装置の冷凍能力も増大する。が誤りである。

ニ・・・○　出題のとおりである。

15 正解 (2) イ、ニ

イ・・・○　出題のとおりである。

ロ・・・×　冷凍装置に充填された冷媒が多すぎると、凝縮器の中で冷媒液が溜まり冷媒液温度は低くなるが、凝縮に有効な伝熱面積が減少するので凝縮圧力は高くなる。凝縮圧力も低くなる。が誤りである。

ハ・・・×　冷凍装置の冷媒系統に多量の異物が混入すると、その異物が装置内を循環し、膨張弁等の狭い部分で詰まりが発生する。また圧縮機のシリンダ、ピストン、軸受の摩耗が早くなるなど障害がおきる。さらに開放型圧縮機ではシャフトシールのシール面が損傷して冷媒漏れを起こし、密閉型圧縮機では異物が内部電動機の電気絶縁性を悪くして、電動機の焼損の原因となる。多量の異物が混入しても、それらを冷凍機油が吸収するので、運転に支障はない。が誤りである。

ニ・・・○　出題のとおりである。

令和5年度第2回

（令和6年2月25日実施）

1 正解 (3) ロ、ハ

イ…× 周囲の物質を冷却するには、冷媒液が蒸発するときの潜熱として、周囲の物質から熱を取り入れればよい。冷媒液が蒸発するときの顕熱として、が誤りである。

ロ…○ 出題のとおりである。

ハ…○ 出題のとおりである。

ニ…× 冷凍能力を圧縮動力で除した値は成績係数と呼ばれ、冷凍サイクルの性能を示す尺度となる。冷凍効果を圧縮動力で除した値は成績係数と呼ばれ、が誤りである。

2 正解 (5) ハ、ニ

イ…× 凝縮器などの熱交換器では、冷媒と流体との温度差が、流れ方向に沿って変化するので、伝熱量を厳密に計算するときには、この変化を考慮した対数平均温度差を用いる。算術平均温度差を用いる。が誤りである。

ロ…× 鉄鋼の熱伝導率の値は、銅の熱伝導率の値よりも小さい。銅の熱伝導率の値よりも大きい、が誤りである。

ハ…○ 出題のとおりである。

ニ…○ 出題のとおりである。

3 正解 (5) ハ、ニ

イ…× 往復圧縮機においては、圧力比やシリンダのすきま容積比が大きくなるほど、体積効率は小さくなる。体積効率は大きくなる。が誤りである。

ロ…× 往復圧縮機のピストン押しのけ量は、気筒数と回転速度および気筒径、ピストン行程によって決まる。気筒数と回転速度のみによって決まる。が誤りである。

ハ…○ 出題のとおりである。

ニ…○ 出題のとおりである。

4 正解 (1) イ、ロ

イ…○ 出題のとおりである。

ロ…○ 出題のとおりである。

ハ…×　フルオロカーボン冷媒ガスは空気より重いため、フルオロカーボン冷媒が冷凍装置から室内に漏えいした場合、冷媒ガスは床面付近に滞留しやすい。フルオロカーボン冷媒ガスは空気より軽いと、冷媒ガスは天井付近に滞留しやすい。が誤りである。

ニ…×　HFC冷媒のR134aは不燃性であり特定不活性ガスではない。HFO冷媒のR1234yfは微燃性を有し、特定不活性ガスに分類される。HFC冷媒のR134aは微燃性を有するが、特定不活性ガスに分類される。が誤りである。

5　正解　(1)　イ、ロ

イ…○　出題のとおりである。

ロ…○　出題のとおりである。

ハ…×　多気筒の往復圧縮機は、吸込み板弁を開放して、作動気筒数を減らすことにより容量を段階的に変えられる。吸込み板弁を閉じて、が誤りである。

ニ…×　一般の往復圧縮機のピストンには、ピストンリングとして、下部にオイルリング、上部にコンプレッションリングが付いている。オイルリングとコンプレッションリングが付いている位置の上部と下部が逆である。

6　正解　(5)　ハ、ニ

イ…×　凝縮器には、水冷式、空冷式、蒸発式の3種類があり、ブレージングプレート凝縮器は水冷式である。ブレージングプレート凝縮器は空冷式である。が誤りである。

ロ…×　二重管凝縮器は、内管内に冷却水を通し、内管と外管との間の環状部に冷媒を通して、内管と外管との間の環状部に流れる冷媒を冷却凝縮させる。冷却水と冷媒が流れる部分が逆である。

ハ…○　出題のとおりである。

ニ…○　出題のとおりである。

7　正解　(5)　ハ、ニ

イ…×　液体冷却用のシェルアンドチューブ乾式蒸発器では、冷媒は冷却管内を流れながら蒸発し、冷却管外を流れる水やブラインを冷却する。冷媒は冷却管外を流れ、および冷却管内を流れる水やブラインを冷却する。が誤りである。

ロ…×　空調用の乾式蒸発器（空気冷却器）では、空気と冷媒の平均温度差は15～20K程度としている。5～10K程度、が誤りである。

ハ…○　出題のとおりである。

ニ…○　出題のとおりである。

8　正解　(5)　ハ、ニ

イ…×　乾式蒸発器では一般に温度自動膨張弁や電子膨張弁が使用されており、蒸発器出口冷媒の過熱度を3～8Kに制御する。10～15Kに制御する。が誤りである。

ロ・・・×　蒸発器出口の吸込み蒸気配管の外径が20mm以下の場合、感温筒は伝熱がよくなるように管の真上に完全に密着させ、銅バンドで確実に締め付ける。管の真下、が誤りである。

ハ・・・○　出題のとおりである。

ニ・・・○　出題のとおりである。

9 正解 (3) イ、ニ

イ・・・○　出題のとおりである。

ロ・・・×　液分離器は、圧縮機の吸入み蒸気管に設置して、吸入み冷媒蒸気に冷媒液が混入した時に冷媒液を分離する。圧縮機の吐出し管に設置して、吐出しガス中に冷媒液が混入したときに、が誤りである。

ハ・・・×　フルオロカーボン冷凍装置では、凝縮器から出た冷媒液を過冷却させるとともに、圧縮機に戻る冷媒蒸気を適度に過熱させるために、液ガス熱交換器を設けることが多い。しかしアンモニア冷凍装置では、液ガス熱交換器を設けると吸込み蒸気過熱度の増大にともなう圧縮機の吐出しガス温度の上昇が著しいので、使用しない。アンモニア冷凍装置では、液ガス熱交換器を設けることが多い。が誤りである。

ニ・・・○　出題のとおりである。

10 正解 (2) イ、ハ

イ・・・○　出題のとおりである。

ロ・・・×　低圧（低温）配管には、低温ぜい性の生じない材料を使用する。なお、圧力配管用炭素鋼鋼管（STPG）は－50℃、配管用炭素鋼鋼管（SGP）は－25℃まで使用できる。使用出来る限界温度が逆になっていること、が誤りである。

ハ・・・○　出題のとおりである。

ニ・・・×　圧縮機の再始動時に液圧縮することを防止するため、圧縮機近くの吸込み横走り配管にはUトラップを設けないようにする。Uトラップを設ける。が誤りである。

11 正解 (4) ロ、ニ

イ・・・×　冷凍保安規則関係例示基準によれば、容器に取り付ける安全弁または破裂板の最小口径は、冷媒の種類と、容器の外径と容器の長さの平方根に比例する計算式で求められる。冷媒の種類によらず、容器の内容積の平方根に比例する計算式で求められる。が誤りである。

ロ・・・○　出題のとおりである。

ハ・・・×　冷凍保安規則関係例示基準によれば、溶栓の口径は、安全弁を取り付ける場合の最小口径の計算値の１／２以上の値でなければならない。安全弁を取り付ける場合の最小口径の計算値以上の値でなければならない。が誤りである。

ニ・・・○　出題のとおりである。

12 正解 (1) イ、ロ

イ…○ 出題のとおりである。

ロ…○ 出題のとおりである。

ハ…× アンモニア冷凍装置の高圧部の設計圧力を定める基準凝縮温度の目安は、空冷凝縮器であれば、55℃あるいは60℃、水冷凝縮器であれば、43℃あるいは50℃である。空冷凝縮器の場合と水冷凝縮器の場合の基準凝縮温度の目安が逆になっていることが誤りである。

ニ…× 冷凍装置の受液器の必要板厚を計算した結果、9.14mmの値になったのであれば、この値以上の板厚の材料を使用しなければならない。冷凍装置の受液器の計算結果の必要板厚が市販されていない9.14mmの値になった場合は、市販の材料規格の10mmを使用する必要がある。この厚さの板は市販されていなかったので、材料規格の9mmの板を使用することにした。が誤りである。

13 正解 (3) イ、ニ

イ…○ 出題のとおりである。

ロ…× 気密試験は、ガス圧で行う試験であり、使用するガスは、空気または不燃性ガスとし、酸素ガスや毒性ガス、可燃性ガスは使用してはならない。酸素ガス、が誤りである。

ハ…× 真空ポンプを用いて行う真空試験では、微量な漏れは発見できるが、その漏れの場所は特定できない。その漏れの場所も特定できる。が誤りである。

ニ…○ 出題のとおりである。

14 正解 (1) イ、ロ

イ…○ 出題のとおりである。

ロ…○ 出題のとおりである。

ハ…× フルオロカーボン冷媒は、温度が高いと冷媒の分解や冷凍機油の劣化が促進されるので、一般に圧縮機吐出しガスの上限温度は120～130℃程度とされている。140～150℃程度とされている。が誤りである。

ニ…× 一定の凝縮圧力のもとで、圧縮機の吸込み蒸気圧力が低下すると、吸込み蒸気の比体積が大きくなるので、冷媒循環量が減少し、冷凍能力と圧縮機の駆動軸動力も減少する。冷媒循環量が増加し、冷凍能力と圧縮機の駆動軸動力が増大する。が誤りである。

15 正解 (2) イ、ニ

イ…○ 出題のとおりである。

ロ…× 冷凍装置に充填された冷媒量が多いと、凝縮器で冷媒を冷却するために有効に働く伝熱面積が減少するので、凝縮温度は高くなる。凝縮器で冷媒を冷却するために有効に働く伝熱面積が増大するので、凝縮温度は低くなる。が誤りである。

ハ…× 温度自動膨張弁の感温筒が吸込み蒸気配管から外れると、膨張弁は大きく開いて、冷媒液が蒸発器に過大に流れて、液戻りが発生する。膨張弁が閉まり、冷媒液が蒸発器に流れなくなり、蒸発圧力が低くなる。が誤りである。

ニ･･･○　出題のとおりである。

第三種冷凍機械責任者試験問題と解説

2024年４月　　印　　刷
2024年４月　　改訂第57版発行

定　価　3,630円（税込）

編集　発行　公益社団法人　東京都高圧ガス保安協会
〒113－0033
東京都文京区本郷５－23－13　タムラビル３階
電　話　(03)　3830－0252
ＦＡＸ　(03)　3830－0266

（印刷　日本印刷㈱）